AutoCAD2018 中文版
装修设计从入门到精通教程

主编　刘　群　　郭媛媛　　喻　欣
副主编　许洪超　　王志鸿　　张杨巍
参编　黄　溜　　戴陈成　　董道正
　　　胡江涵　　李　昊　　雷叶舟
　　　李星雨　　廖志恒　　刘　婕
　　　李　俊　　刘　涛　　刘　星
　　　彭尚刚　　彭曙生　　童　蒙
　　　姚　欢　　姚丹丽　　余　飞
　　　闫永祥　　杨思彤　　杨　清
　　　袁　倩　　王江泽　　王　欣
　　　万　阳　　王光宝　　王文浩
　　　张慧娟　　张　颢　　朱妃娟
　　　张　达　　汤留泉　　蔡慧云
　　　陈紫璇　　高建敏　　贾盼娟

机 械 工 业 出 版 社

本书以大量的实例、案例讲述了用AutoCAD2018进行装修设计的方法与技巧。全书分为15章，主要内容包括装修设计制图的相关要求和内容，AutoCAD2018的相关操作方法，建筑平面图、装饰平面图、地坪图、顶棚图、立面图、大样图及剖面图的绘制，还对各类空间的图样绘制进行了细致的讲解。通过教学视频、常见问题汇总、全套图样案例、快捷键、快捷命令、工具按钮速查等资源，全面地讲解了AutoCAD的使用。本书定位于AutoCAD2018装修设计从入门到精通层次，可以作为装修设计初学者的入门教程，也可以作为装修设计技术人员的参考书。

图书在版编目（CIP）数据

AutoCAD 2018中文版装修设计从入门到精通教程/
刘群，郭媛媛，喻欣主编. —北京：机械工业出版社，2018.2（2019.7重印）
ISBN 978-7-111-58782-8

Ⅰ.①A… Ⅱ.①刘… ②郭… ③喻… Ⅲ.①室内装饰设计—计算机辅助设计—AutoCAD软件—教材 Ⅳ.①TU238.2-39

中国版本图书馆CIP数据核字（2018）第023231号

机械工业出版社（北京市百万庄大街22号 邮政编码 100037）
策划编辑：张秀恩 责任编辑：张秀恩
责任校对：郑 婕 责任印制：李 昂
唐山三艺印务有限公司印刷
2019年7月第1版第2次印刷
210mm×285mm · 19.5印张 · 545千字
标准书号：ISBN 978-7-111-58782-8
定价：69.00元

前　言

在当今的计算机工程界，恐怕没有一款软件比AutoCAD更具有知名度和普遍性了。AutoCAD是美国Autodesk公司推出的集二维绘图、三维设计、参数化设计、协同设计及通用数据库管理和互联网通信功能于一体的计算机辅助设计软件。

AutoCAD自从1982年推出以来，从最初期的1.0版本到如今的AutoCAD2018，它不仅在机械、电子、建筑、室内装潢、家具、园林和市政工程等工程设计领域有广泛的应用，在地理、气象、航海等特殊图形的绘制，甚至乐谱、灯光、幻灯和广告等领域也有广泛的应用，目前AutoCAD已经成为微型计算机CAD系统中应用最为广泛的图形软件之一。同时，AutoCAD也是一个最具有开放性的工程设计开发平台，AutoCAD开放性的源代码可以让各个行业进行广泛的二次开发。

近年来，全世界先后涌现出了多款优秀的CAD软件，诸如UG、SolidWorks等，这些后起之秀虽然在不同的方面有很多优秀而实用的功能，但是AutoCAD毕竟历经多重考验，它开放性的平台和简单易行的操作方法，早已被工程设计人员所认可，成为工程界公认的规范和标准。

鉴于AutoCAD强大的绘画功能和其深厚的工程应用底蕴，我们希望可以编著一套全方位介绍AutoCAD的书籍。本书中提到的经验、技巧、注意事项较多，更注重实用性，同时也能让读者少走一些弯路。书中还引用了大量的实例、案例，实践练习也非常丰富，通过对不同空间图样绘制的细致讲解，让使用者更明确地了解在绘制图样时可能会遇到的问题以及在绘制时需要注意的相关事项，能够很好地培养读者的工程设计实践能力。

目前，一切都在与时间赛跑。谁能够迅速地学习，谁就能快速地提高自己的综合能力，增强自身的竞争力，掌握主动权。为了方便读者朋友能够快速、高效、轻松地学习本书，我们提供了非常丰富的配套学习资料供大家下载，期望读者朋友们能在最短的时间内学会并精通这门技术。

本书汇集了大量关于AutoCAD绘图的各类技巧，快捷键用法以及其他相关内容，对于在绘图时遇到的疑难问题也做了统一的汇总，可以帮助初学者扫除学习障碍，少走弯路。大量的素材图样与教学视频，可由下面的网址下载。

教学视频下载：https://pan.baidu.com/s/1gfu8rlT

素材图样下载：https://pan.baidu.com/s/1cdhAz0

编　者

目 录

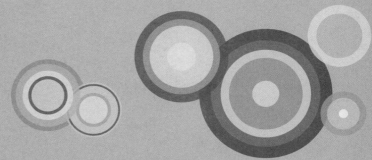

AutoCAD2018 中文版

装修设计从入门到精通教程

第1章 装修设计制图基础

操作难度★☆☆☆☆

> **本章介绍**
> 本章将具体讲解设计制图的基本概念和基本理论知识，希望读者在掌握了基本概念的基础上，能够更好地理解和领会设计制图中的内容和要点。

1.1 装修设计制图的内容

一套完整的装修设计图样一般包括建筑平面图、装饰平面图、顶棚图、地坪图、立面图、构造详图和透视图。下面简述几种图样的概念及内容。

1.1.1 平面图

平面图是以平行于地面的切面在距离地面1.5mm左右的位置将上部切去而形成的正投影图。装修平面图中包含的内容有：

1）墙体、隔断及门窗、各空间大小及布局、家具陈设、人流交通路线、室内绿化等。如果不单独绘制地坪图，则应该在装饰平面图中标示地面材料。

2）标注清楚各房间尺寸、家具陈设尺寸及布局尺寸，对于复杂的公共建筑，还应标注轴线编号。

3）注明地面所铺设材料的名称及规格。

4）依据功能分区注明各房间名称、家具名称。

5）注明室内地坪标高。

6）注明详图索引符号、图例及立面内视符号。

7）注明图名和比例。

8）如果是需要辅助文字说明的平面图，还要注明文字说明、统计表格等。

1.1.2 顶棚图

顶棚图是根据顶棚在其下方假想的水平镜面上的正投影绘制而成的镜像投影图。顶棚图中包含的内容有：

1）注明顶棚的具体造型及所用材料的说明。

2）注明顶棚灯具和电器的图例、名称规格等说明。

3）注明顶棚造型尺寸，灯具、电器的安装位置。

4）注明顶棚标高。

5）注明顶棚细部做法的说明。

6）注明详图索引符号、图名、比例等。

1.1.3 立面图

立面图是平行于墙面的切面将前面部分切去后，剩余部分的正投影图。立面图中包含的内容有：

1）墙面造型、材质以及家具陈设在立面上的正投影图。

2）门窗立面及其他装潢元素的立面。

3）注明立面各组成部分尺寸、地坪吊顶标高。

4）注明材料名称及细部做法说明。

5）注明详图索引符号、图名、比例等。

1.1.4 构造详图

构造详图一般是为了放大个别设计内容和细部的做法，多以剖面图的方式来表达局部剖开后的情况。构造详图中包含的内容有：

1）要以剖面图的绘制方法绘制出各种材料的断面、构配件断面以及它们之间相互联系的关系。

2）用细线表示出剖视方向上看到的部位轮廓以及其相互关系。

3）注明材料断面图例。

4）用指示标线注明构造层次的材料名称及做法。

5）注明其他构造做法。

6）注明各部分构造的具体尺寸。

7）注明详图编号和比例。

1.1.5　透视图

透视图是根据透视原理在平面上绘制出能够反映三维空间效果的图形，它与人的视觉空间感受极其相似。设计制图中常用的绘图方法有一点透视、两点透视（成角透视）和鸟瞰图3种。

透视图可以通过人工绘制，也可以应用计算机绘制，由于透视图能直观地表达设计思想和效果，所以也被称为效果图或表现图，它是一个完整的设计方案不可缺少的部分。鉴于本书重点是介绍应用AutoCAD2018绘制二维图形，因此本书中不包含这部分内容。

1.2　装修设计制图的要求与规范

在设计制图中设计者应该重点了解其图幅、图标及会签栏的尺寸，线型要求以及常用的图示标志、材料符合以及绘图比例。

1.2.1　图幅、图标及会签栏

1. 图幅（即图面的大小）

根据国家标准的规定，一般按照图面长宽的大小来确定图幅的等级。室内设计常用的图幅有A0（也称0号图幅，依此类推）、A1、A2、A3及A4（图1-1、图1-2），每种图幅的长宽尺寸也有一定的规定（表1-1），而对于特殊需要的图样，其图纸尺寸要求又有不同（表1-2）。

选用图幅的一般原则是保证设计创意能清晰地被表达，此外，还要考虑全部图样的内容，注重绘图成本。图纸的幅面规格应符合表1-1的规定，表中 B 与 L 分别代表图纸幅面的短边和长边的尺寸，在制图中须特别注意。需要微缩复制的图样，其一个边上应附有一段准确米制尺度，四个边上均应附有对中标志，米制尺度的总长应为100mm，分格应为10mm。对中标志应画在图纸各边长的中点处，线宽应为0.35mm，伸入框内应为5mm。图纸的短边一般不应加长，长边可以加长。

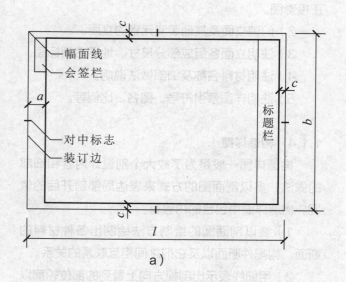

a）

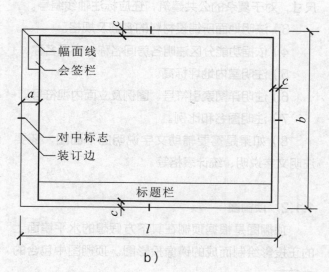

b）

图1-1　A0～A3横式幅面图纸

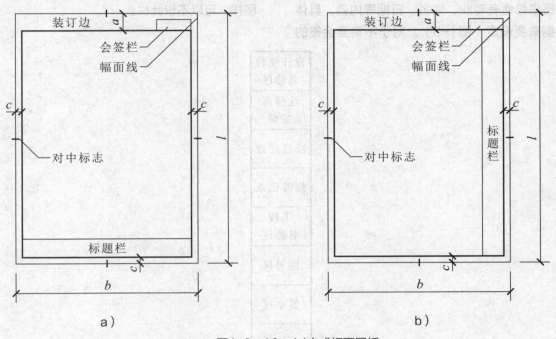

图1-2 A0~A4立式幅面图纸

表1-1 幅面及图框尺寸 （单位：mm）

尺寸代号	幅面代号				
	A0	A1	A2	A3	A4
$b \times l$	841×1189	594×841	420×594	297×420	210×297
c	10			5	
a	25				

表1-2 图纸长边加长尺寸 （单位：mm）

幅面尺寸	长边尺寸	长边加长后尺寸						
A0	1189	1486	1635	1783	1932	2080	2230	2378
A1	841	1051	1261	1471	1682	1892	2102	—
A2	594	743	891	1041	1189	1338	1486	1635
A2	594	1783	1932	2080	—			
A3	420	630	841	1051	1261	1471	1682	1892

注：有特殊需要的图样，可采用B×L为841mm×891mm与1189mm×1261mm的幅面。

2. 图标

图标指图纸的图标栏。图标中包含有设计单位名称、工程名称、签字区、图名区以及图号区等内容。如今不少设计单位已经开始采用自己个性化的图标格式，但是仍必须包括这几项内容（图1-3、图1-4）。

3. 会签栏

会签栏是为各工种负责人审核后签名用的表

格，会签栏包含有专业、姓名、日期等内容，具体内容根据需要设置（图1-5）。对于不需要会签的

图样，可以不设此栏。

图1-3　立式标题栏

图1-4　横式标题栏

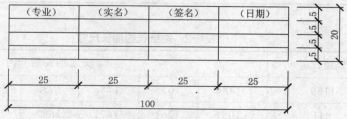

图1-5　常用会签栏

1.2.2　线型要求

设计制图主要由各种线条构成，不同的线型表示了不同的对象和部位，不同的线型有着不同的含义。为了使图面能够清晰、准确、美观地表达设计思想，工程实践中采用一套常用线型（表1-3），并规定了它们的使用范围。在AutoCAD2018中，可以通过"图层"中"线型""线宽"的设置来选定所需要的线型。

1.2.3　尺寸标注和文字说明

1. 尺寸标注

初学者在对设计图稿进行标注时，必须注意以下标注原则：

1）尺寸标注时应力求准确、清晰、美观大方。并且在同一张图样中，标注风格应保持一致。

2）尺寸线应尽量标注在图样轮廓线以外，尽量从内到外依次标注从小到大的尺寸，不能将大尺寸标注在内，而将小尺寸标注在外（图1-6）。

表1-3 图线

名 称		线 型	线 宽	一 般 用 途
实 线	粗		b	主要可见轮廓线
	中粗		$0.7b$	可见轮廓线
	中		$0.5b$	可见轮廓线、尺寸线、变更云线
	细		$0.25b$	图例填充线、家具线
虚 线	粗		b	见各有关专业制图标准
	中粗		$0.7b$	不可见轮廓线
	中		$0.5b$	不可见轮廓线、图例线
	细		$0.25b$	图例填充线、家具线
单 点 长画线	粗		b	见各有关专业制图标准
	中		$0.5b$	见各有关专业制图标准
	细		$0.25b$	中心线、对称线、轴线等
双 点 长画线	粗		b	见各有关专业制图标准
	中		$0.5b$	见各有关专业制图标准
	细		$0.25b$	假想轮廓线、成型前原始轮廓线
折断线	细		$0.25b$	断开界线
波浪线	细		$0.25b$	断开界线

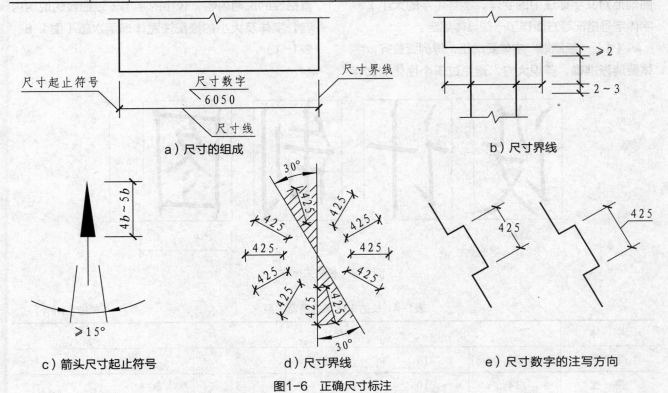

a) 尺寸的组成

b) 尺寸界线

c) 箭头尺寸起止符号

d) 尺寸界线

e) 尺寸数字的注写方向

图1-6 正确尺寸标注

3）标注时要注意最内一道尺寸线与图样轮廓线之间的距离不应小于10mm，两道尺寸线之间的距离一般为7～10mm。

4）尺寸界线朝向图样的端头距图样轮廓的距离≥2mm，尺寸界线不宜直接与之相连。

5）在图线拥挤的地方，应合理安排尺寸线的位置，但不宜与图线、文字及符号相交；可以考虑将轮廓线用作尺寸界线，但不能将其作为尺寸线。

6）对于连续相同的尺寸，可以采用"均分"或"（EQ）"字样代替（图1-7）。

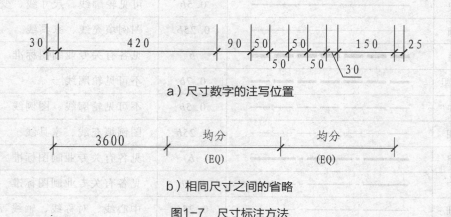

a）尺寸数字的注写位置

b）相同尺寸之间的省略

图1-7　尺寸标注方法

2. 文字说明

在一幅完整的图样中用图线方式表现得不充分和无法用图线表示的地方，需要用文字进行说明，例如材料名称、构配件名称、构造做法、统计表及图名等。文字说明是图样内容的重要组成部分，制图规范对文字标注中的字体、字号（字的大小）、字体字号搭配等方面作了一些具体规定。

（1）一般原则　字体要端正，排列要整齐，字体要清晰准确、美观大方，避免过于个性化的文字标注。

（2）字体　一般标注所用的字体推荐采用仿宋字，标题所用的字体可用楷体、隶书、黑体字等。

（3）字的大小　标注的文字高度要适中。同一类型的文字要采用同一大小的字。较大的字用于较概括性的说明内容，较小的字用于较细致的说明内容。字体及大小的搭配注意体现层次感（图1-8、表1-4）。

图1-8　长仿宋体字

表1-4　长仿宋体字的高宽关系　　　　　　　　　　（单位：mm）

字　体	尺　寸					
字　高	20	14	10	7	5	3.5
字　宽	14	10	7	5	3.5	2.5

1.2.4　常用图示标志

1. 详图索引符号及详图符号

在平面图、立面图、剖面图中会有需要另设详图表示的部位，可标注一个索引符号，以表明该详图的位置，该索引符号就是详图索引符号。详图索引符号采用细实线绘制，圆圈直径10mm（图1-9、图1-10）。

详图符号即详图的编号，用粗实线绘制，圆圈直径为14mm（图1-11）。

2. 引出线

由图样引出一条或多条线段指向文字说明，该线段就是引出线（图1-12、图1-13）。引出线与水平方向的夹角一般采用0°、30°、45°、60°、90°。

3. 内视符号

在房屋建筑中，一个特定的室内空间领域总是存在竖向分隔（隔断或墙体）。因此，根据具体情况，就需要绘制一个或多个立面图来表达隔断、墙体及家具、构造配件的设计情况。内视符号标注在装饰平面图中，包含视点位置、方向和编号3个信息（图1-14）。

为了方便查阅，下面依据GB/T 50104—2010《建筑制图标准》列出室内设计图中部分构造及配件图例（表1-5）。

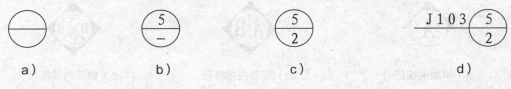

a)　　　　b)　　　　c)　　　　d)

图1-9　索引符号

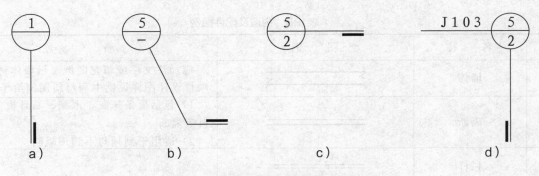

a)　　　　b)　　　　c)　　　　d)

图1-10　用于索引剖面详图的索引符号

a）与被索引图样同在一张图纸内的详图符号　　　　b）与被索引图样不在同一张图纸内的详图符号

图1-11　详图符号

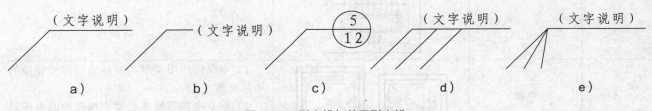

a)　　　　b)　　　　c)　　　　d)　　　　e)

图1-12　引出线与共用引出线

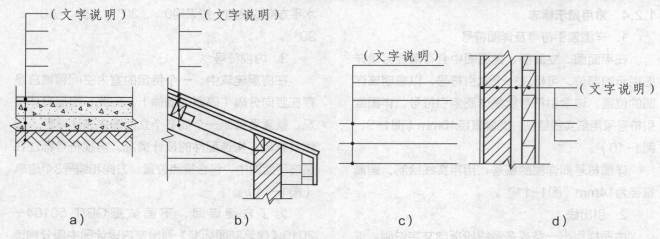

图1-13　多层构造引出线

a）单项内视符号

b）双项内视符号

c）单项内视符号

图1-14　内视符号

表1-5　构造及配件图例

序　号	名　　称	图　例	备　　注
1	墙体	 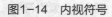	应加注文字或填充图例表示墙体材料，在项目设计图样说明中列材料图例给予说明
2	隔断		1）包括板条抹灰、木制、石膏板、金属材料等隔断 2）适用于到顶与不到顶隔断
3	栏杆		
4	楼梯	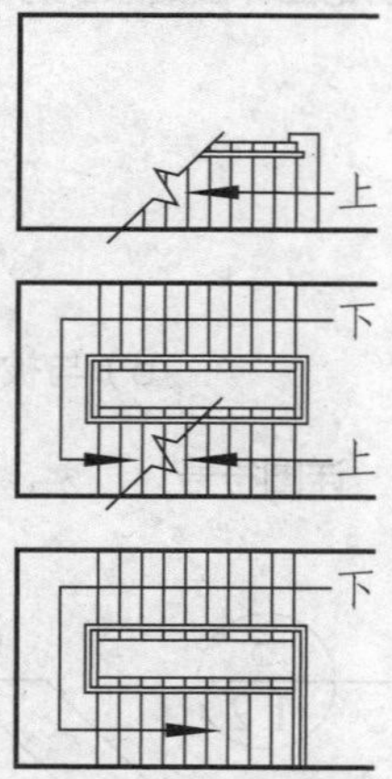	1）上图为底层楼梯平面，中图为中间层楼梯平面，下图为顶层楼梯平面 2）楼梯及栏杆扶手的形式和梯段步数应按实际情况绘制
5	电梯	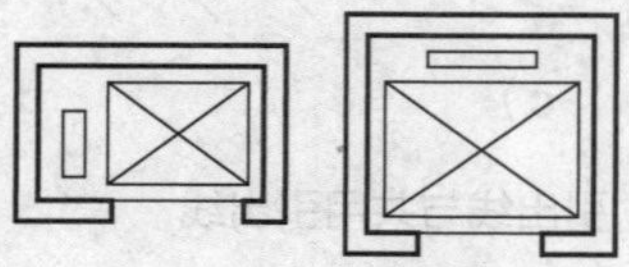	1）电梯应注明类型，并画出门和平衡锤的实际位置 2）观景电梯等特殊类型电梯应参照本图例实际情况绘制

（续）

序 号	名 称	图 例	备 注
6	新建的墙和窗		1）本图以小型砌块为图例，绘图时应按所用材料的图例绘制；不易以图例绘制的，可在墙面上以文字或代号注明 2）小比例绘图时，平、剖面窗线可用单粗实线表示
7	改建时保留的原有墙和窗		在AutoCAD中绘制墙体和窗时，线宽需不同，线型颜色也需要有所区分
8	单扇门（包括平开或单面弹簧门）		1）门的名称代号用M 2）图例中剖面图左为外、右为内，平面图下为外、上为内 3）立面图上开启方向线交角的一侧为安装合页的一侧，实线为外开、虚线为内开 4）平面图上门线应90°或45°开启，开启弧线宜绘出 5）立面图上的开启线在一般设计图中可不表示，在详图及室内设计图上应表示 6）立面形式应按实际情况绘制
9	双扇门（包括平开或单面弹簧门）		
10	对开折叠门		
11	推拉门		1）门的名称代号用M 2）图例中剖面图左为外、右为内，平面图下为外、上为内 3）立面形式应按实际情况绘制

（续）

序　号	名　　称	图　例	备　　注
12	墙外单扇推拉门	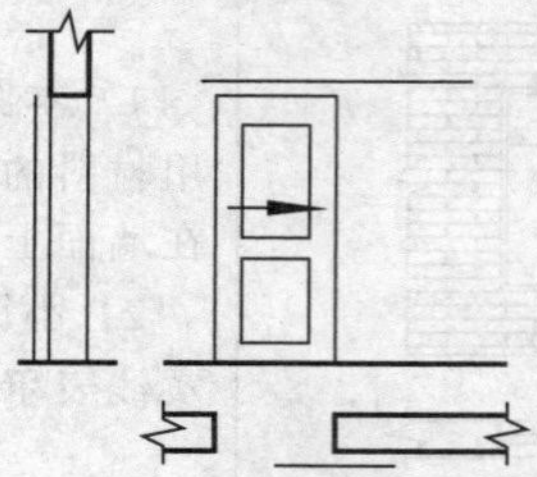	
13	墙外双扇推拉门	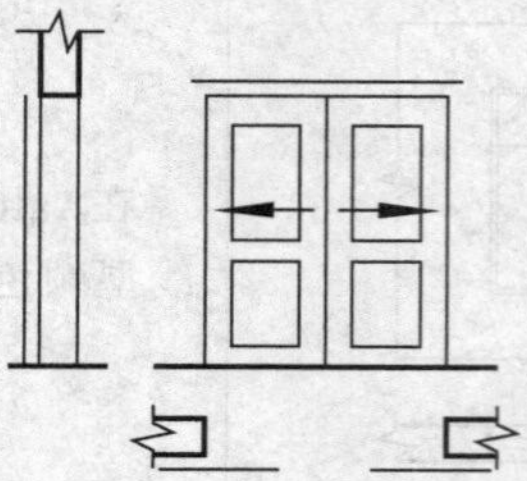	绘制时需用箭头标出门的推拉方向
14	墙中单扇推拉门	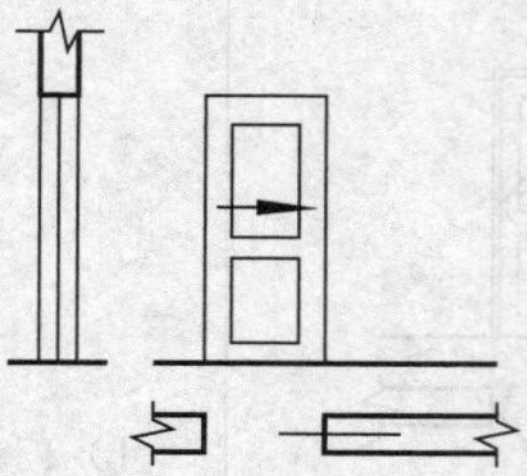	
15	墙中双扇推拉门	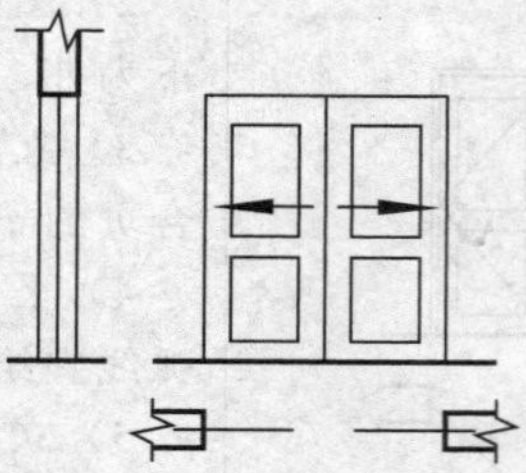	
16	单扇双面弹簧门	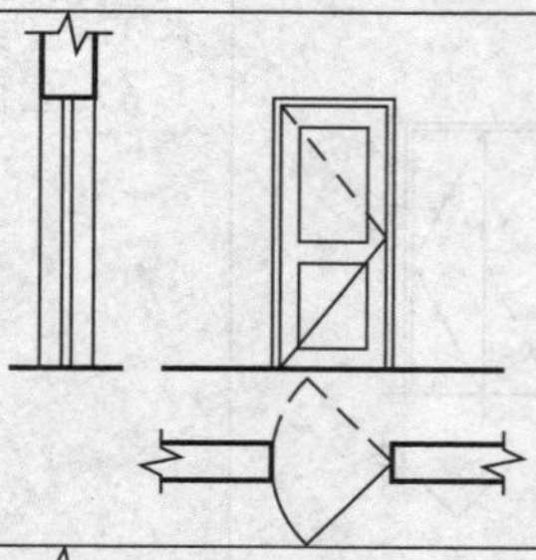	1）门的名称代号用M 2）图例中剖面图左为外、右为内，平面图下为外、上为内 3）立面图上开启方向线交角的一侧为安装合页的一侧，实线为外开、虚线为内开 4）平面图上门线应90°或45°开启，开启弧线宜绘出 5）立面图上的开启线在一般设计图中可不表示，在详图及室内设计图上应表示 6）立面形式应按实际情况绘制
17	双扇双面弹簧门	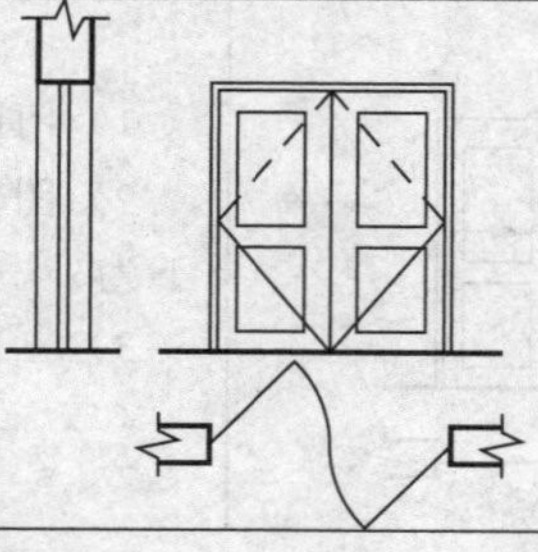	

（续）

序　号	名　称	图　例	备　注
18	单扇内外开双层门（包括平开或单面弹簧门）	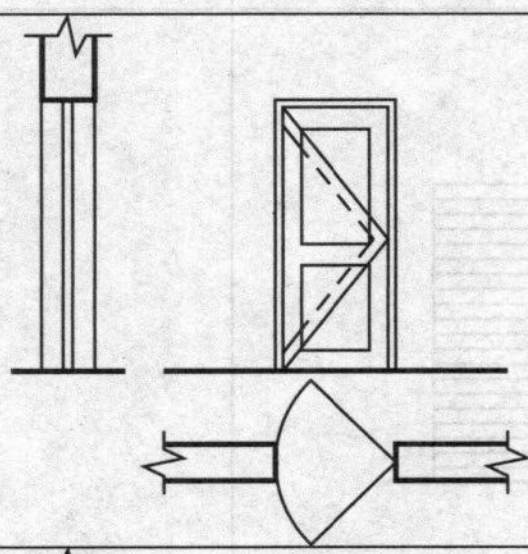	绘制时用弧线表示开关门的行走路径,用以确定门外走道空间是否充足,确保行走流畅
19	双扇内外开双层门（包括平开或单面弹簧门）	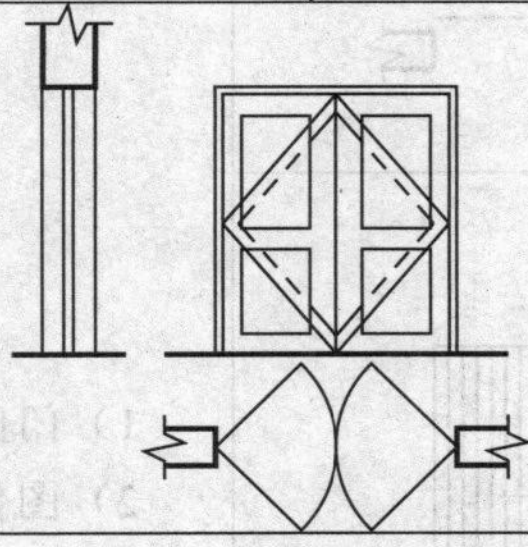	
20	转门		1）门的名称代号用M 2）图例中剖面图左为外、右为内，平面图下为外、上为内 3）平面图上门线应90°或45°开启，开启弧线宜绘出 4）立面图上的开启线在一般设计图中可不表示，在详图及室内设计图上应表示 5）立面形式应按实际情况绘制
21	自动门	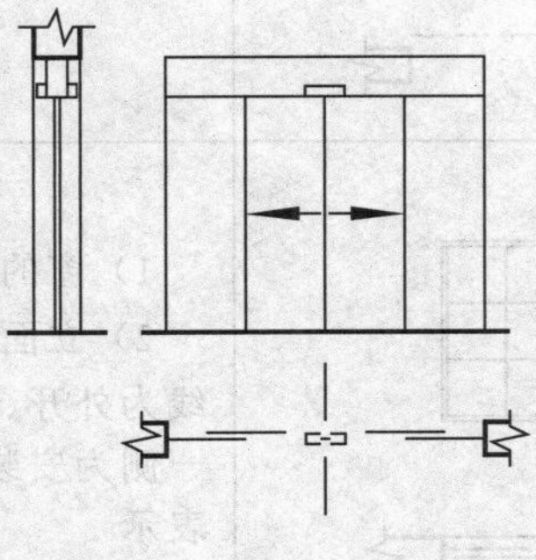	1）门的名称代号用M 2）图例中剖面图左为外、右为内，平面图下为外、上为内 3）立面形式应按实际情况绘制
22	折叠上翻门	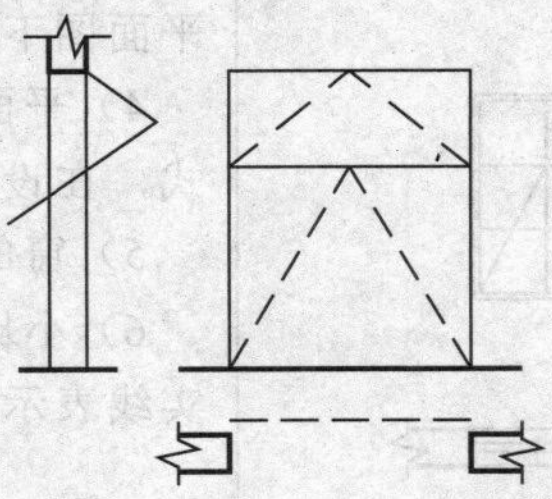	1）门的名称代号用M 2）图例中剖面图左为外、右为内，平面图下为外、上为内 3）立面图上的开启线在一般设计图中可不表示，在详图及室内设计图上应表示 4）立面图形式应按实际情况绘制 5）立面图上的开启线设计图中应表示

（续）

序　号	名　　称	图　例	备　　注
23	竖向卷帘门	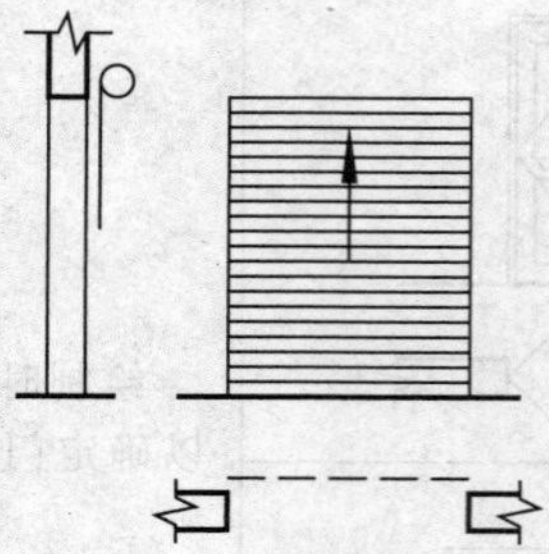	
24	横向卷帘门	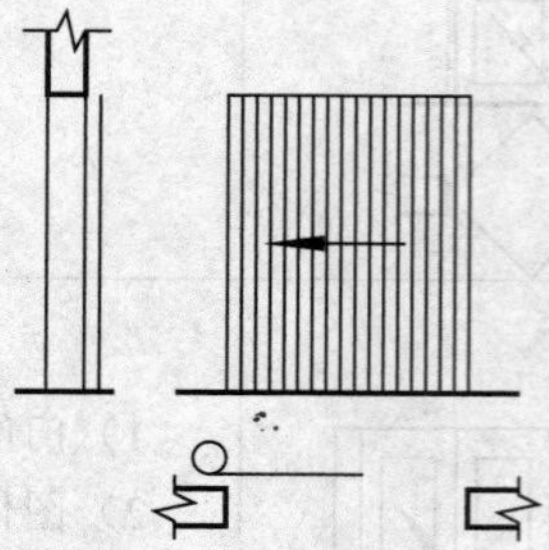	1）门的名称代号用M 2）图例中剖面图左为外、右为内，平面图下为外、上为内 3）立面形式应按实际情况绘制
25	提升门	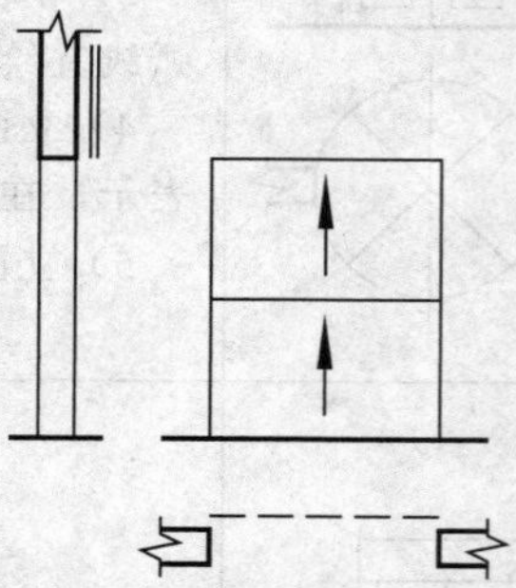	
26	单层固定窗	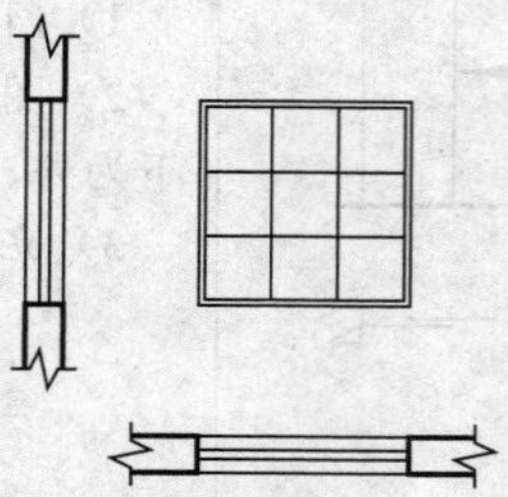	1）窗的名称代号用C表示 2）立面图中的斜线表示窗的开启方向，实线为外开、虚线为内开；开启方向线交角的一侧为安装合页的一侧，一般设计图中可不表示 3）图例中，剖面图所示左为外、右为内，平面图下为外、上为内 4）平面图和剖面图上的虚线仅说明开关方式，在设计图中不需表示 5）窗的立面形式应按实际绘制 6）小比例绘图时平、剖面的窗线可用单粗实线表示
27	单层外开上悬窗	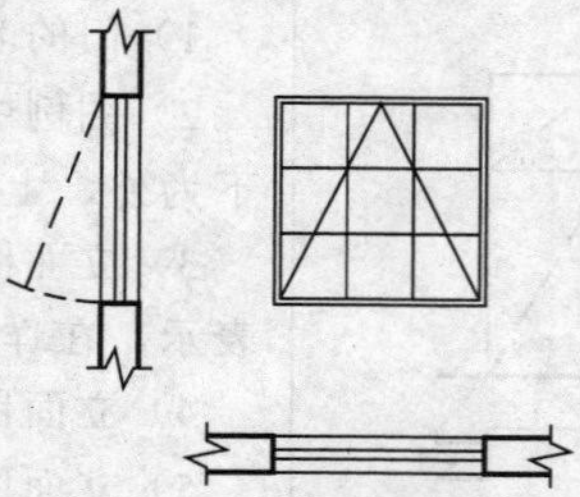	

（续）

序 号	名 称	图 例	备 注
28	单层中悬窗		
29	单层内开下悬窗		
30	立转窗		1）窗的名称代号用C表示 2）立面图中的斜线表示窗的开启方向，实线为外开、虚线为内开；开启方向线交角的一侧为安装合页的一侧，一般设计图中可不表示 3）图例中，剖面图所示左为外、右为内，平面图下为外、上为内 4）平面图和剖面图上的虚线仅说明开关方式，在设计图中不需表示 5）窗的立面形式应按实际绘制 6）小比例绘图时平、剖面的窗线可用单粗实线表示
31	单层外开平开窗		
32	单层内开平开窗		
33	双层内外开平开窗		

（续）

序 号	名 称	图 例	备 注
34	推拉窗		1）窗的名称代号用C表示 2）图例中，剖面图所示左为外、右为内，平面图下为外、上为内 3）窗的立面形式应按实际绘制 4）小比例绘图时平、剖面的窗线可用单粗实线表示
35	上推窗		
36	百页窗（百叶窗）		1）窗的名称代号用C表示 2）立面图中的斜线表示窗的开启方向，实线为外开、虚线为内开；开启方向线交角的一侧为安装合页的一侧，一般设计图中可不表示 3）图例中，剖面图所示左为外、右为内，平面图下为外、上为内 4）平面图和剖面图上的虚线仅说明开关方式，在设计图中不需表示 5）窗的立面形式应按实际绘制
37	高窗	$H=$	1）窗的名称代号用C表示 2）立面图中的斜线表示窗的开启方向，实线为外开、虚线为内开；开启方向线交角的一侧为安装合页的一侧，一般设计图中可不表示 3）图例中，剖面图所示左为外、右为内，平面图下为外、上为内 4）平面图和剖面图上的虚线仅说明开关方式，在设计图中不需表示 5）窗的立面形式应按实际绘制 6）H为窗底距本层楼地面的高度

1.2.5 常用材料符号及绘图比例

室内设计制图中经常采用材料图例来表示材料，在无法用图例表示的地方，也采用文字说明，为了方便读者查阅，表1-6列举了部分材料图例。

以下为常用绘图比例，读者可根据实际情况灵活使用。

（1）平面图 常用绘图比例为1：50、1：100等。

（2）立面图 常用绘图比例为1：20、1：30、1：50、1：100等。

（3）顶棚图 常用绘图比例为1：50、1：100等。

（4）构造详图 常用绘图比例为1：1、1：2、1：5、1：10、1：20等。

表1-6 常用建筑材料图例

序 号	名 称	图 例	备 注
1	自然土壤		包括各种自然土壤
2	夯实土壤		一般指有密实度的回填土，用于较大型建筑图样中
3	砂、灰土	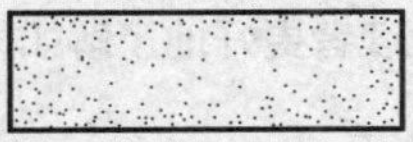	靠近轮廓线部位画较密的点
4	砂砾石、碎砖三合土	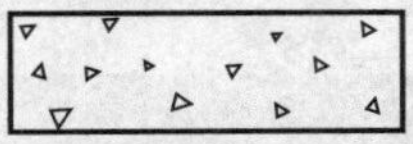	内部填充小三角，依据实际情况调节比例
5	石材	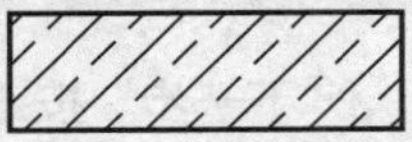	包括大理石、花岗岩、水磨石和合成石
6	毛石	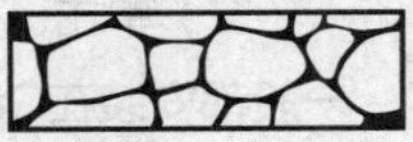	一般指不成形的石料，主要用于砌筑基础、勒脚、墙身、堤坝
7	普通砖	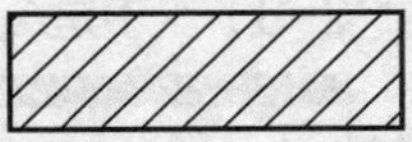	包括实心砖、多孔砖、砌块、等砌体；断面较窄不易绘出图例线时，可涂红
8	饰面砖	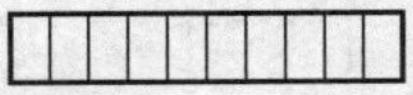	包括铺地砖、马赛克、陶瓷锦砖、人造大理石等
9	混凝土	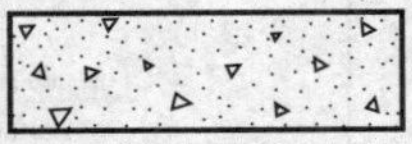	1）本图例指能承重的混凝土及钢筋混凝土
10	钢筋混凝土	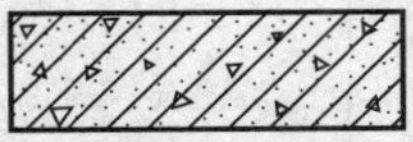	2）包括各种强度等级、骨料、添加剂的混凝土 3）断面图形小，不易画出图例线时，可涂黑
11	泡沫塑料材料	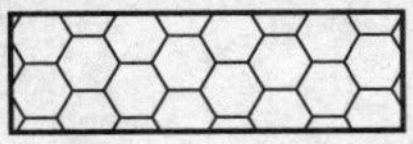	包括聚苯乙烯、聚乙烯、聚氨酯等多孔聚合物类材料
12	木材		1）上图为横断面，上左图为垫木、木砖或木龙骨材料图例 2）下图为纵断面
13	胶合板	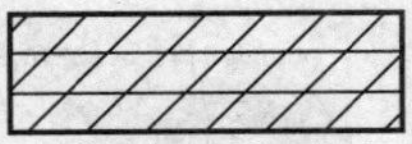	应注明为×层胶合板及特种胶合板名称
14	石膏板	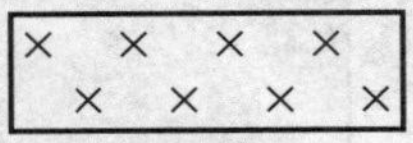	包括圆孔、方孔石膏板及防水石膏板等
15	金属	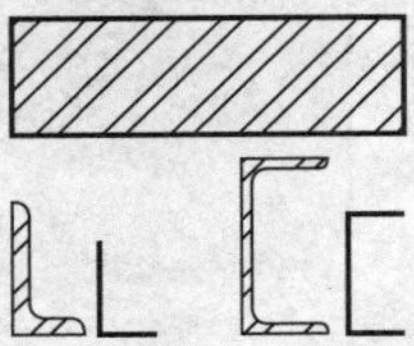	1）包括各种金属 2）图形小时，可涂黑
16	玻璃		包括平板玻璃、磨砂玻璃、夹丝玻璃、钢化玻璃、中空玻璃、加层玻璃、镀膜玻璃等

第2章　AutoCAD2018入门

操作难度 ★☆☆☆☆

本章介绍

　　本章主要介绍AutoCAD2018绘图的基本操作，能够让读者更好地了解如何设置图形的系统参数，能够熟练的建立新的图形文件、打开已有文件的方法等。

2.1　AutoCAD2018安装介绍

2.1.1　安装步骤

　　1）打开下载好的安装包，双击打开，单击"安装"（图2-1）。单击"安装"之后，AutoCAD会出现安装许可协议界面，选择"我接受"，单击"下一步"按钮，继续安装（图2-2）。

　　2）单击"浏览"按钮，选择需要的安装路径，一般都安装在C盘，确定路径后单击"安装"按钮（图2-3）。于是Auto CAD 2018 开始安装（图2-4）。

图2-1　开始安装AutoCAD2018

图2-2　选择"我接受"继续安装

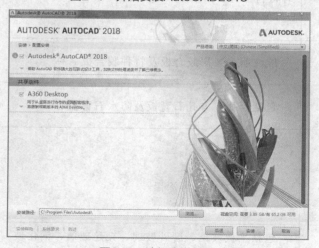

图2-3　选择安装路径

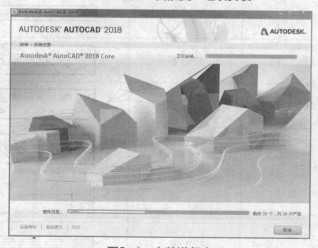

图2-4　安装进行中

3）依据指示进行操作，直至 Auto CAD 2018安装完成（图2-5）。

4）Auto CAD 2018安装完成后，系统弹出"是否重启系统"对话框，依据需要进行选择（图2-6）。

5）在所有程序中搜索Auto CAD2018，选择Auto CAD2018-简体中文（图2-7）。

6）选择设置，进行用户自定义设置（图2-8）。

7）安装完成后，启动Auto CAD 2018，开始绘图（图2-9）。

8）当保存和打开文件出现问题时，选择始终将DWG文件与Auto CAD 重新关联（图2-10）。

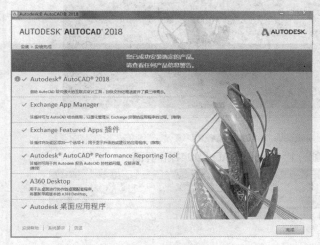

图2-5　安装完成

图2-6　"是否重启系统"对话框　图2-7　选择语言

图2-8　进行用户自定义设置

图2-9　Auto CAD 2018启动界面

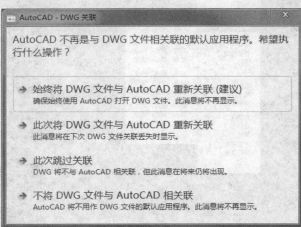

图2-10　依据需要进行选择

2.1.2 历史版本对比

Auto CAD 基本上隔几年就会更新一次，每一次的更新都会在原有的基础上功能有所创新，比较有代表性的是2004版、2010版、2014版以及2018版（图2-11~图2-13）。

Auto CAD 2004版采用C语言编写，适用于XP系统，安装包体积小，打开快速，功能相对比较全面。Auto CAD 2010版开始加入了参数化功能及与Pro/E、Solid Works等的对接，各方面功能都有所增强，适合绘图。Auto CAD 2014添加了标签式分页切换，单击加号就能新建文件了，其所拥有的半透明式命令行，可以设置透明度，还能云存储autodesk 360，也可以在单个窗口打开多个文件，比较方便快捷。

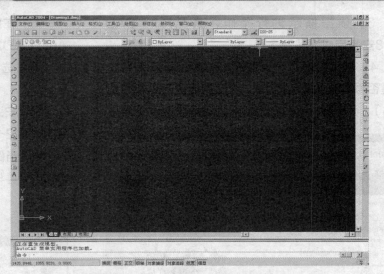

图2-11   Auto CAD 2004操作界面

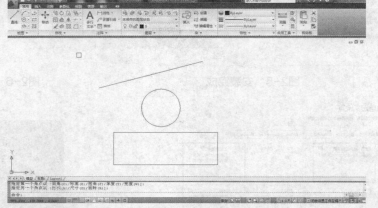

图2-12   Auto CAD 2010操作界面

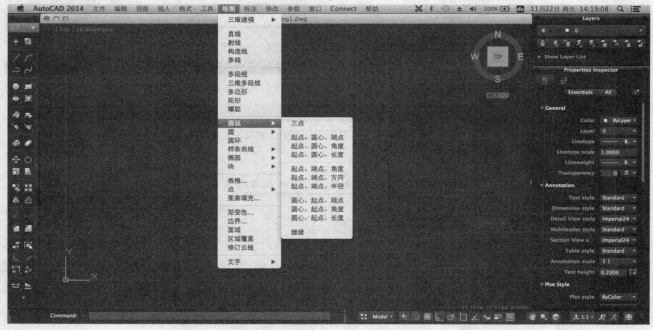

图2-13   Auto CAD 2014操作界面

2.2 操作界面及基本操作

2.2.1 操作界面

AutoCAD的操作界面是AutoCAD显示和编辑图形的区域。为了便于学习和使用，我们采用 AutoCAD 2018经典风格的操作界面介绍（图2-14）。

具体的转换方法是：单击界面右下角的"切换工作空间"按钮，在弹出的菜单中选择"AutoCAD经典"选项（图2-15），系统即转换到AutoCAD经典界面。

一个完整的AutoCAD经典操作界面包含的内容有标题栏、绘图区、十字光标、菜单栏、工具栏、坐标系图标、命令行窗口、状态栏、布局标签和滚动条等（图2-16）。

1. 标题栏

在AutoCAD2018中文版中标题栏位于绘图窗口的最上端。标题栏主要显示了系统当前正在运行的应用程序。用户第一次启动AutoCAD时，在AutoCAD2018绘图窗口的标题栏中，会显示启动时创建并打开的图形文件的名称Drawing1.dwg（图2-17）。

2. 绘图区域

绘图区域是指标题栏下方的大片空白区域，是用户绘制图形的区域。

在绘图区域中，还有一个作用类似光标的十字线，其交点反映了光标在当前坐标系中的位置。在AutoCAD2018中，将该十字线称为光标，

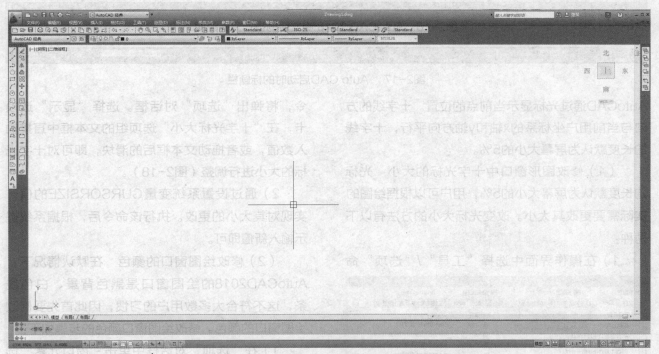

图2-14 AutoCAD 2018 经典风格的操作界面

图2-15 切换CAD工作空间

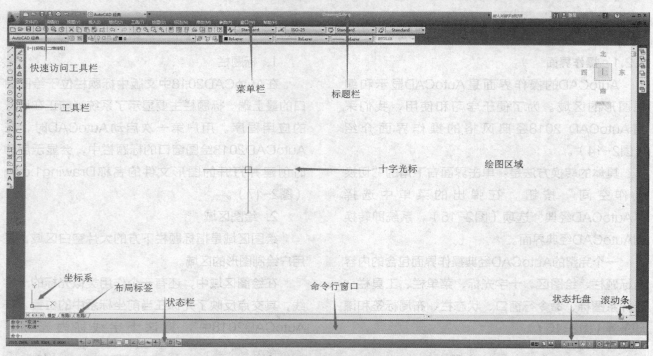

图2-16   AutoCAD 2018 中文版的操作界面说明

图2-17   Auto CAD启动时的标题栏

AutoCAD通过光标显示当前点的位置。十字线的方向与当前用户坐标系的x轴和y轴方向平行，十字线的长度默认为屏幕大小的5%。

（1）修改图形窗口中十字光标的大小   光标的长度默认为屏幕大小的5%，用户可以根据绘图的实际需要更改其大小。改变光标大小的方法有以下两种：

1）在操作界面中选择"工具"/"选项"命

令，将弹出"选项"对话框。选择"显示"选项卡，在"十字光标大小"选项组的文本框中直接输入数值，或者拖动文本框后的滑块，即可对十字光标的大小进行调整（图2-18）。

2）通过设置系统变量CURSORSIZE的值，实现对其大小的更改。执行该命令后，根据系统提示输入新值即可。

（2）修改绘图窗口的颜色   在默认情况下，AutoCAD2018的绘图窗口是黑色背景、白色线条，这不符合大多数用户的习惯，因此首先要修改绘图窗口的颜色。修改绘图窗口颜色的步骤如下：

1）在"选项"对话框中单击"窗口元素"选项组中的"颜色"按钮，打开"图形窗口颜色"对话框。

2）在"颜色"下拉列表框中选择需要的窗口颜色，然后单击"应用并关闭"按钮，此时AutoCAD2018的绘图窗口变成了选择的窗口背景色，通常按视觉习惯选择白色为窗口颜色（图2-19）。

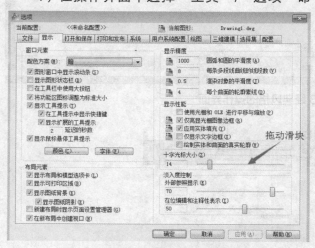

图2-18   更改设置，调整十字光标

3. 坐标系图标

在绘图区域的左下角，有一个箭头指向图标，称为坐标系图标，表示用户绘图时正使用的坐标系形式。坐标系图标的作用是为点的坐标确定一个参照系。根据工作需要，用户可以选择将其关闭。方法是选择"视图"/"显示"/"开"命令（图2-20）。

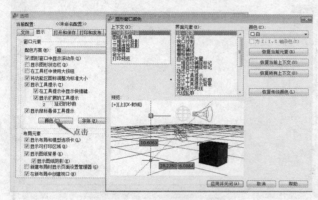

图2-19　选择窗口颜色

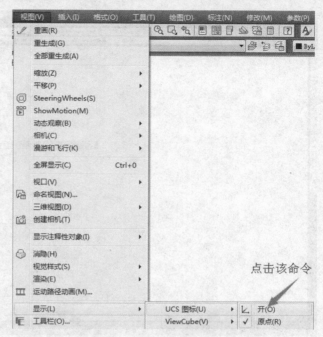

图2-20　调节视图

4. 菜单栏

菜单栏位于AutoCAD2018绘图窗口标题栏的下方。AutoCAD2018的菜单栏中包含12个菜单，即"文件""编辑""视图""插入""格式""工具""绘图""标注""修改""参数""窗口"和"帮助"。这些菜单几乎包含了AutoCAD2018的所有绘图命令，后面的章节将围绕这些菜单展开讲述。

5. 工具栏

工具栏是图标型工具的集合，把光标移动到某个图标，稍停片刻即在该图标一侧显示相应的工具提示，同时在状态栏中会显示对应的说明和命令名。此时，单击图标也可以启动相应的命令。

在默认情况下，可以看到绘图区域顶部的"标准"工具栏、"样式"工具栏、"特性"工具栏以及"图层"工具栏和位于绘图区域两侧的"绘图"工具栏、"修改"工具栏和"绘图次序"工具栏（图2-21、图2-22）。

将光标放在任意一个工具栏的非标题区，单击鼠标右键，系统会自动打开单独的工具栏标签。单击某一个未在界面显示的工具栏名称，系统自动打开该工具栏。反之，关闭工具栏。

工具栏可以在绘图区域"浮动"。此时显示该工具栏标题，并可关闭该工具栏，用鼠标可以拖动"浮动"工具栏到图形区边界，使它变为"固定"工具栏，此时该工具栏标题隐藏。也可以把"固定"工具栏拖出，使它成为"浮动"工具（图2-23）。

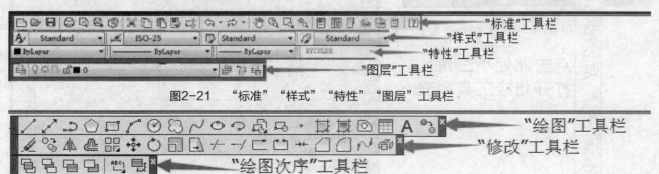

图2-21　"标准""样式""特性""图层"工具栏

图2-22　"绘图""修改"和"绘图次序"工具栏

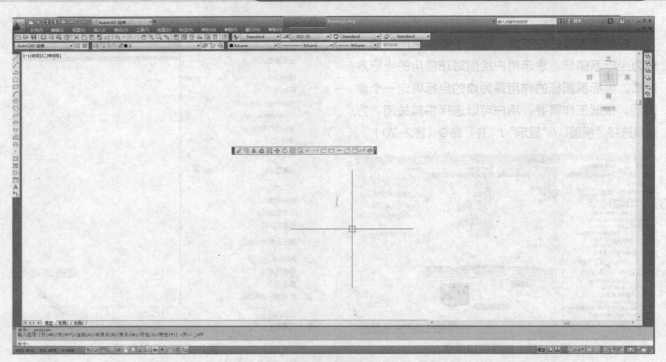

图2-23 "浮动"的工具栏

在有些图标的右下角带有一个小三角，单击后会打开相应的工具列表，将光标移动到某一图标上单击，该图标就为当前图标。单击当前图标，即可执行相应命令（图2-24）。

6. 命令行窗口

命令行窗口是输入命令和显示命令提示的区域，默认的命令行窗口位于绘图区域下方，显示的是若干文本行。对当前命令窗口中输入内容，可以按F2键用文本编辑的方法进行编辑（图2-25）。

对于命令行窗口，有以下几点需要说明：

1）移动拆分条，可以扩大与缩小命令行窗口。

2）可以拖动命令行窗口，将其放置在屏幕上的其他位置。默认情况下，命令行窗口位于图形窗口的下方。

3）对当前命令行窗口中输入的内容，可以按下"F2"键，采用文本编辑的方法进行编辑。在AutoCAD2018中，文本窗口和命令行窗口相似，它可以显示当前AutoCAD进程中命令的输入和执行过程，在AutoCAD2018中执行某些命令时，它会自动切换到文本窗口，列出有关信息。

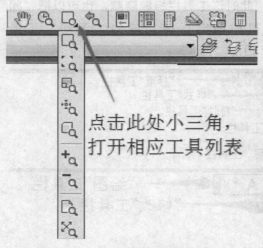

图2-24 打开相应的工具列表

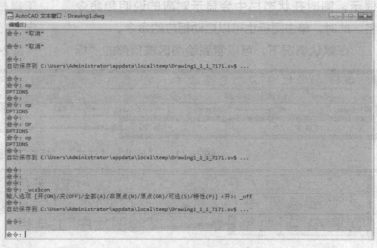

图2-25 打开文本窗口

4）AutoCAD通过命令行窗口，反馈各种信息，包括出错信息。因此，用户要时刻关注在命令行窗口中出现的信息。

7. 布局标签

AutoCAD2018系统默认设定一个模型空间布局标签和"布局1""布局2"两个图样空间布局标签。

（1）布局　布局是系统为绘图设置的一种环境，包括图纸大小、尺寸单位、角度设定、数值精确度等，在系统默认的3个标签中，这些环境变量都是默认设置。用户可以根据实际需要改变这些变量的值。用户也可以根据需要设置符合自己要求的新标签，具体方法将在后面章节介绍。

（2）模型　AutoCAD2018的空间分为模型空间和图纸空间。模型空间是用户绘图的环境，而在图纸空间中，用户可以创建称为"浮动视口"的区域，以不同视图显示所绘图形。用户可以在图纸空间中调整浮动视口并决定所包含视图的缩放比例。如果选择图纸空间，则可打印多个视图，用户可以打印任意布局的视图。

8. 状态栏

状态栏位于屏幕的底部，左端显示绘图区域中光标定位点的坐标X、Y、Z，向右侧依次有"推断约束""捕捉模式""栅格显示""正交模式""极轴追踪""对象捕捉""三维对象捕捉""对象捕捉追踪""允许/禁止动态UCS""动态输入""显示/隐藏线宽""显示/隐藏透明度""快捷特征""选择循环"14个功能开关按钮。单击这些开关按钮，可以实现这些功能的开启和关闭（图2-26）。

图2-26　状态栏

9. 滚动条

在AutoCAD2018绘图窗口的下方和右侧方还提供了用来浏览图形的水平和竖直方向的滚动条。在滚动条中单击或拖动其中的滚动块，可以在绘图窗口中按水平或竖直两个方向浏览图形。

10. 状态托盘

AutoCAD中的状态托盘包括一些常见的显示工具和注释工具，包括模型空间和布局空间转换工具（图2-27）。通过这些按钮可以更好地控制图形或绘图区域的状态。通过状态中的图标，可以很方便地访问注释比例的常用功能。

（1）注释比例　单击注释比例右下角的三角图标，弹出注释比例列表，可以根据需要选择适当的注释比例（图2-28）。

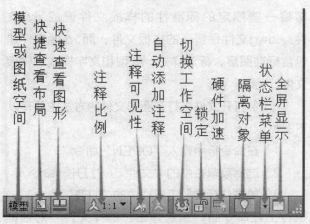

图2-27　状态托盘工具具体说明

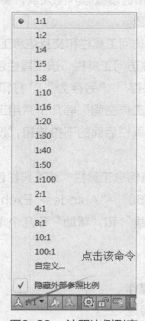

图2-28　注释比例列表

（2）注释可见性　当图标变亮时，表示显示所有比例的注释性对象；当图标变暗时，表示仅显示当前比例的注释性对象。

注释比例更改时，自动将比例添加到注释对象。

通过状态栏托盘中的图标，可以很方便地访问常用功能。右键单击状态栏或左键单击右下角的三角图标可以控制开关按钮的显示与隐藏或更改托盘设置。

以下是在状态栏托盘中显示的图标。

1）工具栏/窗口位置锁。可以控制是否锁定工具栏或图形窗口在图形界面上的位置。右键单击位置锁图标，系统弹出工具栏/窗口位置锁右键菜单（图2-29）。可以选择打开或锁定相关选项位置。

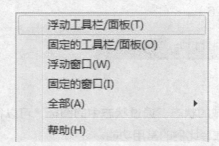

图2-29　右键单击打开工具栏/窗口位置锁

2）全屏显示。可以清除Windows窗口中的标题栏、工具栏和选项板等界面元素，使AutoCAD的绘图窗口全屏显示。

11. 快速访问工具栏和交互信息工具栏

（1）快速访问工具栏　该工具栏包括"新建""打开""保存""另存为""打印""放弃""重做"和"工作空间"等几个常用工具。用户也可以单击本工具栏后面的下拉按钮，设置需要的常用工具。

（2）交互信息工具栏　该工具栏包括"搜索""Autodesk360""Autodesk Exchange应用程序""保持连续"和"帮助"等几个常用的数据交互访问工具。

2.2.2　基本操作

1. 文件管理

（1）新建文件　新建图形文件的方法有以下3种：

1）在命令行中输入"NEW"或"QNEW"命令。

2）选择菜单栏中的"文件"/"新建"命令。

3）单击"标准"工具栏中的"新建"命令。

执行上述命令后，系统会弹出"选择样板"对话框，在"文件类型"下拉列表框中有3种格式的图形样板，分别是.dwt、.dwg、.dws（图2-30）。

图2-30　弹出"选择样板"对话框

在每种图形样板文件中，系统根据绘图任务的要求进行统一的图形设置，如绘图单位类型和精度要求、绘图界限、捕捉、网格与正文设置、图层、图框和标题栏、尺寸及文本格式、线型和线宽等。

使用图形样板文件绘图的优点在于，在完成绘图任务时不但可以保持图形设置的一致性，而且可以大大提高工作效率。用户也可以根据自己的需要设置新的样板文件。

一般情况下，.dwt文件是标准的样板文件，通常将一些规定的标准性的样板文件设成.dwt文件；.dwg文件是普通的样板文件；而.dws文件是包含标准图层、标注样式、线型和文字样式的样板文件。

（2）打开文件　打开图形文件的方法主要有以下3种：

1）在命令行中输入"OPEN"命令。

2）选择菜单栏中的"文件"/"打开"命令。

3）单击"标准"工具栏中的"打开"命令。

执行上述命令后，系统弹出"选择文件"对话框（图2-31），在"文件类型"下拉列表框中可选.dwg文件、.dwt文件、.dxf文件和.dws文件。.dxf文件是用文本形式存储的图形文件，能够被其他程序读取，许多第三方应用软件都支持.dxf格式。

图2-31 弹出"选择文件"对话框

（3）保存文件 保存图形文件的方法主要有以下3种：

1）在命令行中输入"QSAVE"或"SAVE"命令。

2）选择菜单栏中的"文件"/"保存"命令。

3）单击"标准"工具栏中的"保存"命令。

执行上述命令后，若文件已命名，则AutoCAD自动保存；若文件未命名（即为默认名Drawing1.dwg），则弹出"图形另存为"对话框（图2-32），用户可以命名保存。在"保存于"下拉列表框中可以指定保存文件的路径；在"文件类型"下拉列表框中可以指定保存文件的类型。

图2-32 弹出"图形另存为"对话框

为了防止因意外操作或计算机系统故障导致正在绘制的图形文件丢失，可以对当前图形文件设置

自动保存。步骤如下：

1）利用系统变量SAVEFILEPATH设置所有"自动保存"文件的位置，如C：\HU\。

2）利用系统变量SAVEFILE存储"自动保存"文件名。该系统变量存储的文件名文件是只读文件，用户可以从中查询自动保存的文件名。

3）利用系统变量SAVETIME指定在使用"自动保存"时多长时间保存一次图形。

（4）另存为 对打开的已有图形进行修改后，可用"另存为"命令对其进行改名存储，具体方法主要有以下两种：

1）在命令行中输入"SAVEAS"命令。

2）选择菜单栏中的"文件"/"另存为"命令。

执行上述命令后，系统弹出"图形另存为"对话框，可以将图形用其他名称保存。

（5）退出 图形绘制完毕后，想退出AutoCAD可用退出命令，调用退出命令的方法主要有以下3种：

1）在命令行输入"QUIT"或"EXIT"命令。

2）选择菜单栏中的"文件"/"退出"命令。

3）单击AutoCAD操作界面右上角的"关闭"命令。

执行上述命令后，若用户对图形所作的修改尚未保存，则会出现"系统警告"对话框（图2-33）。单击"是"按钮，系统将保存文件，然后退出；单击"否"按钮，系统将不保存文件。若用户对图形所做的修改已经保存，则直接退出。

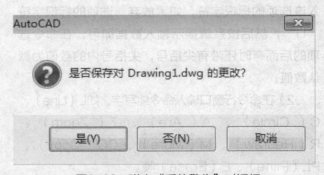

图2-33 弹出"系统警告"对话框

（6）图形修复 调用图形修复命令的方法主要有以下两种：

1）可以在窗口下端的命令行中输入"DRAWINGRECOVERY"命令。

2）选择菜单栏中的"文件"/"图形实用工具"/"图形修复管理器"命令。

执行上述命令后，系统弹出"图形修复管理器"（图2-34），打开"备份文件"列表中的文件，可以重新保存，从而进行修复。

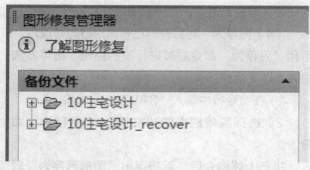

图2-34　弹出"图形修复管理器"

2．基本输入操作

（1）命令输入方式　AutoCAD交互绘图必须输入必要的指令和参数。有多种AutoCAD命令输入方式，下面以画直线为例进行介绍。

1）在命令行窗口输入命令名。命令字符不区分大小写。执行命令时，在命令行提示中经常会出现命令选项。例如，输入绘制直线命令LINE后，在命令行的提示下在屏幕上指定一点或输入一个点的坐标，当命令行提示"指定下一点或［放弃（U）］："时，选项中不带括号的提示为默认选项，因此可以直接输入直线段的起点坐标或在屏幕上指定一点，如果要选择其他选项，则应该首先输入该选项的标识字符，如"放弃"选项的标识字符"U"，然后按系统提示输入数据即可。在命令选项的后面有时还带有尖括号，尖括号内的数值为默认数值。

2）在命令行窗口输入命令缩写字。如L（Line）、C（Circle）、A（Are）、Z（Zoom）、R（Redraw）、M（More）、CO（Copy）、PL（Pline）、E（Erase）等。

3）选择"绘图"菜单中的"直线"命令。选择该命令后，在状态栏中可以看到对应的命令说明及命令名。

4）单击工具栏中的对应图标。单击相应图标后，在状态栏中也可以看到对应的命令说明及命令名。

5）在命令行窗口打开右键快捷菜单。如果在前面刚使用过要输入的命令，则可以在命令行窗口单击鼠标右键，打开快捷菜单，在"最近使用的命令"子菜单中选择需要的命令（图2-35）。"最近使用的命令"子菜单中存储最近使用的6个命令，如果经常重复使用某6次操作以内的命令，这种方法就比较简捷。

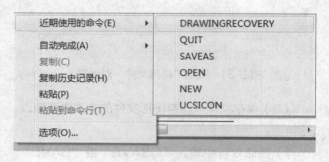

图2-35　弹出"快捷菜单"

6）在绘图区域单击鼠标右键。如果用户要重复使用上次使用的命令，可以直接在绘图区域单击鼠标右键，系统立即重复执行上次使用的命令，这种方法适用于重复执行某个命令。

（2）命令的重复、撤销和重做

1）命令的重复。在命令行窗口中按Enter键可重复调用上一个命令，不管上一个命令是完成了还是被取消了。

2）命令的撤销。在命令执行的任何时刻都可以取消和终止命令的执行。执行该命令时，调用方法有以下4种：

① 在命令行中输入"UNDO"命令。

② 选择菜单栏中的"编辑"/"放弃"命令。

③ 单击"标准"工具栏中的"放弃"命令。

④ 利用快捷键<Esc>。

3）命令的重做。已被撤销的命令还可以恢复重做，即恢复撤销的最后一个命令。执行该命令时，调用方法有以下3种：

① 在命令行中输入"REDO"命令。

② 选择菜单栏中的"编辑"/"重做"命令。

③ 单击"标准"工具栏中的"重做"命令。

还可以一次执行多重放弃和重做操作，方法是单击UNDO或REDO列表箭头，在弹出的列表中选择要放弃或重做的操作即可（图2-36）。

图2-36 多重放弃或重做

（3）透明命令 在AutoCAD2018中，有些命令不仅可以直接在命令行中使用，而且还可以在其他命令的执行过程中插入并执行，待该命令执行完毕后，系统继续执行原命令，这种命令称为透明命令。透明命令一般多为修改图形设置或找开辅助绘图工具的命令。

如执行圆弧命令ARC时，在命令行提示"指定圆弧的起点或［圆心（C）］："时输入"ZOOM"，则透明使用显示缩放命令，按<Esc>键退出该命令后，则恢复执行ARC命令。

（4）按键定义 在AutoCAD2018中，除了可以通过在命令行窗口输入命令、单击工具栏图标或选择菜单命令来完成命令外，还可以使用键盘上的一组功能键或快捷键，快速实现指定功能，如按F1键，系统将调用AutoCAD帮助对话框。

系统使用AutoCAD传统标准（Windows之前）或Microsoft Windows标准解释快捷键。有些功能键或快捷键在AutoCAD的菜单中已经指出，如"粘贴"功能的快捷键为"Ctrl+V"，这些只要在使用的过程中多加留意，就会熟练掌握。快捷键的定义参见菜单命令后面的说明。

（5）命令执行方式 有的命令有两种执行方式，通过对话框或通过命令行输入命令。如果指定使用命令行方式，可以在命令名前加短划线来表示，如"-LAYER"表示用命令行方式执行"图层"命令。而如果在命令行中输入"LAYER"，系统则会自动打开"图层"对话框。另外，有些命令同时存在命令行、菜单和工具栏3种执行方式，这时如果选择菜单或工具栏方式，命令行会显示该命令，并在前面加一个下划线。

（6）坐标系统与数据的输入方法

1）坐标系。AutoCAD采用两种坐标系，即世界坐标系（WCS）与用户坐标系。刚进入AutoCAD2018时出现的坐标系统就是世界坐标系，是固定的坐标系统。世界坐标系也是坐标系统中的基准，绘制图形时多数情况下都是在这个坐标系统下进行的。调用用户坐标系命令的方法有以下3种：

① 在命令行中输入"UCS"命令。

② 选择菜单栏中的"工具"/"新建UCS"命令。

③ 单击"UCS"工具栏中的"UCS"命令。

AutoCAD有两种视图显示方式：模型空间和布局空间。模型空间是指单一视图显示法，用户通常使用的都是这种显示方式；布局空间是指在绘图区域创建图形的多视图，用户可以对其中每一个视图进行单独操作。在默认情况下，当前UCS与WCS重合。

2）数据输入方法。在AutoCAD2018中，点的坐标可以用直角坐标、极坐标、球面坐标和柱面坐标表示，每一种坐标又分别具有两种坐标输入方式：绝对坐标和相对坐标。其中直角坐标和极坐标最为常用，下面主要介绍它们的输入。

① 直角坐标法。用点的X、Y坐标值表示的坐标（图2-37）。

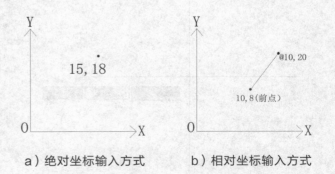

a）绝对坐标输入方式　　b）相对坐标输入方式

图2-37 直角坐标法

② 极坐标法。用长度和角度表示的坐标，只能用来表示二维坐标。

在绝对坐标输入方式下，表示为"长度＜角度"，其中长度为该点到坐标原点的距离，角度为该点至原点的连线与X轴正向的夹角（图2-38 a）。

在相对坐标输入方式下，表示为"@长度＜角度"，其中长度为该点到前一点的距离，角度为该点至前一点的连线与X轴正向的夹角（图2-38 b）。

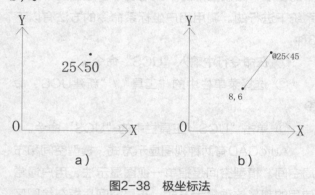

图2-38　极坐标法

3）动态数据输入。按下状态栏上的"DYN"按钮，系统弹出动态输入功能，可以在屏幕上动态地输入某些参数数据，例如在绘制直线时，在光标附近，会动态地显示"指定第一点"，以及后面的坐标框，当前显示的是光标所在位置，可以输入数据，两个数据之间以逗号隔开。在选择第一点后，系统动态显示直线的角度，同时要求输入线段长度值，其输入效果与"@长度＜角度"方式相同（图2-39）。

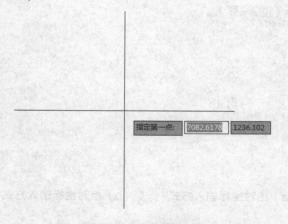

图2-39　动态输入数据

以下介绍点与距离值的输入方法。

① 点的输入。绘图过程中，常需要输入点的位置，AutoCAD提供了以下几种输入点的方式。

● 用键盘直接在命令行窗口中输入点的坐标。直角坐标有两种输入方式，即"X，Y"（点的绝对坐标值）和"@X，Y"（相对于上一点的相对坐标值）。坐标值均相对于当前的用户坐标系。

● 极坐标的输入方式为"长度＜角度"（其中，长度为点到坐标原点的距离，角度为原点至该点连线与X轴的正向夹角）或"@长度＜角度"（相对于上一点的相对极坐标）。

● 用鼠标等定标设备移动光标单击鼠标在屏幕上直接取点。

● 用目标捕捉方式捕捉屏幕上已有图形的特殊点（如端点、中点、中心点、插入点、交点、切点、垂足点等）。

● 直接输入距离，即先用光标拖拉出橡筋线确定方向，然后用键盘输入距离。这样有利于准确控制对象的长度等参数。

② 距离值的输入。在AutoCAD命令中，有时需要提供高度、宽度、半径、长度等距离值。AutoCAD提供了两种输入距离值的方式：

● 用键盘在命令行窗口中直接输入数值。

● 在屏幕上拾取两点，以两点的距离值定出所需数值。

3. 绘图辅助工具

（1）辅助定位工具　在绘制图形时，可以使用直角坐标和极坐标精确定位点，但是有些点（如端点、中心点等）的坐标我们是不知道的，要想精确地指定这些点，难度是可想而知的，有时甚至是不可能的。AutoCAD提供了辅助定位工具，使用这类工具，可以很容易地在屏幕中捕捉到这些点，进行精确的绘图。

1）栅格。AutoCAD的栅格由有规则的点的矩阵组成，延伸到指定为图形界限的整个区域。使用栅格和在坐标纸上绘图是十分相似的，利用栅格可以对齐对象并直观显示对象之间的距离。如果放大或缩小图形，可能需要调整栅格间距，使其更适合新的比例。虽然栅格在屏幕上是可见的，但它并不是图形对象，因此它不会被打印成图形中的一部分，也不会影响在何处绘图。

可以单击状态栏上的"栅格"按钮或按"F7"键打开或关闭栅格。启用栅格并设置栅格在X轴方向和Y轴方向上的间距的方法如下：

① 在命令行中输入"DSETTINGS"或"DS"，"SE"或"DDRMODES"命令。

② 选择菜单栏中的"工具"/"绘图设置"命令。

③ 右键单击"栅格"按钮，在弹出的快捷菜单中选择"设置"命令。

执行上述命令，系统弹出"草图设置"对话框（图2-40）。

如果需要显示栅格，选中"启用栅格"复选框。在"栅格X轴间距"文本框中输入栅格点之间的水平距离，单位为mm。如果使用相同的间距设置垂直和水平分布的栅格点，则按Tab键；如果间距设置不同则可以在"栅格Y轴间距"文本框中输入栅格点之间的垂直距离。

用户可改变栅格与图形界限的相对位置。捕捉可以使用户直接使用鼠标快速地定位目标点。捕捉模式有几种不同的形式：栅格捕捉、对象捕捉、极轴捕捉和自动捕捉。这些在下文中将详细讲解。

另外，可以使用GRID命令通过命令行方式设置栅格，功能与"草图设置"对话框类似，此处不再详细解说。

2）捕捉。AutoCAD可以生成一个隐含分布于屏幕上的栅格，这种栅格能够捕捉光标，使得光标只能落到其中的一个栅格点上。捕捉可分为"矩形捕捉"和"等轴测捕捉"两种类型（图2-41、图2-42）。默认设置为"矩形捕捉"，即捕捉点的阵列类似于栅格。用户可以指定捕捉模式在x轴方向和Y轴方向上的间距，也可改变捕捉模式与图形界限的相对位置。与栅格不同之处在于：捕捉间距的值为正实数；另外捕捉模式不受图形界限的约束。"等轴测捕捉"的模式是绘制正等轴测图时的工作环境。在"等轴测捕捉"模式下，栅格和光标十字线成特定角度。

3）极轴捕捉。极轴捕捉是在创建或修改对象时，按事先给定的角度增量和距离增量来追踪特征点，即捕捉相对于初始点并且满足指定极轴距离和极轴角的目标点。

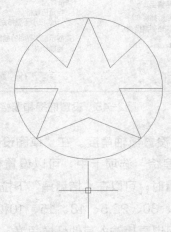

图2-41 矩形捕捉

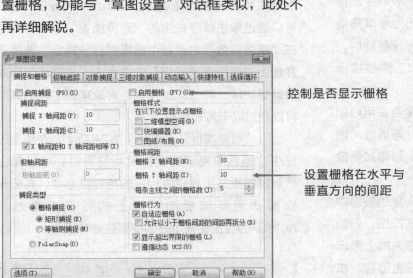

控制是否显示栅格

设置栅格在水平与垂直方向的间距

图2-40 "草图设置"对话框

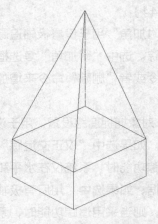

图2-42 等轴测捕捉

极轴追踪设置主要是设置追踪的距离增量和角度增量，以及与之相关联的捕捉模式。这些设置可以通过"草图设置"对话框的"捕捉和栅格"选项卡与"极轴追踪"选项卡来实现。

① 设置极轴距离。在"草图设置"对话框的"捕捉和栅格"选项卡中，可以设置极轴距离，单位为mm。绘图时，光标将按指定的极轴距离增量进行移动（图2-43）。

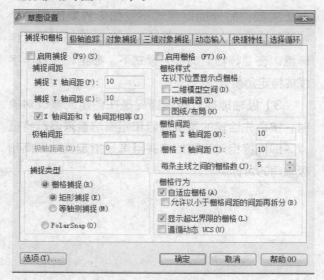

图2-43 设置捕捉和栅格

② 设置极轴角度。在"草图设置"对话框的"极轴追踪"选项卡中，可以设置极轴角增量角度。设置时，可以在"增量角"下拉列表框中选择90、45、30、22.5、18、15、10和5为极轴角增量，也可以直接输入其他任意角度。光标移动时，如果接近极轴角，将显示对齐路径和工具栏提示（图2-44）。

"附加角"用于设置极轴追踪时是否采用附加角度追踪。选中"附加角"复选框后，可通过"增加"命令或者"删除"命令来增加、删除附加角度值。

③ 对象捕捉追踪设置。用于设置对象捕捉追踪的模式。如果选中"仅正交追踪"单选按钮，则当采用追踪功能时，系统仅在水平和垂直方向上显示追踪数据；如果选中"用所有极轴角设置追踪"单选按钮，则当采用追踪功能时，系统不仅可以在水平和垂直方向显示追踪数据，还可以在设置的极轴

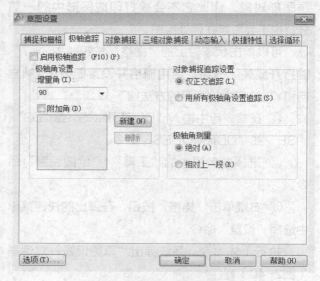

图2-44 设置极轴追踪

追踪角度与附加角度所确定的一系列方向上显示追踪数据。

④ 极轴角测量。用于设置极轴角的角度测量采用的参考基准，"绝对"则是相对水平方向逆时针测量，"相对上一段"则是以上一段对象为基准进行测量。

4）对象捕捉。AutoCAD给所有的图形对象都定义了特征点，对象捕捉则是指在绘图过程中，通过捕捉这些特征点，迅速准确地将新的图形对象定位在现有对象的确切位置上，例如圆的圆心、线段中点或两个对象的交点等。在AutoCAD2018中，可以通过单击状态栏中的"对象捕捉"命令，或是在"草图设置"对话框中选择"对象捕捉"选项卡并选中"启用对象捕捉"单选命令，来完成启用对象捕捉功能。在绘图过程中，对象捕捉功能的调用可以通过以下方式完成。

① "对象捕捉"工具栏（图2-45）。在绘图过程中，当系统提示需要指定点位置时，可以单击"对象捕捉"工具栏中相应的特征点命令，再把光标移动到要捕捉的对象上的特征点附近，AutoCAD会自动提示并捕捉到这些特征点。

图2-45 "对象捕捉"工具栏

② 对象捕捉快捷菜单。在需要指定点位置时，还可以按住Ctrl键或Shift键，单击鼠标右键，弹出"对象捕捉"快捷菜单（图2-46），从该菜单中一样可以选择某一种特征点执行对象捕捉，把光标移动到要捕捉对象上的特征点附近，即可捕捉到这些特征点。

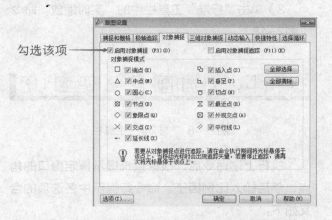

图2-47 在"对象捕捉"选项卡中选择启用对象捕捉

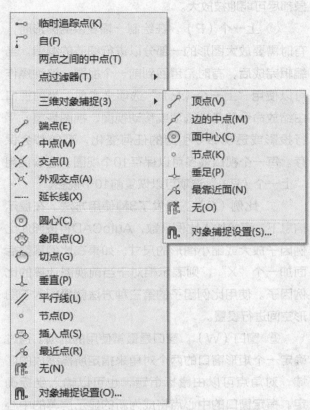

图2-46 "对象捕捉"快捷菜单

③ 使用命令行。当需要指定点位置时，在命令行中输入相应特征点的关键字，把光标移动到要捕捉对象上的特征点附近，即可捕捉到这些特征点。

5）自动对象捕捉。在绘制图形的过程中，使用对象捕捉的频率非常高，出于此种考虑，AutoCAD2018提供了自动对象捕捉模式。如果启用自动捕捉功能，当光标距指定的捕捉点较近时，系统会自动精确地捕捉这些特征点，并显示出相应的标记以及该捕捉的提示。选择"草图设置"对话框中的"对象捕捉"选项卡，选中"启用对象捕捉追踪"复选框，可以启用自动对象捕捉功能（图2-47）。注意，对象捕捉命令不可单独使用，且不能捕捉不可见的对象。

6）正交绘图。正交绘图模式是指在执行命令的过程中，光标只能沿X轴或Y轴移动。所有绘制的线段和构造线都将平行于X轴或Y轴，因此它们相互垂直成90°相关，即正交。使用正交绘图特别是当绘制构造线时经常使用，而且当捕捉模式为等轴测模式时，它还迫使直线平行于3个等轴测中的一个。

设置正交绘图可以直接单击状态栏中"正交"按钮或按"F8"键，相应地会在文本窗口中显示开/关提示信息。也可以在命令行中输入"ORTHO"命令，执行开启或关闭正交绘图功能。注意正交模式和极轴模式不能同时打开。

4．图形显示工具

为解决对图形局部细节进行更好的查看和操作这类问题，AutoCAD提供了缩放、平移、视图、鸟瞰视图和视口命令等一系列图形显示控制命令，可以用来任意地放大、缩小或移动屏幕上的图形显示，或者同时从不同的角度、不同的部位来显示图形。AutoCAD还提供了重画和重新生成命令来刷新屏幕、重新生成图形。

（1）图形缩放 图形缩放命令类似于照相机的镜头，可以放大或缩小屏幕所显示的范围，只改变视图的比例，但是对象的实际尺寸并不发生变化。图形缩放功能在绘制大幅面机械图，尤其是装配图时非常有用，是使用频率最高的命令之一。该命令可以在其他命令执行时运行。执行图形缩放命令，主要有下下3种方法：

1）在命令行中输入"ZOOM"命令。

2）选择菜单栏中的"视图"/"缩放"命令。

3）单击"标准"工具栏中的"实时缩放"命令（图2-48）。

图2-48　"标准"工具栏

执行上述命令后，根据系统提示指定窗口的角点，然后输入比例因子。命令行提示中各选项的含义如下：

① 实时。这是缩放命令的默认操作，即在输入"ZOOM"命令后，直接按Enter键，将自动执行实时缩放操作。实时缩放就是可以通过上下移动鼠标交替进行放大和缩小。在使用实时缩放时，系统会显示一个"+"号或"-"号。当缩放比例接近极限时，AutoCAD将不再与光标一起显示"+"号或"-"号。需要从实时缩放操作中退出时，可按Enter键、Esc键或在空白处单击鼠标右键，在弹出的快捷菜单中选择"退出"命令。

② 全部（A）。执行ZOOM命令后，在提示文字后输入"A"，即可执行"全部（A）"缩放操作。不论图形有多大，该操作都将显示图形的边界或范围，即使对象不包括在边界以内，它们也将被显示。因此，使用"全部（A）"缩放选项，可查看当前视口中的整个图形。

③ 中心（C）。通过确定一个中心点，该选项可以定义一个新的显示窗口。操作过程中需要指定中心点以及输入比例或高度。默认新的中心点就是视图的中心点，默认的输入高度就是当前视图的高度，直接按Enter键后，图形将不会被放大、输入比例，则数值越大，图形放大倍数也将越大。也可以在数值后面紧跟一个X，如3X，表示在放大时不是按照绝对值变化，而是按相对于当前视图的相对值缩放。

④ 动态（D）。通过操作一个表示视口的视图框，可以确定所需显示的区域。选择该选项，在绘图窗口中出现一个小的视图框，按住鼠标左键左右移动可以改变视图框的大小，定形后释放左键，再按下鼠标左键移动视图框，确定图形中的放大位

置，系统将清除当前视口并显示一个特定的视图选择屏幕。这个特定屏幕由有关当前视图及有效视图的信息所构成。

⑤ 范围（E）。可以使图形缩放至整个显示范围。图形的范围由图形所在的区域构成，剩余的空白区域将被忽略。应用这个选项，图形中所有的对象都尽可能地被放大。

⑥ 上一个（P）。在绘制一幅复杂的图形时，有时需要放大图形的一部分以进行细节的编辑。当编辑完成后，有时希望回到前一个视图。这种操作可以使用"上一个（P）"选项来实现。当前视口由缩放命令的各种选项或移动视图、视图恢复、平行投影或透视命令引起的任何变化，系统都会保存。每一个视口最多可以保存10个视图。连续使用"上一个（P）"选项可以恢复前10个视图。

⑦ 比例（S）。提供了3种使用方法。在提示信息下，直接输入比例系数，AutoCAD将按照此比例因子放大或缩小图形的尺寸。如果在比例系数后面加一个"X"，则表示相对于当前视图计算的比例因子。使用比例因子的第三种方法就是相对于图形空间进行设置。

⑧ 窗口（W）。窗口是最常使用的选项。通过确定一个矩形窗口的两个对角来指定所需缩放的区域，对角点可以由鼠标指定，也可以输入坐标确定。指定窗口的中心点将成为新的显示屏幕的中心点。窗口中的区域将被放大或者缩小。调用ZOOM命令时，可以在没有选择任何选项的情况下，利用鼠标在绘图窗口中直接指定缩放窗口的两个对角点。

⑨ 对象（O）。缩放以便尽可能大地显示一个或多个选定的对象并使其位于视图的中心。可以在启动ZOOM命令前后选择对象。

（2）图形平移　当图形幅面大于当前视口时，可以使用图形缩放命令将图形放大，如果需要在当前视口之外观察或绘制一个特定区域时，可以使用图形平移命令来实现。平移命令能将在当前视口以外的图形的一部分移动进来查看并编辑，但不会改变图形的缩放比例。执行图形平移命令，主要有以下4种方法：

1）在命令行中输入"PAN"命令。

2）选择菜单栏中的"视图"/"平移"命令。

3）单击"标准"工具栏中的"实时平移"命令。

4）在绘图区域中单击鼠标右键，在弹出的快捷菜单中选择"平移"命令。

激活平移命令之后，光标形状将变成一只"小手"，可以在绘图窗口中任意移动，以示当前正处于平移模式。单击并按住鼠标左键将光标锁定在当前位置，即"小手"已经抓住图形，然后拖动图形使其移动到所需位置上。释放鼠标左键将停止平移图形。可以反复按下鼠标左键，拖动，释放，将图形平移到其他位置上（图2-49）。

平移命令预先定义了一些不同的菜单选项与命令，它们可用于在特定方向上平移图形，在激活平移命令后，这些选项可以从菜单"视图"/"平移"中调用。

① 实时。它是平移命令中最常用的选项，也是默认选项，前面提到的平移操作都是指实时平移，通过鼠标的拖动来实现任意方向上的平移。

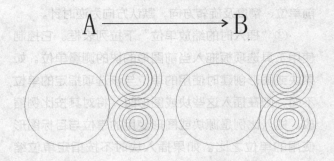

图2-49 平移命令将图形从A处平移到B处

② 点。这个选项要求确定位移量，这就需要确定图形移动的方向和距离。可以通过输入点的坐标或用鼠标指定点的坐标来确定位移。

③ 左。该选项移动图形使屏幕左部的图形进入显示窗口。

④ 右。该选项移动图形使屏幕右部的图形进入显示窗口。

⑤ 上。该选项向底部平移图形后，使屏幕顶部的图形进入显示窗口。

⑥ 下。该选项向顶部平移图形后，使屏幕底部的图形进入显示窗口。

2.3 基本设置

2.3.1 设置绘图环境

一般来讲，使用AutoCAD2018的默认配置就可以绘图，但为了使用用户的定点设备或打印机，以及提高绘图的效率，推荐用户在开始作图前先进行必要的配置。

1. 图形单位

设置图形单位主要有以下两种方法：

1）在命令行中输入"DDUNITS"或"UNITS"命令。

2）选择菜单栏中的"格式"/"单位"命令。

执行上述命令后，系统打开"图形单位"对话框（图2-50）。该对话框用于定义单位和角度格式，其中的各参数设置如下。

①"长度"选项组。在这里指定测量长度的当前单位及当前单位的精度。

②"角度"选项组。在这里指定测量角度的当

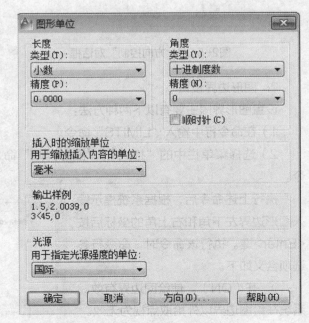

图2-50 "图形单位"对话框

前单位、精度及旋转方向，默认方向为逆时针。

③"插入时的缩放单位"下拉列表框。它控制使用工具选项板拖入当前图形的块的测量单位。如果块或图形创建时使用的单位与该选项指定的单位不同，则在插入这些块或图形时，将对其按比例缩放。插入比例是源块或图形使用的单位与目标图形使用的单位之比。如果插入块时不按指定单位缩放，则选择"无单位"选项。

④"输出样例"选项组。在这里设定显示当前输出的样例值。

⑤"光源"下拉列表框。它用于指定光源强度的单位。

⑥"方向"按钮。单击该按钮，系统显示"方向控制"对话框。可以在该对话框中进行方向控制设置（图2-51）。

图2-51 "方向控制"对话框

2. 图形边界设置

设置图形界限主要有以下两种方法：

1）在命令行中输入"LIMITS"命令。

2）选择菜单栏中的"格式"/"图形界限"命令。

执行上述命令后，根据系统提示输入图形边界左下角和右上角的坐标后按<Enter>键。执行该命令时，命令行各选项含义如下。

① 开（ON）。使绘图边界有效。系统在绘图边界以外拾取点视为无效。

② 关（OFF）。使绘图边界无效。

用户可以在绘图边界以外拾取点或实体。

③ 动态输入角点坐标。它可以直接在屏幕上输入角点坐标，输入了横坐标值后，按下"，"键，接着输入纵坐标值。也可以在光标位置直接按下鼠标左键确定角点位置。

2.3.2 图层设置

AutoCAD中的图层就如同在手工绘图中使用的重叠透明图纸，可以使用图层来组织不同类型的信息。在AutoCAD2018中，图形的每个对象都位于一个图层上，所有图形对象都具有图层、颜色、线型和线宽这4个基本属性。每个CAD文档中图层的数量是不受限制的，每个图层都有自己的名称。

1. 建立新图层

新建的CAD文档中只能自动创建一个名为0的特殊图层。默认情况下，图层0将被指定使用7号颜色、Continuous线型、默认线宽，以及NORMAL打印样式。不能删除或重命名图层0。通过创建新的图层，可以将类型相似的对象指定给同一个图层使其相关联。通过将对象分类放到各自的图层中，可以快速有效地控制对象的显示以及对其进行更改。调用图层特性管理器命令的方法有以下3种：

1）在命令行中输入"LAYER"或"LA"命令。

2）选择菜单栏中"格式"/"图层"命令。

3）单击"图层"工具栏中的"图层特性管理器"命令。

执行上述命令后，系统弹出"图层特性管理器"选项板（图2-52）。

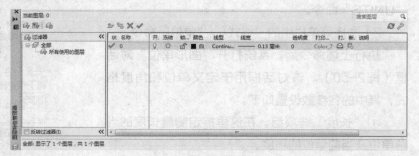

图2-52 "图层特性管理器"选项板

单击"图层特性管理器"选项板中的"新建"命令，建立新图层，默认的图层名为"图层1"。图层可以根据绘图需要更改名称，例如改为实体层、中心线层或标准层等。

在一个图形中可以创建的图层数以及在每个图层中可以创建的对象数实际上是无限的。图层最长可使用255个字符的字母数字命名。图层特性管理器按名称的字母顺序排列图层。

在每个图层属性设置中，包括图层名称、关闭/打开图层、冻结/解冻图层、锁定/解锁图层、图层线条颜色、图层线条线型、图层线条宽度、图层透明度、图层打印样式以及图层是否打印等几个参数。下面将分别介绍如何设置这些图层参数。

① 设置图层线条颜色。在工程制图中，整个图形包含多种不同功能的图形对象，例如实体、剖面线与尺寸标注等，为了便于直观地区分它们，有必要针对不同的图形对象使用不同的颜色，例如实体层使用白色、剖面线层使用青色等。

要改变图层的颜色时，单击图层所对应的颜色图标，弹出"选择颜色"对话框，它是一个标准的颜色设置对话框，可以使用"索引颜色""真彩色"和"配色系统"3个选项卡来选择颜色。系统显示RGB，即Red（红）、Green（绿）和Blue（蓝）3种颜色的配比（图2-53）。

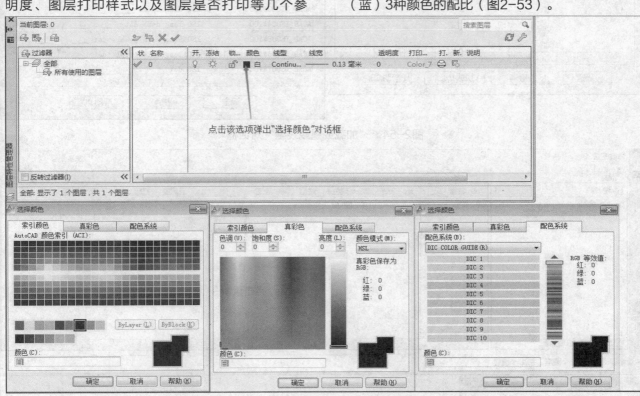

图2-53 "选择颜色"对话框

② 设置图层线型。线型是指作为图形基本元素的线条的组成和显示方式，如实线、点画线等。在许多的绘图工作中，常常以线型划分图层，为某一个图层设置适合的线型，在绘图时，只需将该图层设为当前工作层，即可绘制出符合线型要求的图形对象，极大地提高了绘图的效率。

单击图层所对应的线型图标，弹出"选择线型"对话框。默认情况下，在"已加载的线型"列表框中，系统中只添加了Continuous线型。单击"加载"按钮，打开"加载或重载线型"对话框，可以看到AutoCAD2018还提供了许多其他的线型，用鼠标选择所需线型，单击"确定"按钮，即可把该线型加载到"已加载的线型"列表框中，可以按住Ctrl键选择几种线型同时加载（图2-54）。

③ 设置图层线宽。线宽设置顾名思义就是改变线条的宽度。用不同宽度的线条表现图形对象的类型，也可以提高图形的表达能力和可读性，例如绘制外螺纹时大径使用粗实线，小径使用细实线。

单击图层所对应的线宽图标，弹出"线宽"对话框。选择一个线宽，单击"确定"按钮完成对图层线宽的设置。

图层线宽的默认值为0.25mm。在状态栏为"模型"状态时，显示的线宽同计算机的像素有关。线宽为零时，显示为一个像素的线宽。单击状态栏中的"线宽"按钮，屏幕上显示的图形线宽与

实际线宽成比例，但线宽不随着图形的放大和缩小而变化。"线宽"功能关闭时，不显示图形的线宽，图形的线宽均以默认宽度值显示。可以在"线宽"对话框中选择需要的线宽（图2-55）。

2. 设置图层

除了上面讲述的通过图层管理器设置图层的方法外，还有几种其他的简便方法可以设置图层的颜

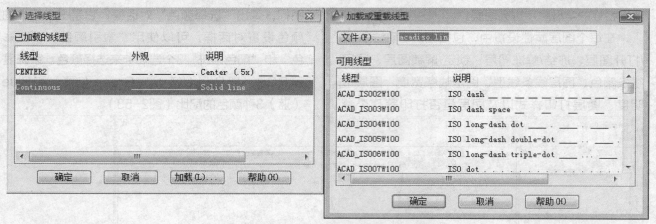

图2-54　"加载或重载线型"对话框

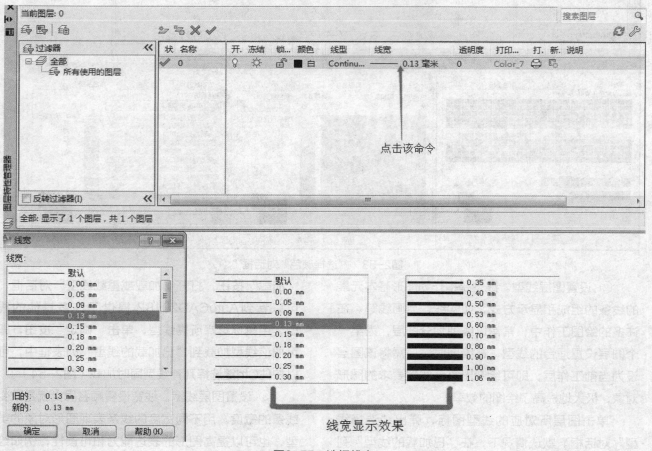

图2-55　选择线宽

色、线宽、线型等参数。

（1）直接设置图层　可以直接通过命令行或菜单设置图层的颜色、线宽、线型。

1）调用颜色命令，主要有以下两种方法：

① 在命令行中输入"COLOR"命令。

② 选择菜单栏中的"格式"/"颜色"命令。

执行上述命令后，系统弹出"选择颜色"对话框（图2-56）。

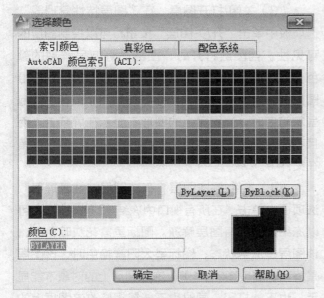

图2-56　"选择颜色"对话框

2）调用线型命令，主要有以下两种方法：

① 在命令行中输入"LINETYPE"命令。

② 选择菜单栏中的"格式"/"线型"命令。

执行上述命令后，系统弹出"线型管理器"对话框，该对话框的使用方法与"选择线型"对话框类似（图2-57）。

3）调用线宽命令，主要有以下两种方法：

① 在命令行中输入"LINEWEIGHT"命令。

② 选择菜单栏中的"格式"/"线宽"命令。

执行上述命令后，系统弹出"线宽设置"对话框，该对话框的使用方法与"线宽"对话框类似（图2-58）。

（2）利用"特性"工具栏设置图层　AutoCAD

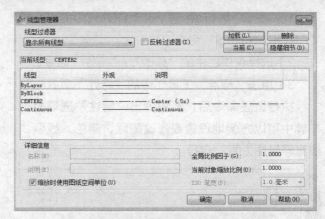

图2-57　"线型管理器"对话框

图2-58　"线宽设置"对话框

提供了一个"特性"工具栏（图2-59）。使用该工具栏可以快速地查看和改变所选对象的图层、颜色、线型和线宽等特性。"特性"工具栏上的图层颜色、线型、线宽和打印样式的控制增强了查看和编辑对象属性的命令。在绘图区选择任何对象后都将在工具栏上自动显示其所在图层、颜色、线型等属性。

也可以在"特性"工具栏上的"颜色""线型""线宽"和"打印样式"下拉列表框中选择需要的参数值。如果在"颜色"下拉列表框中选择"选择颜色"选项，系统就会打开"选择颜色"对话框；同样，如果在"线型"下拉列表框中选择"其他"选项，系统就会打开"线型管理器"对话框。

（3）用"特性"选项板设置图层　调用特性命令，主要有以下3种方法：

图2-59　"特性"工具栏

1）在命令行中输入"DDMODIFY"或"PROPERTIES"命令。

2）选择菜单栏中的"修改"/"特性"命令。

3）单击"标准"工具栏中的"特性"命令。

执行上述命令后，系统弹出"特性"选项板，在其中可以方便地设置或修改图层、颜色、线型、线宽等属性（图2-60）。

图2-60 "特性"选项板

3. 控制图层

（1）切换当前图层 不同的图形对象需要绘制在不同的图层中，在绘制前，需要将工作图层切换到所需的图层上。打开"图层特性管理器"选项板，选择图层，单击"当前"命令即可完成设置。

（2）删除图层 在"图层特性管理器"选项板中的图层列表框中选择要删除的图层，单击"删除"按钮即可删除该图层。从图形文件定义中删除选定的图层，只能删除未参照的图层。参照图层包括图层0及DEFPOINTS、包含对象（包括块定义中的对象）的图层、当前图层和依赖外部参照的图层。不包含对象（包括块定义中的对象）的图层、非当前图层和不依赖外部参照的图层都可以删除。

（3）关闭/打开图层 在"图层特性管理器"选项板中单击"开/关图层"按钮，可以控制图层的可见性。当图层打开时，图标小灯泡呈鲜艳的颜色，该图层上的图形可以显示在屏幕上或绘制在绘图仪上。当单击"开/关图层"按钮后，图标小灯泡呈灰暗色时，该图层上的图形不显示在屏幕上，而且不能被打印输出，但仍然作为图形的一部分保留在文件中。

（4）冻结/解冻图层 在"图层特性管理器"选项板中单击"在所有视口中冻结/解冻"按钮，可以冻结图层或将图层解冻。图标呈雪花灰暗色时，该图层是冻结状态；图标呈太阳鲜艳色时，该图层是解冻状态（图2-61）。冻结图层上的对象不能显示，也不能打印，同时也不能编辑修改该图层上的图形对象。在冻结了图层后，该图层上的对象不影响其他图层上对象的显示和打印。例如，在使用HIDE命令消隐时，被冻结图层上的对象不隐藏。

（5）锁定/解锁图层 在"图层特性管理器"选项板中单击"锁定/解锁图层"按钮，可以锁定图层或将图层解锁。锁定图层后，该图层上的图形依然显示在屏幕上并可打印输出，并可以在该图层上绘制新的图形对象，但用户不能对该图层上的图形进行编辑修改操作。可以对当前图层进行锁定，也可对锁定图层上的图形执行查询和对象捕捉命令。锁定图层可以防止对图形的意外修改。

（6）打印样式 在AutoCAD2018中，可以使用一个称为"打印样式"的新的对象特性。打印样式控制对象的打印特性，包括颜色、抖动、灰度、笔号、虚拟笔、淡显、线型、线宽、线条端点样式、线条连接样式和填充样式。使用打印样式给用户提供了很大的灵活性，因为用户可以设置打印样

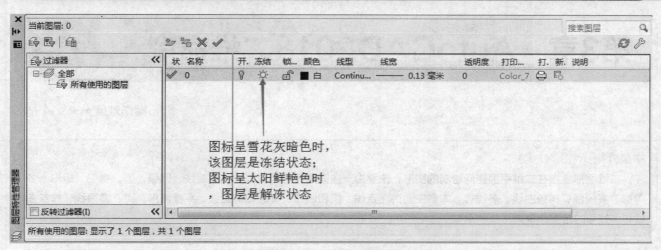

图2-61 冻结／解冻图层

式来替代其他对象特性，也可以按用户需要关闭这些替代设置。

（7）打印/不打印 在"图层特性管理器"选项板中单击"打印/不打印"按钮，可以设置在打印时该图层是否打印，以在保证图形显示可见不变的条件下，控制图形的打印特征。打印功能只对可见的图层起作用，对于已经被冻结或被关闭的图层不起作用。

（8）冻结新视口 控制在当前视口中图层的冻结和解冻。不解冻图形中设置为"关"或"冻结"的图层，对于模型空间视口不可用。

第3章　AutoCAD2018二维命令

操作难度 ★ ★ ☆ ☆ ☆

本章介绍

　　二维图形是指在二维平面空间绘制的图形，主要由一些图形元素组成，如点、直线、圆弧、圆、椭圆、矩形、多边形、多段线、样条曲线、多线等，本章主要讲述直线、圆和圆弧、椭圆和椭圆弧、平面图形、点、多段线、样条曲线和多线等的绘图命令。

3.1　二维绘图命令：线段类

3.1.1　直线类命令

　　直线类命令主要包括直线和构造线命令。

　　1. 绘制直线段

　　复杂的图形，都是由点、直线、圆弧等按不同的粗细、间隔、颜色组合而成的。直线是AutoCAD绘图中最简单、最基本的一种图形单元，连续的直线可以组成折线，直线与圆弧的组合又可以组成多段线。直线在建筑制图中则常用于建筑平面投影。在这里暂不关注直线段的颜色、粗细、间隔等属性，先简单讲述一下怎样开始绘制一条基本的直线段。

　　调用直线命令，主要有以下3种方法：

　　1）在命令行中输入"LINE"或"L"命令。

　　2）选择菜单栏中的"绘图"/"直线"命令。

　　3）单击"绘图"工具栏中的"直线"命令。

　　执行上述命令后，根据系统提示输入直线段的起点，用鼠标指定点或者给定点的坐标。再输入直线段的端点，也可以用鼠标指定一定角度后，直接输入直线的长度（图3-1）。在命令行提示下输入一直线段的端点。输入选项"U"表示放弃前面的输入；单击鼠标右键或按<Enter>键结束命令。在命令行提示下输入下一直线段的端点，或输入选项"C"使图形闭合，结束命令。

　　使用直线命令绘制直线时，命令行提示中各选项的含义如下：

　　① 若采用按<Enter>键响应"指定第一点："

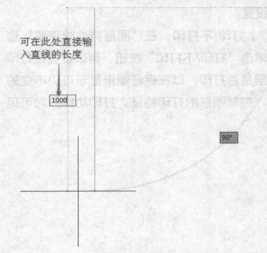

可在此处直接输入直线的长度

1000

90°

图3-1　绘制直线

提示，系统会把上次绘制图线的终点作为本次图线的起始点。若上次操作为绘制圆弧，按<Enter>键响应后绘出通过圆弧终点并与该圆弧相切的直线段，该线段的长度为光标在绘图区域指定的一点与切点之间线段的距离。

　　② 在"指定下一点："提示下，用户可以指定多个端点，从而绘出多条直线段。但是，每一段直线是一个独立的对象，可以进行单独的编辑操作。

　　③ 绘制两条以上直线段后，若采用输入选项"C"响应"指定下一点："提示，系统会自动连接起始点和最后一个端点，从而绘出封闭的图形；若采用输入选项"U"响应提示，则删除最近一次绘制的直线段。

④ 若设置正交方式（按下状态栏中的"正交"命令），只能绘制水平线段或垂直线段。

⑤ 若设置动态数据输入方式（按下状态栏中的"动态输入"命令），则可以动态输入坐标或长度值，效果与非动态数据输入方式类似。除了特别需要，以后不再强调，而只按非动态数据输入方式输入相关数据。

2. 绘制构造线

构造线就是无穷长度的直线，用于模拟手工作图中的辅助作图线。构造线用特殊的线型显示，在图形输出时可不输出。应用构造线作为辅助线绘制机械图中的三视图是构造线的最主要用途，构造线的应用保证了三视图之间"主、俯视图长对正，主、左视图高平齐，俯、左视图宽相等"的对应关系。构造线的绘制方法有"指定点""水平""垂直""角度""二等分"和"偏移"6种方式。

调用构造线命令，主要有以下3种方法：

1）在命令行中输入"XLINE"或"XL"命令。

2）选择菜单栏中的"绘图"/"构造线"命令。

3）单击"绘图"工具栏中的"构造线"命令。

执行上述命令后，根据系统提示指定起点和通过点，绘制一条双向无限长直线。在命令行提示"指定通过点："后继续指定点，继续绘制直线，按<Enter>键结束命令。

3. 实战：绘制方形茶几

此次实战将以方形茶几的绘制为例，讲述利用直线命令绘制连续线段，从而绘制出方形茶几的方法。操作步骤如下：

1）单击"绘图"工具栏中的"直线"命令，绘制连续线段。

① 在命令行提示"指定第一点："后输入"0,0"。

② 在命令行提示"指定下一点或【放弃（U）】："后输入"@1500,0"。

③ 在命令行提示"指定下一点或【放弃（U）】："后输入"@0,1500"。

④ 在命令行提示"指定下一点或【闭合（C）

/放弃（U）】："后输入"@-1500，0"。

⑤ 在命令行提示"指定下一点或【闭合（C）/放弃（U）】："后输入"C"

绘制结果如图3-2所示。

图3-2 绘制方形茶几外部轮廓

2）单击"绘图"工具栏中的"直线"命令，绘制方形茶几内部轮廓。

① 在命令行提示"指定第一点："后输入"40,40"。

② 在命令行提示"指定下一点或【放弃（U）】："后输入"@1420,0"。

③ 在命令行提示"指定下一点或【放弃（U）】："后输入"@0,1420"。

④ 在命令行提示"指定下一点或【放弃（U）】："后输入"@-1420，0"。

⑤ 在命令行提示"指定下一点或【闭合（C）/放弃（U）】："后输入"C"

执行命令后可见绘制结果（图3-3）。

3.1.2 多段线命令

多段线是一种由线段和圆弧组合而成的、不同线宽的多线，这种线由于其组合形式的多样和线宽的不同，弥补了直线或圆弧功能的不足，适合绘制各种复杂的图形轮廓，因而得到了广泛的应用。

1. 绘制多段线

调用多段线命令，主要有以下3种方法：

1）在命令行中输入"PLINE"或"PL"命

图3-3　绘制方形茶几完成

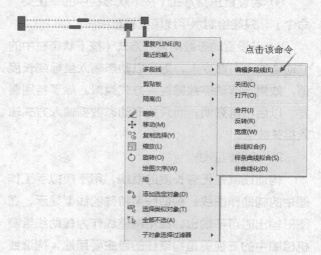

图3-4　"编辑多段线"命令

令。

2）选择菜单栏中的"绘图"/"多段线"命令。

3）单击"绘图"工具栏中的"多段线"命令。

执行上述命令后，根据系统提示指定多段线的起点和下一个点。此时，命令行提示中各选项的含义如下：

① 圆弧。将绘制直线的方式转变为绘制圆弧的方式，这种绘制圆弧的方法与用ARC命令绘制圆弧的方法类似。

② 半宽。用于指定多段线的半宽值，AutoCAD将提示输入多段线的起点半宽值与终点半宽值。

③ 长度。定义下一条多段线的长度，AutoCAD将按照上一条直线的方向绘制这一条多段线。如果上一段是圆弧，则将绘制与此圆弧相切的直线。

④ 宽度。设置多段线的宽度值。

2. 编辑多段线

调用编辑多段线命令，主要有以下3种方法：

1）在命令行中输入"PEDIT"或"PE"命令。

2）选择菜单栏中的"修改"/"对象"/"多段线"命令。

3）选择要编辑的多线段，在绘图区域单击鼠标右键，从打开的快捷菜单中选择"编辑多段线"命令，执行上述命令后，根据系统提示选择一条要编辑的多段线，并根据需要输入其中的选项（图3-4）。

此时，命令行提示中各选项的含义如下。

① 合并（J）。以选中的多段线为主体，合并其他直线段、圆弧或多段线，使其成为一条多段线。能合并的条件是各段线的端点首尾相连（图3-5）。

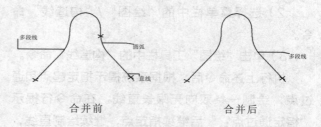

图3-5　合并多段线

② 宽度（W）。修改整条多段线的线宽，使其具有同一线宽（图3-6）。

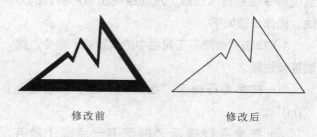

修改前　　　　　　　　修改后

图3-6　修改整条多段线的线宽

③ 编辑顶点（E）。选择该选项后，在多段线起点处出现一个斜的十字交叉线"×"，它为当前

顶点的标记，并在命令行出现后续操作提示中选择任意选项，这些选项允许用户进行移动、插入顶点和修改任意两点间的线的线宽等操作。

④ 拟合（F）。从指定的多段线生成由光滑圆弧连接而成的圆弧拟合曲线（图3-7），该曲线经过多段线的各顶点（图3-8）。

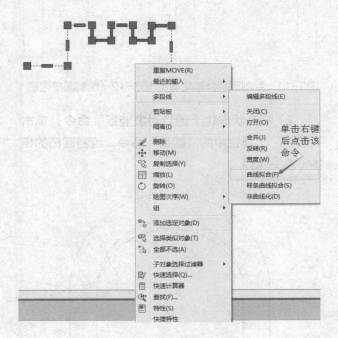

图3-7　执行拟合命令

修改前　　　　　　　　　修改后

图3-8　生成圆弧拟合曲线

⑤ 样条曲线（S）。以指定的多段线的各顶点作为控制点生成B样条曲线（图3-9、图3-10）。

⑥ 非曲线化（D）。用直线代替指定的多段线中的圆弧。对于选择"拟合（F）"选项或"样条曲线（S）"选项后生成的圆弧拟合曲线或样条曲线，删去其生成曲线时新插入的顶点，则恢复成由直线段组成的多段线。

⑦ 线型生成（L）。当多段线的线型为点画线时，控制多段线的线型生成方式开关。选择ON时，将在每个顶点所处位置允许以短划线开始或结束生

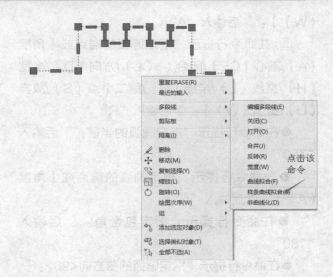

图3-9　执行样条曲线拟合命令

修改前　　　　　　　　　修改后

图3-10　生成B样条曲线

成线型；选择OFF时，将在每个顶点所处位置允许以长划线开始或结束生成线型。"线型生成"不能用于包含带变宽的线段的多段线。

3. 实战：绘制圆椅

此次实战主要讲述圆椅的具体绘制步骤，并以此为例介绍多段线的使用。操作步骤如下：

1）单击"绘图"工具栏中的"多段线"命令，绘制圆椅的外部轮廓。

① 在命令行提示"指定起点："后指定一点。

●在命令行提示"指定下一点或【圆弧（A）/半宽（H）/长度（L）/放弃（U）/宽度（W）】："后输入"@0，-650"。

●在命令行提示"指定下一点或【圆弧（A）/闭合（C）半宽（H）/长度（L）/放弃（U）/宽度（W）】："后输入"@200，0"。

●在命令行提示"指定下一点或【圆弧（A）/闭合（C）半宽（H）/长度（L）/放弃（U）/宽度（W）】："后输入"@0，650"。

●在命令行提示"指定下一点或【圆弧（A）/闭合（C）半宽（H）/长度（L）/放弃（U）/宽度

（W）】："后输入"A"。

②　在命令行提示"指定圆弧的端点或【角度（A）/圆心（CE）/闭合（CL）/方向（D）/半宽（H）/直线（L）/半径（R）/第二个点（S）/放弃（U）/宽度（W）】："后输入"R"。

●在命令行提示"指定圆弧的半径："后输入"750"。

●在命令行提示"指定圆弧的端点或【角度（A）】："后输入"A"。

●在命令行提示"指定包含角："后输入"180"。

●在命令行提示"指定圆弧的弦方向<90>:"后输入"180"。

●在命令行提示"指定圆弧的端点或【角度（A）/圆心（CE）/闭合（CL）/方向（D）/半宽（H）/直线（L）/半径（R）/第二个点（S）/放弃（U）/宽度（W）】："后输入"L"。

●在命令行提示"指定下一点或【圆弧（A）/闭合（C）半宽（H）/长度（L）/放弃（U）/宽度（W）】："后输入"@0，-650"。

●在命令行提示"指定下一点或【圆弧（A）/闭合（C）半宽（H）/长度（L）/放弃（U）/宽度（W）】："后输入"@150，0"。

●在命令行提示"指定下一点或【圆弧（A）/闭合（C）半宽（H）/长度（L）/放弃（U）/宽度（W）】："后输入"@0，650"。

绘制结果如图3-11所示。

2）打开状态栏上的"对象捕捉"命令，单击"绘图"工具栏中的"圆弧"命令，绘制圆椅的内圈。

①　在命令行提示"指定圆弧的第二个点或【圆心（C）】："后捕捉右边竖线上的端点。

②　在命令行提示"指定圆弧的第二个点或【圆心（C）/端点（E）】："后输入"E"。

③　在命令行提示"指定圆弧的端点"后捕捉左边竖线上的端点。

④　在命令行提示"指定圆弧的圆心或【角度（A）/方向（D）/半径（R）】："后输入"D"。

⑤　在命令行提示"指定圆弧的起点切向:"后

输入"90"。

绘制结果如图3-12所示。

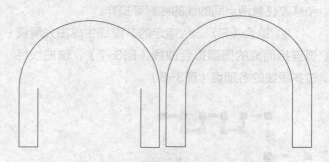

图3-11　绘制圆椅外部轮廓　　图3-12　绘制圆椅内圈

3）打开状态栏上的"对象捕捉"命令，单击"绘图"工具栏中的"圆弧"命令，绘制圆椅的椅垫（图3-13）。

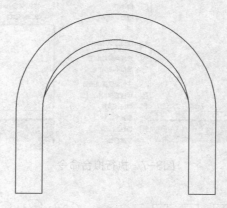

图3-13　绘制圆椅椅垫

4）单击"绘图"工具栏中的"圆"命令，绘制椅面，单击"修改"工具栏中的"修剪"命令，修剪图形（图3-14）。

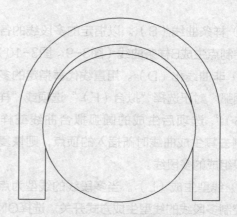

图3-14　绘制圆椅完成

3.1.3 样条曲线命令

AutoCAD2018使用一种称为非一致有理B样条曲线的特殊样条曲线类型（图3-15）。B样条曲线在控制点之间产生一条光滑的样条曲线。样条曲线可用于创建形状不规则的曲线。

图3-15 样条曲线

1. 绘制样条曲线

使用样条曲线命令可生成拟合光滑曲线，可以通过起点、控制点、终点及偏差变量来控制曲线，一般用于绘制建筑大样图等图形。绘制样条曲线主要有以下3种方法：

1）在命令行中输入"SPLINE"或"SPL"命令。

2）选择菜单栏中的"绘图"/"样条曲线"命令。

3）单击"绘图"工具栏中的"样条曲线"命令。

执行上述命令后，系统将提示指定样条曲线的点，在绘图区域依次指定所需位置的点即可创建出样条曲线。绘制样条曲线的过程中，各选项的含义如下：

① 方式（M）。控制是使用拟合点还是使用控制点来创建样条曲线。选项会因选择的是使用拟合点创建样条曲线的选项还是使用控制点创建样条曲线的选项而异。

② 节点（K）。指定节点参数化，它会影响曲线在通过拟合点时的形状。

③ 对象（O）。将二维或三维的二次或三次样条曲线拟合多段线转换为等价的样条曲线，然后（根据DELOBJ系统变量的设置）删除该多段线。

④ 起点切向（T）。定义样条曲线的第一点和最后一点的切向。如果在样条曲线的两端都指定切向，可以输入一个点或使用"切点"和"垂足"对象捕捉模式使样条曲线与已有的对象相切或垂直。如果按<Enter>键，系统将计算默认切向。

⑤ 端点相切（T）。停止基于切向创建曲线。可通过指定拟合点继续创建样条曲线。

⑥ 公差（L）。指定距样条曲线必须经过的指定拟合点的距离。公差应用于除起点和端点外的所有拟合点。

⑦ 闭合（C）。将最后一点定义与第一点一致，并使其在连接处相切，以闭合样条曲线。选择该选项，在命令行提示下指定点或按<Enter>键，用户可以指定一点来定义切向矢量，或按下状态栏中的"对象捕捉"按钮，使用"切点"和"垂足"对象捕捉模式使样条曲线与现有对象相切或垂直。

2. 编辑样条曲线

调用编辑样条曲线命令，主要有以下3种方法：

1）在命令行中输入"SPLINEDIT"命令或"SPL"命令。

2）选择菜单栏中的"修改"/"对象"/"样条曲线"命令。

3）选择要编辑的样条曲线，在绘图区域单击鼠标右键，从打开的快捷菜单中选择"编辑样条曲线"命令。

执行上述命令后，根据系统提示选择要编辑的样条曲线。若选择的样条曲线是用SPLINE命令创建的，其近似点以夹点的颜色显示出来；若选择的样条曲线是用PLINE命令创建的，其控制点以夹点的颜色显示出来。此时，命令行提示中各选项的含义如下。

① 拟合数据（F）。编辑近似数据。选择该选项后，创建该样条曲线时指定的各点将以小方格的形式显示出来。

② 移动顶点（M）。移动样条曲线上的当前点。

③ 精度（R）。调整样条曲线的定义精度。

④ 反转（E）。翻转样条曲线的方向。该项操作主要用于应用程序。

3. 实战：绘制卧室壁灯

此次实战主要以卧室壁灯的具体绘制步骤为例

讲述样条曲线的应用。操作步骤如下：

1）单击"绘图"工具栏中的"矩形"命令，在适当位置绘制一个230mm×50mm的矩形。

2）单击"绘图"工具栏中的"直线"命令，在矩形中绘制5条水平直线（图3-16）。

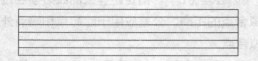

图3-16　绘制卧室壁灯底座

3）单击"绘图"工具栏中的"多段线"命令，绘制卧室壁灯灯罩。

① 在命令行提示"指定起点："后在矩形上方适当位置指定一点。

② 在命令行提示"指定下一点或【圆弧（A）/半宽（H）/长度（L）/放弃（U）/宽度（W）】："后输入"A"。

③ 在命令行提示"指定圆弧的端点或【角度（A）/圆心（CE）/闭合（ CL）/方向（D）/半宽（H）/直线（L）/半径（R）/第二个点（S）/放弃（U）/宽度（W）】："后输入"S"。

④ 在命令行提示"指定圆弧上的第二个点："后捕捉矩形水平上边线中点。

⑤ 在命令行提示"指定圆弧的端点："后在图形适当位置处捕捉一点。

⑥ 在命令行提示"指定圆弧的端点或【角度（A）/圆心（CE）/闭合（CL）/方向（D）/半宽（H）/直线（L）/半径（R）/第二个点（S）/放弃（U）/宽度（W）】："后输入"L"。

⑦ 在命令行提示"指定下一点或【圆弧（A）/闭合（C）半宽（H）/长度（L）/放弃（U）/宽度（W）】："后捕捉圆弧起点。并重复多段线命令，在灯罩上绘制一个不等边四边形（图3-17）。

4）单击"绘图"工具栏中的"样条曲线"命令，依据需要绘制卧室壁灯装饰物。

① 在命令行提示"指定第一个点或【方式（M）/节点（K）/对象（O）】："后捕捉矩形水平底边上任意一点。

② 在命令行提示"输入下一个点或【起点切向（T）/公差（L）】："后，在矩形下方适当的位置处指定一点。

③ 在命令行提示"输入下一个点或【端点相切（T）/公差（L）/放弃（U）】："后指定样条曲线的下一个点。

④ 在命令行提示"输入下一个点或【端点相切（T）/公差（L）/放弃（U）/闭合（C）】："后指定样条曲线的下一个点。

⑤ 在命令行提示"输入下一个点或【端点相切（T）/公差（L）/放弃（U）/闭合（C）】："后按<Enter>键。

利用上述方法绘制其他的样条曲线（图3-18）。

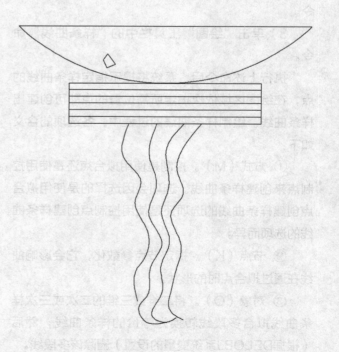

图3-18　绘制卧室壁灯完成

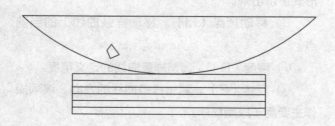

图3-17　绘制卧室壁灯灯罩

3.1.4　多线命令

多线是一种复合线，由连续的直线线段复合组成。多线的一个突出优点是能够提高绘图效率，保证图线之间的统一性。

1. 绘制多线

多线应用的一个最主要的场合是建筑墙线的绘制。调用多线命令，主要有以下两种方法：

1）在命令行中输入"MLINE"或"ML"命令。

2）选择菜单栏中的"绘图"/"多线"命令。

执行此命令后，根据系统提示指定起点和下一点。在命令行提示下继续指定下一点绘制线段；输入"U"，则放弃前一段多线的绘制；单击鼠标右键或按<Enter>键，结束命令。在命令行提示下继续指定下一点绘制线段；输入"C"则闭合线段，结束命令。在执行多线命令的过程中，命令行提示中各主要选项的含义如下。

① 对正（J）。该选项用于指定绘制多线的基准。共有3种对正类型，即"上""无"和"下"。其中，"上"表示以多线上侧的线为基准，其他两项依此类推。

② 比例（S）。选择该选项，要求用户设置平行线的间距。输入值为零时，平行线重合；输入值为负时，多线的排列倒置。

③ 样式（ST）。用于设置当前使用的多线样式。

2. 定义多线样式

使用多线命令绘制多线时，首先应对多线的样式进行设置，其中包括多线的数量，以及每条线之间的偏移距离等。调用多线样式命令，主要有以下两种方法：

1）在命令行中输入"MLSTYLE"命令。

2）选择"格式"/"多线样式"命令。

执行上述命令后，系统弹出"多线样式"对话框。在该对话框中，用户以对多线样式进行定义、保存和加载等操作（图3-19）。

3. 编辑多线

利用编辑多线命令，可以创建和修改多线样式。调用编辑多线命令，主要有以下两种方法：

1）在命令行中输入"MLEDIT"命令。

2）选择"修改"/"对象"/"多线"命令。

执行上述操作后，弹出"多线编辑工具"对话框（图3-20）。

图3-19　"多线样式"对话框

图3-20　"多线编辑工具"对话框

利用该对话框，可以创建或修改多线的模式。对话框中分4列显示了比例图形。其中，第一列管理十字交叉形式的多线，第二列管理T形多线，第三列管理拐角接合点和节点形式的多样，第四列管理多线被剪切或连接的形式。

单击选择某个示例图形，然后单击"关闭"按钮，就可以调用该项编辑功能。

4．实战：绘制建筑墙体

此次实战主要以介绍建筑墙体的具体绘制过程来具体讲解多线命令的运用。操作步骤如下：

1）单击"绘图"工具栏中的"构造线"命令，绘制出一条水平构造线和一条竖直构造线作为十字形辅助线（图3-21）。

图3-21　绘制建筑墙体十字形辅助线

2）单击"修改"工具栏中的"偏移"命令，将水平构造线向上进行连续偏移，偏移距离依次为1000mm、1400mm、3300mm、1200mm、2000mm，将其竖直构造线向右进行连续偏移，偏移距离依次为1200mm、3200mm、1800mm、1800mm、3700mm（图3-22）。

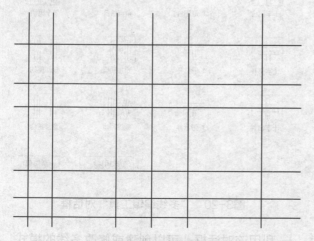

图3-22　住宅的辅助线网格

3）选择菜单栏中的"格式"/"多线样式"命令，系统打开"多线样式"对话框，单击"新建"

命令，系统打开"新建多线样式"对话框，在"新样式名"文本框中输入"建筑墙体线"，单击"继续"命令。

4）系统弹出"新建多线样式：建筑墙体线"对话框，可依据需要进行设置（图3-23）。

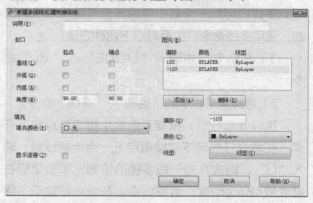

图3-23　进行多线样式设置

5）选择菜单栏中的"绘图"/"多线"命令，绘制建筑墙体。

① 在命令行提示"指定起点或【对正（J）/比例（S）/样式（ST）：】"后输入"S"。

② 在命令行提示"输入多线比例<20.00>："后输入"1"。

③ 在命令行提示："指定起点或【对正（J）/比例（S）/样式（ST）：】"后输入"J"。

④ 在命令行提示"输入对正类型【上（T/）无（Z）/下（B）】<上>："后输入"Z"。

⑤ 在命令行提示："指定起点或【对正（J）/比例（S）/样式（ST）：】"后，在绘制的辅助线交点上指点一点。

⑥ 在命令行提示"指定下一点："后，在绘制的辅助线交点上指定下一点。

⑦ 在命令行提示"指定下一点或【放弃（U）：】"后，在绘制的辅助线交点上指定下一点。

⑧ 在命令行提示"指定下一点或【闭合（C）/放弃（U）】："后，在绘制的辅助线交点上指定下一点。

⑨ 在命令行提示"指定下一点或【闭合（C）/放弃（U）】："后输入"C"。

根据辅助线网格，同理绘制多线（图3-24）。

6）编辑多线。选择菜单栏中的"修改"/"对象"/"多线"命令，系统弹出"多线编辑工具"，依据需要，单击其中的"T形合并"选项。

① 在命令行提示"选择第一条多线："后选择多线。

② 在命令行提示"选择第二条多线："后选择

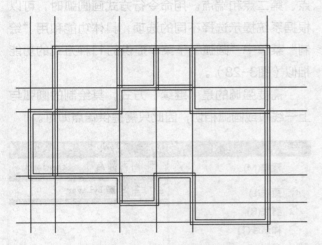

图3-24 全部多线绘制完成

多线。

③ 在命令行提示"选择第一条多线或【放弃（U）】："后选择多线。

④ 在命令行提示"选择第一条多线或【放弃（U）】："后按<Enter>键。

重复执行编辑多线命令继续进行多线编辑，完成建筑墙体线的绘制（图3-25）。

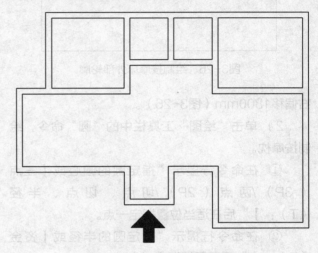

图3-25 建筑墙体线绘制完成

3.2 二维绘图命令：圆类

圆类命令主要包括"圆""圆弧""椭圆""椭圆弧"以及"圆环"等命令，这几个命令是AutoCAD 2018中最简单的圆类命令。

3.2.1 圆和圆弧

1. 绘制圆

圆是最简单的封闭曲线，也是在绘制工程图形时经常用的图形单元。调用圆命令，主要有以下3种方法：

1）在命令行中输入"CIRCLE"或"C"命令。

2）选择菜单栏中的"绘图"/"圆"命令。

3）单击"绘图"工具栏中的"圆"命令。

执行上述命令后，根据系统提示指定圆心位置；在命令行提示"指定圆的半径或［直径（D）］："后直接输入半径数值或用鼠标指定半径长度；在命令行提示"指定圆的直径<默认值>

"后输入直径数值或用鼠标指定直径长度。

使用圆命令时，命令行提示中各选项的含义如下。

① 三点（3P）。使用指定圆周上三点的方法画圆。

② 两点（2P）。使用指定直径的两端点的方法画圆。

③ 切点、切点、半径（T）。使用先指定两个相切对象，后给出半径的方法画圆。

④ 相切、相切、相切（A）。依据需要拾取相切的第一个圆弧、第二个圆弧和第三个圆弧。

2. 实战：绘制按摩床

此次实战主要以按摩床的具体绘制方法为例讲解圆命令的运用。操作步骤如下：

1）单击"绘图"工具栏中的"直线"命令，绘制一条1800mm，一条1300mm的两条直线（直线互相垂直），并单击"修改"工具栏中的"偏

移"命令，将长直线向下偏移1300mm，短直线向

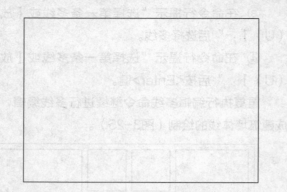

图3-26　绘制按摩床外部轮廓

右偏移1800mm（图3-26）。

　　2）单击"绘图"工具栏中的"圆"命令，绘制按摩枕。

　　①　在命令行提示"指定圆的圆心或【三点（3P）/两点（2P）/切点、切点、半径（T）：】"后在适当位置指定一点。

　　②　在命令行提示"指定圆的半径或【资金（D）：】"后用鼠标指定一点。

　　至此，按摩床绘制完成（图3-27）。

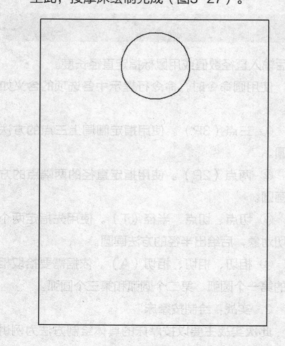

图3-27　按摩床绘制完成

　　3．绘制圆弧

　　圆弧是圆的一部分。在工程造型中，圆弧的使用比圆更普遍。我们通常强调的"流线形"造型或圆润的造型实际上就是圆弧造型。调用圆弧命令，主要有以下3种方法：

　　1）在命令行中输入"ARC"或"A"命令。

　　2）选择菜单栏中的"绘图"/"圆弧"命令。

　　3）单击"绘图"工具栏中的"圆弧"命令。

　　执行上述命令后，根据系统提示指定圆弧的起点、第二点和端点。用命令行方式画圆弧时，可以根据系统提示选择不同的选项，具体功能和用"绘制"菜单中"圆弧"子菜单提供的11种方式的功能相似（图3-28）。

　　需要强调的是"继续"方式，其绘制的圆弧与上一线段或圆弧相切，因此只需提供端点即可。

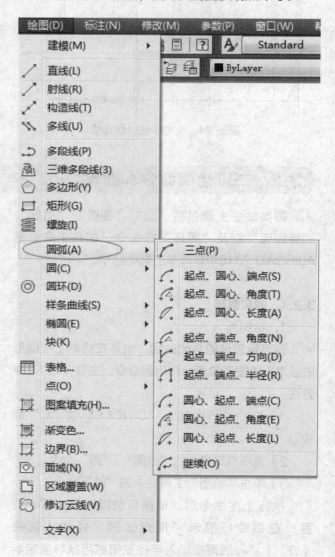

图3-28　圆弧子菜单

4. 实战：绘制圆凳

此次实战主要以圆凳的绘制方法讲解圆弧命令的运用。操作步骤如下：

1）单击"绘图"工具栏中的"圆"命令，绘制一个半径为250mm的圆（图3-29）。

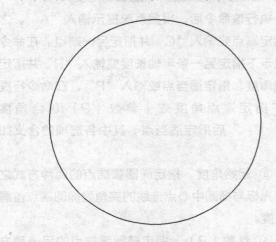

图3-29 绘制圆

2）打开状态栏上的"对象捕捉"命令，"对象捕捉追踪"命令，以及"正交"命令。单击"绘图"工具栏中的"直线"命令，在圆的左侧绘制一条短直线，然后将光标捕捉到刚绘制的直线右端点，向右拖动鼠标，拉出一条水平追踪线，捕捉追踪线与右边圆的交点绘制另外一条直线（图3-30）。

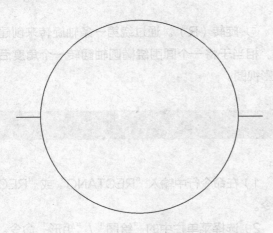

图3-30 捕捉追踪并绘制线段

3）单击"绘图"工具栏中的"圆弧"命令，绘制一段圆弧。

① 在命令行提示"指定圆弧的起点或【圆心（C）：】"后指定右边线段的右端点。

② 在命令行提示"指定圆弧的第二个点或【圆心（C）/端点（E）：】"后输入"E"。

③ 在命令行提示"指定圆弧的端点："后指定左边线段的左端点。

④ 在命令行提示"指定圆弧的圆心或【角度（A）/方向（D）/半径（R）：】"后捕捉圆心。

至此，圆凳绘制完成（图3-31）。

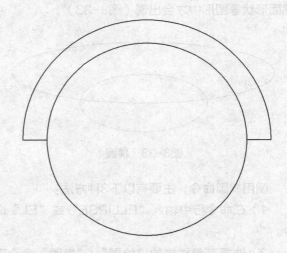

图3-31 圆凳绘制完成

3.2.2 圆环和椭圆

1. 绘制圆环

调用圆环命令，主要有以下两种方法：

1）在命令行中输入"DONUT"命令。

2）选择菜单栏中的"绘图"/"圆环"命令。

执行上述命令后，指定圆环内径和外径，再指定圆环的中心点：在命令行提示"指定圆环的中心点或<退出>："后继续指定圆环的中心点，则继续绘制相同内外径的圆环。按<Enter>键、空格键或单击鼠标右键，结束命令。若指定内径为零，则画出实心填充圆。用命令FILL可以控制圆环是否填充，根据系统提示选择"开"表示填充，选择"关"表示不填充（图3-32）。

2. 绘制椭圆

椭圆也是一种典型的封闭曲线图形，圆在某种意义上可以看成是椭圆的特例。椭圆在工程图形中的应用不多，只在某些特殊造型，如室内设计单元

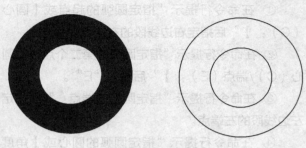

图3-32 圆环

中的浴盆、桌子等造型或机械造型中的杆状结构的
截面形状等图形中才会出现（图3-33）。

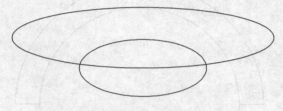

图3-33 椭圆

调用椭圆命令，主要有以下3种方法：

1）在命令行中输入"ELLIPSE"或"EL"命令。

2）选择菜单栏中的"绘图"/"椭圆"命令下的子命令。

3）单击"绘图"工具栏中的"椭圆"命令。

执行上述命令后，根据系统提示指定轴端点和另一个轴端点。在命令行提示"指定另一条半轴长度或［旋转（R）］："后按<Enter>键。使用椭圆命令时，命令行提示中各选项的含义如下。

① 指定椭圆的轴端点。根据两个端点定义椭圆

的第一条轴，第一条轴的角度确定了整个椭圆的角度。

② 圆弧（A）。用于创建一段椭圆弧，与单击"绘图"工具栏中的"椭圆弧"命令功能相同。其中第一条轴的角度确定了椭圆弧的角度。

执行该命令后，根据系统提示输入"A"。之后指定端点或输入"C"并指定另一端点。在命令行提示下指定另一条半轴长度或输入"R"并指定起始角度、指定适当点或输入"P"。在命令行提示"指定端点角度或［参数（P）/包含角度（I）］："后指定适当点。其中各选项的含义如下：

③ 起始角度。指定椭圆弧端点的两种方式之一，光标与椭圆中心点连线的夹角为椭圆端点位置的角度。

④ 参数（P）。指定椭圆弧端点的另一种方式，该方式同样是指定椭圆弧端点的角度，但通过以下矢量参数方程式创建椭圆弧：$p(u)=c+a\times\cos(u)+b\times\sin(u)$。其中，c是椭圆的中心点，a和b分别是椭圆的长轴和短轴，u为光标与椭圆中心点连线的夹角。

⑤ 包含角度（I）。定义从起始角度开始的包含角度。

⑥ 中心点（C）。通过指定的中心点创建椭圆。

⑦ 旋转（R）。通过绕第一条轴旋转来创建椭圆。相当于将一个圆围绕椭圆轴翻转一个角度后的投影视图。

3.3　二维绘图命令：平面图形

简单的平面图形命令包括矩形和正多边形命令。

3.3.1　矩形命令

1. 绘制矩形

矩形是最简单的封闭直线图形，在机械制图中常用来表达平行投影平面的面，在建筑制图中常用来表达墙体平面。调用矩形命令，主要有以下3种方法：

1）在命令行中输入"RECTANG"或"REC"命令。

2）选择菜单栏中的"绘图"/"矩形"命令。

3）单击"绘图"工具栏中的"矩形"命令。

执行上述命令后，根据系统提示指定角点，指定另一角点，绘制矩形。在执行矩形命令时，命令行提示中各选项的含义如下：

① 第一个角点。通过指定两个角点确定矩形（图3-34）。

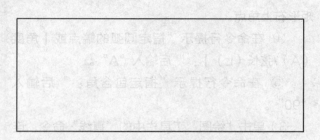

图3-34 矩形

② 倒角（C）。指定倒角距离，绘制带倒角的矩形。每一个角点的逆时针和顺时针方向的倒角可以相同，也可以不同，其中第一个倒角距离是指角点逆时针方向倒角距离，第二个倒角距离是指角点顺时针方向倒角距离（图3-35）。

图3-35 对矩形进行倒角处理

③ 标高（E）。指定矩形标高（Z坐标），即把矩形旋转在标高为Z并与XOY坐标面平行的平面上，并作为后续矩形的标高值。

④ 圆角（F）。指定圆角半径，绘制带圆角的矩形（图3-36）。

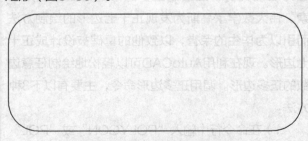

图3-36 对矩形进行倒圆角处理

⑤ 厚度（T）。指定矩形的厚度（图3-37）。
⑥ 宽度（W）。指定线宽（图3-38）。
⑦ 面积（A）。指定面积和长或宽来创建矩形。选择选项，操作如下：

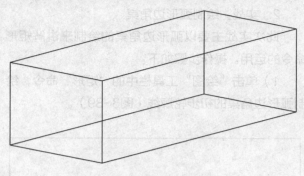

图3-37 矩形增加厚度

图3-38 线宽

● 在命令行提示"输入以当前单位计算的矩形面积＜20.0000＞："后输入面积值。

● 在命令行提示"计算矩形标注时依据［长度（L）/宽度（W）］＜长度＞："后按<Ente>键或输入"W"。

● 在命令行提示"输入矩形长度＜4.0000＞："后指定长度或宽度。

● 指定长度或宽度后，系统自动计算另一个维度，绘制出矩形。如果矩形被倒角或圆角，则长度或面积计算中也会考虑此设置。

⑧ 尺寸（D）。使用长和宽来创建矩形，第二个指定点将矩形定位在与第一角点相关的4个位置之一内。

⑨ 旋转（R）。使所绘制的矩形旋转一定角度。选择该项，操作如下：

● 在命令行提示"指定旋转角度或［拾取点（P）］＜135＞："后指定角度。

● 在命令行提示"指定另一角点或［面积（A）/尺寸（D）/（旋转（R）］："后指定另一个角点或选择其他选项。

● 指定旋转角度后，系统按指定角度创建矩形。

2. 实战：绘制弧形边角桌

此次实战主要以弧形边角桌的绘制来讲解矩形命令的运用。操作步骤如下：

1）单击"绘图"工具栏中的"矩形"命令，绘制弧形边角桌的初步轮廓线（图3-39）。

图3-39　绘制弧形边角桌（一）

① 在命令行提示"指定第一个角点或【倒角（C）/标高（E）/圆角（F）/厚度（T）/宽度（W）】："后指定一点。

② 在命令行提示"指定另一个角点或【面积（A）/尺寸（D）/旋转（R）】："后指定一点。

2）单击"绘图"工具栏中的"圆弧"命令，绘制弧形边角桌的边轮廓线（图3-40）。

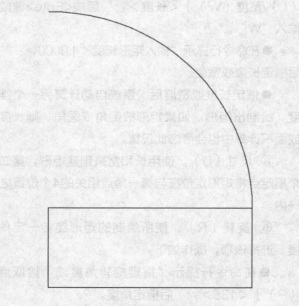

图3-40　绘制弧形边角桌（二）

① 在命令行提示"指定圆弧的起点或【圆心（C）】："后输入"C"。

② 在命令行提示"指定圆弧的圆心："后捕捉

矩形左上角点。

③ 在命令行提示"指定圆弧的起点："后捕捉矩形右上角点。

④ 在命令行提示"指定圆弧的端点或【角度（A）/弦长（L）】："后输入"A"。

⑤ 在命令行提示"指定包含角："后输入"90"。

3）单击"绘图"工具栏中的"直线"命令，连接圆弧端点和矩形左上角点，完成绘制（图3-41）。

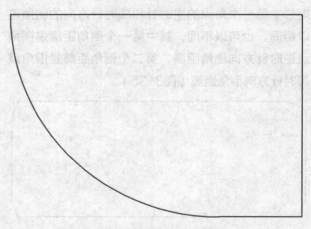

图3-41　绘制弧形边角桌完成

3.3.2　正多边形命令

1. 绘制正多边形

正多边形是相对复杂的一种平面图形，人类曾经为准确找到手工绘制正多边形的方法而长期求索。伟大数学家高斯为发现正十七边形的绘制方法而引以为毕生的荣誉，以致他的墓碑被设计成正十七边形。现在利用AutoCAD可以轻松地绘制任意边数的正多边形。调用正多边形命令，主要有以下3种方法：

1）在命令行中输入"POLYGON"或"POL"命令。

2）选择菜单栏中的"绘图"/"多边形"命令。

3）单击"绘图"工具栏中的"多边形"命令。

执行上述命令后，根据系统提示指定多边形的边数和中心点，之后指定是内接于圆或外切于圆，输入外接圆或内切圆的半径。在执行正多边形命令的过程中，提示行中各选项的含义如下：

① 边（E）。选择该选项，则只要指定多边形的一条边，系统就会按逆时针方向创建该正多边形。

② 内接于圆（I）。选择该选项，绘制的多边形内接于圆。

③ 外切于圆（C）。选择该选项，绘制的多边形外切于圆。

2. 实战：绘制六角方凳

此次实战主要以六角方凳的绘制来讲解正多边形命令的运用。操作步骤如下：

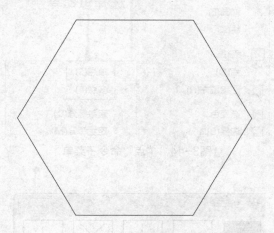

图3-42 绘制六角方凳的外轮廓

1）单击"绘图"工具栏中的"多边形"命令，绘制六角方凳的外部轮廓（图3-42）。

① 在命令行提示"输入侧面数<8>："后输入"6"。

② 在命令行提示"指定正多边形的中心点或【边（E）】："后输入"0,0"。

③ 在命令行提示"输入选项【内接于圆（I）/外切与圆（C）】<I>："后输入"C"。

④ 在命令行提示"指定圆的半径："后输入"300"。

2）同理绘制出另一个正多边形，中心点在（0,0），且内切圆的半径为280mm的正六边形（图3-43）。

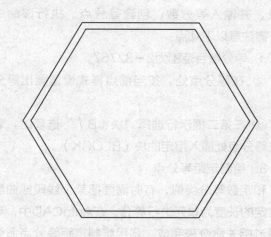

图3-43 绘制六角方凳完成

3.4 二维绘图命令：点

点在AutoCAD2018中有多种不同的表达方式，用户可以根据需要进行设置，也可以设置等分点和测量点。

3.4.1 点命令

1. 绘制点

通常认为，点是最简单的图形单元。在工程图形中，点通常用来标定某个特殊的坐标位置，或者作为某个绘制的起点和基础。为了使点更显眼，AutoCAD为点设置了各种样式，用户可以根据需要来选择。调用点命令，主要有以下3种方法：

1）在命令行中输入"POINT"或"PO"命令。

2）选择菜单栏中的"绘图"/"点"命令。

执行点命令之后，将出现命令行提示，在命令行提示后输入点的坐标或使用鼠标在屏幕上进行单击，即可完成点的绘制。

① 通过菜单方法进行操作时，"单点"命令表示只输入一个点，"多点"命令表示可输入多个点（图3-44）。

② 可以单击状态栏中的"对象捕捉"开关按钮，设置点的捕捉模式，帮助用户拾取点。

③ 点在图形中的表示样式共有20种。可通过DDPTYPE命令或选择"格式"/"点样式"命令，打开"点样式"对话框来设置点样式（图3-45）。

2. 绘制定数等分点

有时需要把某个线段或曲线按一定的份数进行等分。这一点在手工绘图中很难实现，但在AutoCAD中，可以通过相关命令轻松完成。调用绘制定数等分点命令主要有以下两种方法：

1）在命令行中输入"DIVIDE"或"DIV"命令。

2）选择菜单栏中的"绘图"/"点"/"定数等分"命令。

执行上述命令后，根据系统提示拾取要等分的对象，并输入等分数，创建等分点。执行该命令时，需注意以下几点：

① 等分数目范围为2～32767。

② 在等分点处，按当前点样式设置画出等分点。

③ 在第二提示行选择"块（B）"选项时，表示在等分点处插入指定的块（BLOCK）。

3. 绘制定距等分点

和定数等分类似，有时需要把某个线段或曲线以给定的长度为单元进行等分。在AutoCAD中，可以通过相关命令来完成。调用绘制定距等分点命令主要有以下两种方法：

1）在命令行中输入"MEASURE"或"ME"命令。

2）选择菜单栏中的"绘图"/"点"/"等距等分"命令。

执行上述命令后，根据系统提示选择要定距等分的实体，并指定分段长度。执行该命令时，需注意以下几点：

① 设置的起点一般是指定线的绘制起点。

② 在第二提示行选择"块（B）"选项时，表示在等分点处插入指定的块。

③ 在等分点处，按当前点样式设置绘制测量点。

④ 最后一个测量段的长度不一定等于指定分段长度。

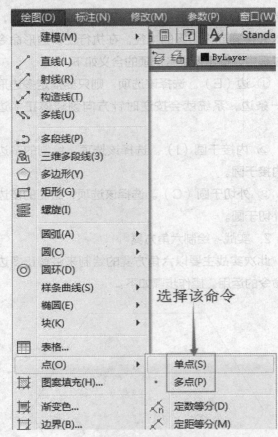

图3-44 "点"命令子菜单

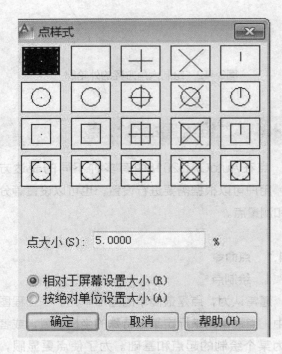

图3-45 "点样式"对话框

3.4.2 实战：绘制地毯花纹

此次实战主要以地毯花纹的绘制来讲解正多边形命令的运用。操作步骤如下：

1）选择菜单栏中的"格式"/"点样式"命令，在弹出的"点样式"对话框中选择"O"样式。

2）单击"绘图"工具栏中的"矩形"命令，绘制地毯轮廓线（图3-46）。

① 在命令行提示"指定第一个角点或【倒角（C）/标高（E）/圆角（F）/厚度（T）/宽度（W）】："后输入"100,100"。

② 在命令行提示"指定另一个角点或【面积（A）/尺寸（D）/旋转（R）】："后输入"@800,1000"。

3）单击"绘图"工具栏中的"点"命令，绘制地毯内装饰点。在命令行提示"指定点："后在屏幕上单击。

4）运用之前学习的方法完成地毯花纹的绘制（图3-47）。

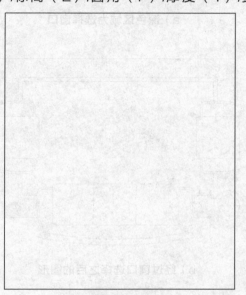

图3-46 绘制地毯轮廓线

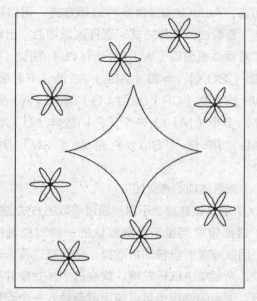

图3-47 绘制地毯花纹完成

3.5 二维编辑命令

二维图形的编辑操作配合绘图命令的使用可以进一步完成复杂图形对象的绘制工作，并可使用户合理安排和组织图形，保证绘图准确，减少重复。因此，对编辑命令的熟练掌握和使用有助于提高设计和绘图的效率。

本节主要内容包括：选择对象、删除及恢复类命令、复制类命令、改变位置类命令、改变几何特性类命令、对象编辑和图案填充等。

3.5.1 选择、编辑对象

1. 选择对象

选择对象是进行编辑的前提，AutoCAD提供了多种对象选择方法，如点取方法、用选择窗口选择对象、用对话框选择对象等。

AutoCAD可以把选择的多个对象组成整体，如选择集和对象组，进行整体编辑与修改。

AutoCAD提供两种执行效果相同的途径编辑图形：先执行编辑命令，然后选择要编辑的对象；先选择要编辑的对象，然后执行编辑命令。

（1）构造选择集 选择集可以仅由一个图形对象构成，也可以是一个复杂的对象组，如位于某一特定层上的具有某种特定颜色的一组对象。选择集的构造可以在调用编辑命令之前或之后进行。

AutoCAD提供以下几种方法来构造选择集：

1）先选择一个编辑命令，然后选择对象，按<Enter>键结束操作。

2）使用SELECT命令。

3）用点选设备选择对象，然后调用编辑命令。

4）定义对象组。

下面结合SELECT命令说明选择对象的方法。

SELECT命令可以单独使用，即在命令行中输入"SELECT"后按<Enter>键，也可以在执行其他编辑命令时被自动调用。此时，屏幕出现提示"选择对象："，等待用户以某种方式选择对象作为回答。AutoCAD提供多种选择方式，可以输入"?"查看这些选择方式。选择该选项后，出现提示"需要点或窗口（W）/上一个（L）/窗交（C）/框选（BOX）/全部（ALL）/栏选（F）/圈围（WP）/圈交（CP）/编组（G）/添加（A）/删除（R）/多个（M）/上一个（P）/放弃（U）/自动（AU）/单选（SI）/子对象（SU）/对象（O）"。

上面各选项的含义如下：

① 点。该选项表示直接通过点取的方式选择对象。这是较常用也是系统默认的一种对象选择方法。用鼠标或键盘移动拾取框，使其框住要选取的对象，然后单击鼠标左键，就会选中该对象并高亮显示。该点的选定也可以使用键盘输入一个点坐标值来实现。当选定点后，系统将立即扫描图形，搜索并且选择穿过该点的对象。用户可以选择"工具"/"选项"命令打开"选项"对话框设置拾取框的大小。在"选项"对话框中选择"选择"选项卡，移动"拾取框大小"选项组的滑块可以调整拾取框的大小。左侧的空白区中会显示相应的拾取框的尺寸大小。

② 窗口（W）。用由两个对角顶点确定的矩形窗口选取位于其范围内部的所有图形，与边界相交的对象不会被选中。指定对角顶点时应该按照从左向右的顺序。在"选择对象："提示下输入"W"，按<Enter>键，选择该选项后，输入矩形窗口的第一个对角点的位置和另一个对角点的位置。指定两个对角顶点后，位于矩形窗口内部的所有图形被选中，并高亮显示（图3-48）。

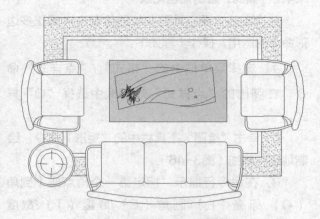

a）深色区域为选择窗口

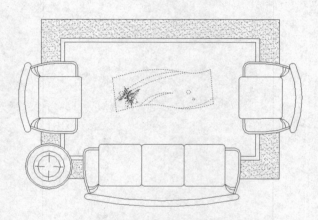

b）经过窗口选择之后的图形

图3-48 "窗口"对象选择方式

③ 上一个（L）。在"选择对象："提示下输入"L"后按<Enter>键，系统会自动选取最后给出的一个对象。

④ 窗交（C）。该方式与上述"窗口"方式类似，区别在于它不但选择矩形窗口内部的对象，也选中与矩形窗口边界相交的对象。在"选择对象："提示下输入"C"，按<Enter>键，选择该选项后，输入矩形窗口的第一个对角点的位置和另一个对角点的位置即可。

⑤ 框选（BOX）。该方式没有命令缩写字。使用时，系统根据用户在屏幕上给出的两个对角点的位置自动引用"窗口"或"窗交"选择方式。若从左向右指定对角点，为"窗口"方式；反之，为"窗交"方式。

⑥ 全部（ALL）。选取图面上所有对象。在"选择对象："提示下输入"ALL"，按<Enter>键。此时，绘图区域内的所有对象均被选中。

⑦ 栏选（F）。用户临时绘制一些直线，这些直线不必构成封闭图形，凡是与这些直线相交的对象均被选中。这种方式对选择相距较远的对象比较有效。交线可以穿过本身。在"选择对象："提示下输入"F"，按<Enter>键，选择该选项后，选择指定交线的第一点、第二点和下一条交线的端点。选择完毕，按<Enter>键结束。

⑧ 圈围（WP）。使用一个不规则的多边形来选择对象。在"选择对象："提示下输入"WP"，选择该选项后，输入不规则多边形的第一个顶点坐标和第二个顶点坐标后按<Enter>键。

根据提示，用户顺次输入构成多边形所有顶点的坐标，直到最后按<Enter>键做出回答结束操作，系统将自动连接第一个顶点与最后一个顶点形成封闭的多边形。多边形的边不能接触或穿过本身。若输入"U"，将取消刚才定义的坐标点并且重新指定。凡是被多边形围住的对象均被选中（不包括边界）。

⑨ 圈交（CP）。类似于"圈围"方式，在"选择对象："提示后输入"CP"，后续操作与"圈围"方式相同。区别在于与多边形边界相交的对象也被选中。

⑩ 编组（G）。使用预先定义的对象组作为选择集。事先将若干个对象组成对象组，用组名引用。

⑪ 添加（A）。添加下一个对象到选择集。也可用于从移走模式到选择模式的切换。

⑫ 删除（R）。按住<Shift>键选择对象，可以从当前选择集中移走该对象。对象由高亮度显示状态变为正常显示状态。

⑬ 多个（M）。指定多个点，不高亮度显示对象。这种方法可以加快在复杂图形上的选择对象过程。若两个对象交叉，两次指定交叉点，则可以选中这两个对象。

⑭ 上一个（P）。用关键字P回应"选择对象："的提示，则把上次编辑命令中的最后一次构造的选择集或最后一次使用SELECT（DDSELECT）命令预置的选择集作为当前选择集。这种方法适用于对同一选择集进行多种编辑操作的情况。

⑮ 放弃（U）。用于取消加入选择集的对象。

⑯ 自动（AU）。选择结果视用户在屏幕上的选择操作而定。如果选中单个对象，则该对象为自动选择的结果；如果选择点落在对象内部或外部的空白处，系统会提示"指定对角点"，此时，系统会采取一种窗口的选择方式。对象被选中后，变为虚线形式，并以高亮度显示。

⑰ 单选（SI）。选择指定的第一个对象或对象集，而不继续提示进行下一步的选择。

⑱ 子对象（SU）。使用户可以逐个选择原始形状，这些形状是复合实体的一部分或三维实体上的顶点、边和面。可以选择这些子对象的其中之一，也可以创建多个子对象的选择集。选择集可以包含多种类型的子对象。

⑲ 对象（O）。结束选择子对象的功能。使用户可以使用对象选择方法。

⑳ 单个（SI）。选择指定的第一个对象或对象集，而不继续提示进行下一步的选择。

（2）快速选择　有时需要选择具有某些共同属性的对象来构造选择集，如选择具有相同颜色、线型或线宽的对象，当然可以使用前面介绍的方法来选择这些对象，但如果要选择的对象数量较多且分布在较复杂的图形中，则会导致很大的工作量。AutoCAD2018提供了QSELECT命令来解决这个问题。调用QSELECT命令后，打开"快速选择"对话框，利用该对话框可以根据用户指定的过滤标准快速创建选择集（图3-49）。

调用快速选择命令主要有以下3种方法：

1）在命令行中输入"QSELECT"命令。

2）选择菜单栏中的"工具"/"快速选择"命令。

3）在右键快捷菜单中选择"快速选择"命令或在"特性"选项板中单击"快速选择"命令（图3-50、图3-51）。

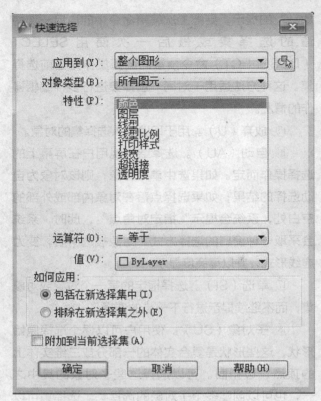

图3-49 "快速选择"对话框

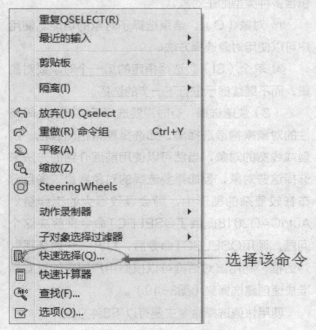

图3-50 快捷菜单

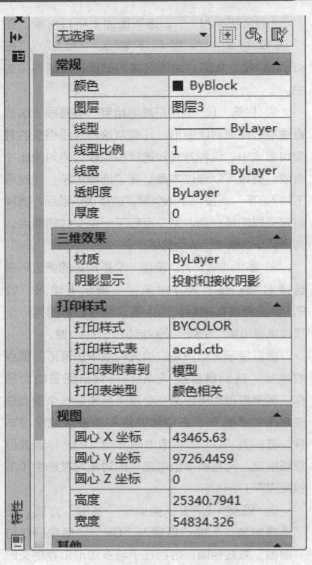

图3-51 "特性"选项板

执行上述命令后，系统打开"快速选择"对话框，在该对话框中可以选择符合条件的对象或对象组。

（3）构造对象组 对象组与选择集并没有本质的区别，当我们把若干个对象定义为选择集并想让它们在以后的操作中始终作为一个整体时，为了简捷，可以给这个选择集命名并保存起来，这个命名了的对象选择集就是对象组，它的名字称为组名。如果对象组可以被选择（位于锁定层上的对象组不能被选择），那么可以通过它的组名引用该对象组，并且一旦组中任何一个对象被选中，那么组中的全部对象成员都被选中。构造对象组命令的调用方法是在命令行中输入"GROUP"命令。

执行上述命令后，系统打开"对象编组"对话框。利用该对话框可以查看或修改存在的对象组的属性，也可以创建新的对象组。

2. 对象编辑

在对图形进行编辑时，还可以对图形对象本身的某些特性进行编辑，从而方便地进行图形绘制。

（1）钳夹功能　利用钳夹功能可以快速方便地编辑对象。AutoCAD在图形对象上定义了一些特殊点，称为夹点，利用夹点可以灵活地控制对象（图3-52）。

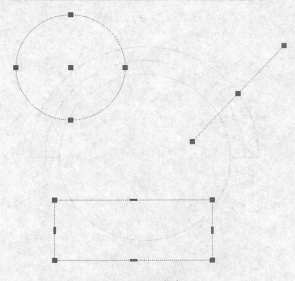

图3-52　夹点

要使用钳夹功能编辑对象，必须先打开钳夹功能，打开方法是：选择"工具"/"选项"命令，打开"选项"对话框，选择"选择集"选项卡，选中"启用夹点"复选框。在该选项卡中，还可以设置代表夹点的小方格的尺寸和颜色。

也可以通过GRIPS系统变量来控制是否打开钳夹功能，1代表打开，0代表关闭。打开了钳夹功能后，应该在编辑对象之前先选择对象。夹点表示了对象的控制位置。使用夹点编辑对象，要选择一个夹点作为基点，称为基准夹点。然后，选择一种编辑操作，如拉伸拟合点、镜像、移动、旋转和缩放等。可以用空格键、<Enter>键选择这些功能。

下面仅就其中的拉伸拟合点操作为例进行讲述，其他操作类似。

在图形上拾取一个夹点，该夹点改变颜色，此点为夹点编辑的基准夹点。这时系统提示：**拉伸**。

指定拉伸点或【基点（B）/复制（C）/放弃（U）/退出（X）】：

在上述拉伸编辑提示下输入移动命令，或单击鼠标右键，在弹出的快捷菜单中选择"移动"命令，系统就会转换为"移动"操作。其他操作类似（图3-53）。

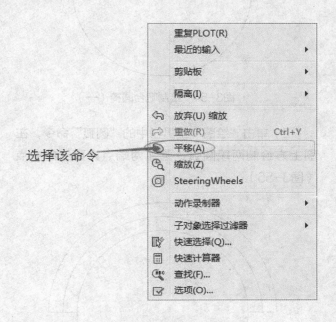

选择该命令

图3-53　右键快捷菜单

（2）修改对象属性　主要通过"特性"选项板进行，可以通过以下3种方法打开该选项板。

1）在命令行中输入"DDMODIFY"或"PROPERTIES"命令。

2）选择菜单栏中的"修改"/"特性"命令。

3）单击"标准"工具栏中的"特性"命令。

执行上述命令后，AutoCAD打开"特性"选项板。利用它可以方便地设置或修改对象的各种属性。

不同的对象属性各类和值不同，修改属性值，对象的属性即可改变。

3. 实战：绘制吧台圆椅

此次实战主要以吧台圆椅的绘制来讲解钳夹功能的运用。操作步骤如下：

1）单击"绘图"工具栏中的"圆"命令，在适当位置绘制一个半径为300mm的圆，并单击"绘图"工具栏中的"直线"命令，在圆两边绘制两条长为100mm的直线（图3-54）。

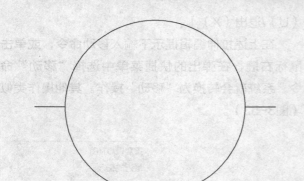

图3-54　绘制吧台圆椅（一）

2）单击"绘图"工具栏中的"圆弧"命令，在圆上方绘制两段圆弧，圆弧两端点为直线的中点（图3-55）。

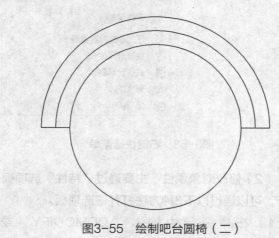

图3-55　绘制吧台圆椅（二）

3）在绘制吧台圆椅扶手端部圆弧的过程中，由于采用的是粗略的绘制方法，放大局部后，图线可能会不闭合，这时，单击鼠标左键选择对象图线，出现钳夹编辑点，移动相应编辑点捕捉到需要闭合连接的相邻图线端点（图3-56）。

3.5.2　图案填充

当需要用一个重复的图案填充某个区域时，可以使用BHATCH命令建立一个相关联的填充阴影对象，即所谓的图案填充。

1. 基本概念

（1）图案边界　当进行图案填充时，首先要确定图案填充的边界。定义边界的对象只能是直线、双向射线、单向射线、多段线、样条曲线、圆弧、

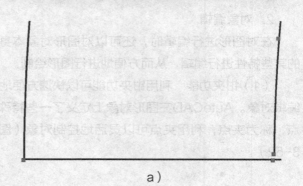

a）

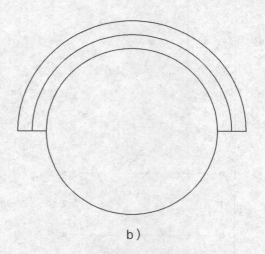

b）

图3-56　绘制吧台圆椅完成

圆、椭圆、椭圆弧、面域等，或用这些对象定义的块，而且作为边界的对象，在当前屏幕上必须全部可见。

（2）孤岛　在进行图案填充时，我们把位于总填充域内的封闭区域称为孤岛，在用BHATCH命令进行图案填充时，AutoCAD允许用户以拾取点的方式确定填充边界，即在希望填充的区域内任意拾取一点，AutoCAD会自动确定出填充边界，同时也确定该边界内的孤岛。如果用户是以点选取对象的方式确定填充边界的，则必须确切地点取这些孤岛（图3-57）。

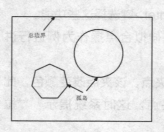
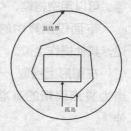

图3-57　孤岛

（3）填充方式 在进行图案填充时，需要控制填充的范围，AutoCAD系统为用户设置了以下3种填充方式，实现对填充范围的控制。

1）普通方式。该方式从边界开始，由每条填充线或每个填充符号的两端向里画，遇到内部对象与之相交时，填充线或符号断开，直到遇到下一次相交时再继续画。采用这种方式时，要避免剖面线或符号与内部对象的相交次数为奇数。该方式为系统内部的默认方式（图3-58）。

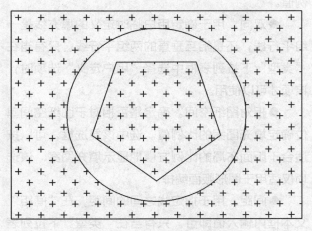

图3-58 普通方式填充

2）最外层方式。该方式从边界向里画剖面符号，只要在边界内部与对象相交，剖面符号由此断开，而不再继续画（图3-59）。

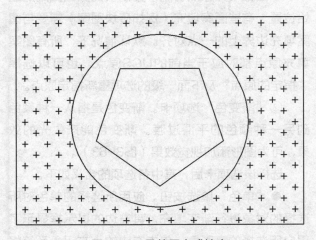

图3-59 最外层方式填充

3）忽略方式。该方式忽略边界内的对象，所有内部结构都被剖面符号覆盖（图3-60）。

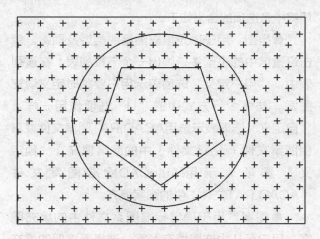

图3-60 忽略方式填充

2. 图案填充的操作

在AutoCAD2018中，可以对图形进行图案填充，图案填充是在"图案填充和渐变色"对话框中进行的（图3-61）。

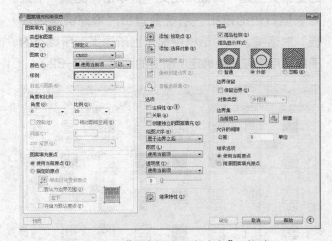

图3-61 "图案填充和渐变色"对话框

打开"图案填充和渐变色"对话框，主要有以下3种方法：

1）在命令行中输入"BHATCH"命令。

2）选择菜单栏中的"绘图"/"图案填充"命令。

3）单击"绘图"工具栏中的"图案填充"命令或"渐变色"命令。

执行上述命令后系统打开"图案填充和渐变色"对话框。各选项组和命令的含义如下：

①"图案填充"选项卡。此选项卡中各选项用来确定图案及其参数。选择该选项卡后，弹出的选

项组中各选项的含义如下。

●类型。用于确定填充图案的类型及图案。单击设置区中的小箭头，弹出一个下拉列表，在该列表中，"用户定义"选项表示用户要临时定义填充图案，与命令行方式中的"U"选项作用一样："自定义"选项表示选用ACAD.PAT图案文件或其他图案文件（.PAT文件）中的图案填充；"预定义"选项表示用AutoCAD标准图案文件（ACAD.PAT文件）中的图案填充。

●图案。用于确定标准图案文件中的填充图案。用户可从中选取填充图案。选择所需要的填充图案后，在"样例"选项的图像框内会显示出该图案。只有用户在"类型"下拉列表框中选择了"预定义"选项，此项才以正常亮度显示，即允许用户从自己定义的图案文件中选取填充图案。如果选择的图案类型是"其他预定义"，单击"图案"下拉列表框右边的按钮，系统会弹出"填充图案选项板"对话框，该对话框中显示出所选类型所具有的图案，用户可从中确定所需要的图案（图3-62）。

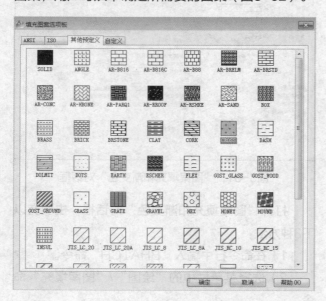

图3-62　图案列表

●样例。此选项用来给出一个样本图案。在其右面有一方形图像框，显示出当前用户所选用的填充图案。用户可以通过单击该图像的方式迅速查看或选取已有的填充图案。

●自定义图案。用于选取用户自定义的填充图案。只有在"类型"下拉列表框中选用"自定义"选项后，该项才以正常亮度显示，即允许用户从自己定义的图案文件中选取填充图案。

●角度。用于确定填充图案时的旋转角度。每种图案在定义时的旋转角度为零，用户可在"角度"文本框内输入所希望的旋转角度。

●比例。用于确定填充图案的比例值。每种图案在定义时的初始比例为1，用户可以根据需要放大或缩小，方法是在"比例"文本框内输入相应的比例值。

●双向。用于确定用户临时定义的填充线是一组平行线，还是相互垂直的两组平行线。只有当在"类型"下拉列表框中选择"用户定义"选项时，该项才可以使用。

●相对图纸空间。确定是否相对于图纸空间单位确定填充图案的比例值。选中该复选框，可以按适合于版面布局的比例方便地显示填充图案。该选项仅适用于图形版面编排。

●间距。用于指定线之间的间距，在"间距"文本框内输入值即可。只有当在"类型"下拉列表框中选择"用户定义"选项时，该项才可以使用。

●ISO笔宽。用于告诉用户根据所选择的笔宽确定与ISO有关的图案比例。只有选择了已定义的ISO填充图案后，才可确定它的内容。

●图案填充原点。用于控制填充图案生成的起始位置。有些图案填充（例如砖块图案）需要与图案填充边界上的一点对齐。默认情况下，所有图案填充原点都对应于当前的UCS原点。也可以选择"指定的原点"及下面一级的选项重新指定原点。

②"渐变色"选项卡。渐变色是指从一种颜色到另一种颜色的平滑过渡。渐变色能产生光的效果，可为图形添加视觉效果（图3-63）。

选择该选项卡后，其中各选项的含义如下。

●"单色"单选按钮。应用所选择的单色对所选择的对象进行渐变填充。其右边的显示框显示了用户所选择的真彩色，单击右边的小方钮，系统将打开"选择颜色"对话框（图3-64）。

●"双色"单选按钮。应用双色对所选择的对象进行渐变填充。填充颜色将从颜色1渐变到颜色

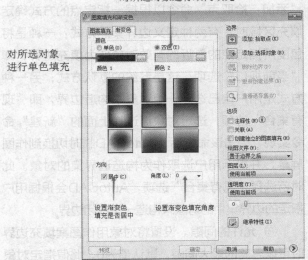

对所选对象进行双向填充

对所选对象进行单色填充

设置渐变色填充是否居中　　设置渐变色填充角度

图3-63　"渐变色"对话框

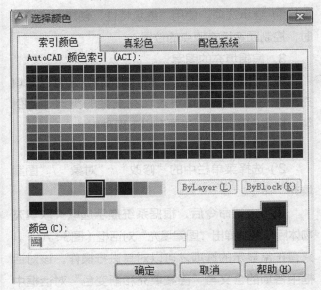

图3-64　"选择颜色"对话框

2。颜色1和颜色2的选取与单色选取类似。

● "渐变方式"样板。在"渐变色"选项卡的下方有9个"渐变方式"样板，分别表示不同的渐变方式，包括线形、球形和抛物线等方式。

● "居中"复选框。该复选框决定渐变填充是否居中。

● "角度"下拉列表框。在该下拉列表框中选择角度，此角度为渐变色倾斜的角度（图3-65）。

③ "边界"选项组。其中各选项的含义如下。

● "添加：拾取点"命令。以点取点的形式自动确定填充区域的边界。在填充的区域内任意点取

a）单色线形居中0°　　b）双色抛物线形居中0°

c）双色线形不居中45°　　d）单色球形居中90°

图3-65　不同的渐变色填充

一点，系统会自动确定出包围该点的封闭填充边界，并且高亮度显示（图3-66）。

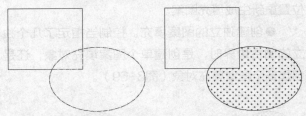

a）选择一点显示填充区域　　b）填充完成

图3-66　确定边界

● "添加：选择对象"命令。以选取对象的方式确定填充区域的边界。可以根据需要选取构成区域的边界。同样，被选择的边界也会以高亮度显示（图3-67）。

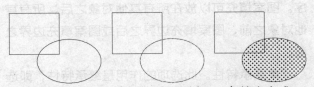

a）原始图形　　b）选取边界对象　　c）填充完成

图3-67　确定填充区域的边界

● "删除边界"命令。从边界定义中删除以前添加的任何对象（图3-68）。

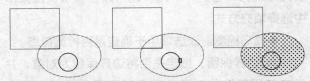

a）选取边界对象　　b）删除边界　　c）填充完成

图3-68　删除"岛"后的边界

● "重新创建边界"命令。围绕选定的图案填充或填充对象创建多段线或面域。

● "查看选择集"命令。观看填充区域的边界。单击该命令，AutoCAD临时切换到作图屏幕，将所选择的作为填充边界的对象以高亮度方式显示。只有通过"添加：拾取点"命令或"添加：选择对象"命令选取了填充边界，"查看选择集"命令才可以使用。

④ "选项"选项组。其中各选项的含义如下：

● 关联。用于确定填充图案与边界的关系。如果选中该复选框，那么填充的图案与填充边界保持着关联关系，即图案填充后，当用钳夹功能对边界进行拉伸等编辑操作时，AutoCAD会根据边界的新位置重新生成填充图案。

● 创建独立的图案填充。控制当指定了几个独立的闭合边界时，是创建单个图案填充对象，还是创建多个图案填充对象（图3-69）。

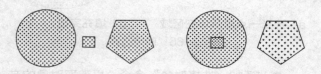

a）不独立，选中是整体　　b）独立，选中不是整体

图3-69　"独立"与"不独立"

● 绘图次序。该选项指定图案填充的绘图顺序。图案填充可以放在所有其他对象之后、所有其他对象之前、图案填充边界之后或图案填充边界之前。

● 继承特性。此选项的作用是继承特性，即选用图中已有的填充图案作为当前的填充图案。

⑤ "孤岛"选项组。其中各选项的含义如下：

● 孤岛显示样式。该选项用于确定图案的填充方式。用户可以从中选取所要的填充方式。默认的填充方式为"普通"。用户也可以在右键快捷菜单中选择填充方式。

● 孤岛检测。该选项用于确定是否检测孤岛。

⑥ 边界保留。指定是否将边界保留为对象，并确定应用于这些对象的对象类型是多段线还是面域。

⑦ 边界集。此选项组用于定义边界集。当单击"添加：拾取点"命令以根据一指定点的方式确定填充区域时，有两种定义边界集的方式：一种是将包围所指定点的最近的有效对象作为填充边界，即"当前视口"选项，这是系统的默认方式；另一种方式是用户自己选定一组对象来构造边界，即"现有集合"选项，选定对象通过其上面的"新建"命令实现，单击该命令后，AutoCAD临时切换到作图屏幕，并提示用户选取作为构造边界集的对象。此时若选择"现有集合"选项，AutoCAD会根据用户指定的边界集中的对象来构造一个封闭边界。

⑧ 允许的间隙。设置将对象用作图案填充边界时可以忽略的最大间隙。默认值为0，此值指定对象必须封闭区域而没有间隙。

⑨ 继承选项。使用"继承特性"创建图案填充时，控制图案填充原点的位置。

3. 编辑填充的图案

在对图形对象以图案进行填充后，还可以对填充图案进行编辑，如更改填充图案的类型、比例等。更改图案填充，主要有以下两种方法：

1）在命令行中输入"HATCHEDIT"命令。

2）选择菜单栏中的"修改"/"对象"/"图案填充"命令。

执行上述命令后，根据系统提示选取关联填充物体后，系统弹出"图案填充"对话框（图3-70）。只有正常显示的选项才可以对其进行操作。该对话框中各项的含义与"图案填充和渐变色"对话框中

图3-70　"图案填充"对话框

各项的含义相同。利用该对话框，可以对已弹出的图案进行一系列的编辑修改。

3.5.3　基本命令

1. 删除及恢复类命令

这一类命令主要用于删除图形的某部分或对已被删除的部分进行恢复，包括删除、恢复和清除等命令。

（1）删除命令　如果所绘制的图形不符合要求或错绘了图形，则可以使用删除命令ERASE将其删除。调用删除命令，主要有以下4种方法：

1）在命令行中输入"ERASE"命令。

2）选择菜单栏中的"修改"/"删除"命令。

3）单击"修改"工具栏中的"删除"命令。

4）在快捷菜单中选择"删除"命令。

执行上述命令后，可以先选择对象后调用删除命令，也可以先调用删除命令后选择对象。选择对象时可以使用前面介绍的对象选择的各种方法。

当选择多个对象时，多个对象都被删除；若选择的对象属于某个对象组，则该对象组的所有对象都被删除。

（2）恢复命令　若误删除了图形，则可以使用恢复命令OOPS恢复误删除的对象。调用恢复命令，主要有以下3种方法：

1）在命令行中输入"OOPS"或"U"命令。

2）单击"标准"工具栏中的"放弃"命令。

3）利用快捷键<Ctrl+Z>。

（3）清除命令　此命令与删除命令的功能完全相同。调用清除命令，主要有以下两种方法：

1）选择菜单栏中的"编辑"/"删除"命令。

2）利用快捷键<Delete>。

执行上述命令后，根据系统提示选择要清除的对象，按<Enter>键执行清除命令。

2. 复制类命令

利用复制类命令，可以方便地编辑绘制图形。

（1）复制命令　使用复制命令可以将一个或多个图形对象复制到指定位置，也可以将图形对象进行一次或多次复制操作。调用复制命令，主要有以下4种方法：

1）在命令行中输入"COPY"命令。

2）选择菜单栏中的"修改"/"复制"命令。

3）单击"修改"工具栏中的"复制"命令。

4）选择快捷菜单中的"复制选择"命令。

执行上述命令，将提示选择要复制的对象。按<Enter>键结束选择操作。在命令行提示"指定基点或［位移（D）/模式（O）］<位移>："后指定基点或位移。使用复制命令时，命令行提示中各选项的含义如下。

① 指定基点。指定一个坐标点后，AutoCAD2018把该点作为复制对象的基点，并提示指定第二个点。指定第二个点后，系统将根据这两点确定的位移矢量把选择的对象复制到第二点处。如果此时直接按<Enter>键，即选择默认的"用第一点进行位移"，则第一个点被当作相对于X、Y、Z的位移。例如，如果指定基点为"2，3"，并在下一个提示下按<Enter>键，则该对象从它当前的位置开始在X方向上移动2个单位，在Y方向上移动3个单位。复制完成后，根据提示指定第二个点或输入选项。这时，可以不断指定新的第二点，从而实现多重复制。

② 位移。直接输入位移值，表示以选择对象时的拾取点为基准，以拾取点坐标为移动方向纵横比移动指定位移后确定的点为基点。例如，选择对象时拾取点坐标为（4，6），输入位移为8，则表示以（4，6）点为基准，沿纵横比为6：3的方向移动8个单位所确定的点为基点。

③ 模式。控制是否自动重复该命令。选择该选项后，系统提示输入复制模式选项，可以设置复制模式是单个或多个。

（2）镜像命令　镜像对象是指把选择的对象以一条镜像线为对称轴进行镜像。镜像操作完成后，可以保留源对象也可以将其删除。调用镜像命令，主要有以下3种方法：

1）在命令行中输入"MIRROR"命令。

2）选择菜单栏中的"修改"/"镜像"命令。

3）单击"修改"工具栏中的"镜像"命令。

执行上述命令后，系统提示选择要镜像的对象，并指定镜像线的第一个点和第二个点，确定是否删除源对象。这两点确定一条镜像线，被选择的对象以该线为对称轴进行镜像。包含该线的镜像平面与用户坐标系统的XY平面垂直，即镜像操作工作在用户坐标系统的XY平面平行的平面上（图3-71、图3-72）。

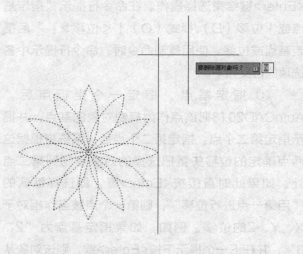

图3-71　选择是否删除源对象

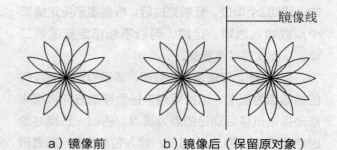

a）镜像前　　　b）镜像后（保留原对象）

图3-72　对图形进行镜像处理

（3）偏移命令　偏移对象是指保持选择的对象的形状，然后在不同的位置以不同的尺寸新建的一个对象。调用偏移命令，主要有以下3种方法：

1）在命令行中输入"OFFSET"命令。

2）选择菜单栏中的"修改"/"偏移"命令。

3）单击"修改"工具栏中的"偏移"命令。

执行上述命令后，将提示指定偏移距离或选择选项，选择要偏移的对象并指定偏移方向。使用偏移命令绘制构造线时，命令行提示中各选项的含义如下：

① 指定偏移距离。输入一个距离值，或按<Enter>键使用当前的距离值，系统把该距离值作

为偏移距离（图3-73）。

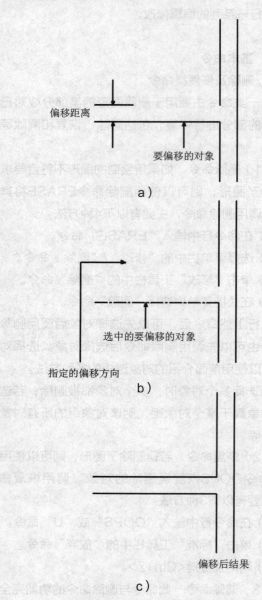

a）

b）

c）

图3-73　指定距离偏移对象

② 通过（T）。指定偏移的通过点。选择该选项后选择要偏移的对象后按<Enter>键，并指定偏移对象的一个通过点。操作完毕后系统根据指定的通过点给出偏移对象。

③ 删除（E）。偏移后，将源对象删除。

④ 图层。确定将偏移对象创建在当前图层上还是源对象所在的图层上。选择该选项后输入偏移对象的图层选项，操作完毕后系统根据指定的图层绘出编移对象。

（4）阵列命令　阵列是指多重复制选择对象并把这些副本按矩形或环形排列。把副本按矩形排列称为建立矩形阵列，把副本按环形排列称为建立环形阵列。建立环形阵列时，应该控制复制对象的次数和对象是否被旋转；建立矩形阵列时，应该控制行和列的数量以及对象副本之间的距离。

使用阵列命令可以一次将选择的对象复制多个并按一定规律进行排列。调用阵列命令主要有以下3种方法：

1）在命令行中输入"ARRAY"命令。

2）选择菜单栏中的"修改"/"阵列"命令。

3）单击"修改"工具栏中的"阵列"的命令。

执行阵列命令后，根据系统提示选择对象，按<Enter>键结束选择后输入阵列类型。在命令行提示下选择路径曲线或输入行列数（图3-74、图3-75）。

a）原始图形　　　b）矩形阵列后的图形

图3-74　矩形阵列

a）原始图形　　　b）环形阵列后的图形

图3-75　环形阵列

在执行阵列命令的过程中，命令行提示中各主要选项的含义如下。

① 方向（O）。控制选定对象是否将相对于路径的起始方向重定向（旋转），然后再移动到路径的起点。

② 表达式（E）。使用数学公式或方程式获取值。

③ 基点（B）。指定阵列的基点。

④ 关键点（K）。对于关联阵列，在源对象上指定有效的约束点（或关键点）以用作基点。如果编辑生成的阵列是源对象，阵列的基点保持与源对象的关键点重合。

⑤ 定数等分（D）。沿整个路径长度平均定数等分项目。

⑥ 全部（T）。指定第一个和最后一个项目之间的总距离。

⑦ 关联（AS）。指定是否在阵列中创建项目作为关联阵列对象，或作为独立对象。

⑧ 项目（I）。编辑阵列中的项目数。

⑨ 行数（R）。指定阵列中的行数和行间距，以及它们之间的增量标高。

⑩ 层级（L）。指定阵列中的层数和层间距。

⑪ 对齐项目（A）。指定是否对齐每个项目以与路径的方向相切。对齐相对于第一个项目的方向。

⑫ Z方向（Z）。控制是否保持项目的原始Z方向或沿三维路径自然倾斜项目。

⑬ 退出（X）。退出命令。

3. 改变位置类命令

这一类编辑命令的功能是按照指定要求改变当前图形或图形的某部分的位置，主要包括移动、旋转和缩放等命令。

（1）移动命令　利用移动命令可以将图形从当前位置移动到新位置。调用移动命令主要有以下4种方法：

1）在命令行中输入"MOVE"命令。

2）选择菜单栏中的"修改"/"移动"命令。

3）单击"修改"工具栏中的"移动"命令。

4）选择快捷菜单中的"移动"命令。

执行上述命令后，根据系统提示选择对象，按<Enter>键结束选择。在命令行提示下指定基点或移至点，并指定第二个点或位移量。各选项功能与COPY命令相关选项功能相同。所不同的是对象被移动后，原位置处的对象消失。

（2）旋转命令　利用旋转命令可以将图形围绕指定的点进行旋转。调用旋转命令主要有以下4种方法：

1）在命令行中输入"ROTATE"命令。

2）选择菜单栏中的"修改"/"旋转"命令。

3）单击"修改"工具栏中的"旋转"命令。

4）在快捷菜单中选择"旋转"命令。

执行上述命令后，根据系统提示选择要旋转的对象，并指定旋转的基点和旋转的角度（图3-76）。

　　a）原始图形　　　　b）旋转后的图形

图3-76　旋转图形

在执行旋转命令的过程中，命令行提示中各主要选项的含义如下。

① 复制（C）。选择该选项，旋转对象的同时，保留原对象。

② 参照（R）。采用参考方式旋转对象时，根据系统提示指定要参考的角度和旋转后的角度值，操作完毕后，对象被旋转至指定的角度位置。

（3）缩放命令　使用缩放命令可以改变实体的尺寸大小，在执行缩放的过程中，用户需要指定缩放比例。调用缩放命令，主要有以下4种方法：

1）在命令行中输入"SCALE"命令。

2）选择菜单栏中的"修改"/"缩放"命令。

3）单击"修改"工具栏中的"缩放"命令。

4）在快捷菜单中选择"缩放"命令。

执行上述命令后，根据系统提示选择要绽放的对象，指定缩放操作的基点，指定比例因子或选项（图3-77）。

　a）原始图形　　　b）缩放后的图形

图3-77　缩放图形

在执行缩放命令的过程中，命令行提示中各主要选项的含义如下。

① 参照（R）。采用参考方向缩放对象时，根据系统提示输入参考长度值并指定新长度值。若新长度值大于参考长度值，则放大对象；否则，缩小对象。操作完毕后，系统以指定的基点按指定的比例因子缩放对象。如果选择"点（P）"选项，则指定两点来定义新的长度。

② 指定比例因子。选择对象并指定基点后，从基到到当前光标位置会出现一条线段，线段的长度即为比例大小。鼠标选择的对象会动态地随着该连线长度的变化而缩放，按Enter键，确认缩放操作。

③ 复制（C）。选择"复制（C）"选项时，可以复制缩放对象，即缩放对象时，保留源对象（图3-78）。

　a）原始图形　　　b）缩放图形（保留原对象）

图3-78　复制缩放图形

4．改变几何特性类命令

这一类编辑命令在对指定对象进行编辑后，使编辑对象的几何特性发生改变，包括倒角、圆角、打断、修剪、延伸、拉长、拉伸等命令。

（1）圆角命令　圆角是指用指定半径决定的一段平滑圆弧连接两个对象的操作。系统规定可以圆角连接一对直线段、非圆弧的多段线、样条曲线、双向无限长线、射线、圆、圆弧和椭圆。可以在任何时刻圆角连接非圆弧多段线的每个节点。调用圆角命令，主要有以下3种方法：

1）在命令行中输入"FILLET"命令。

2）选择菜单栏中的"修改"/"圆角"命令。

3）单击"修改"工具栏中的"圆角"命令。

执行上述命令后，根据系统提示选择第一个对象或其他选项，再选择第二个对象（图3-79）。

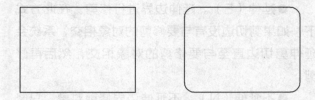

a）原始图形　　　　b）对图形进行圆角处理

图3-79　对图形进行圆角处理

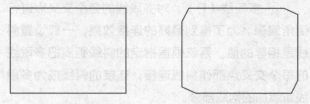

a）原始图形　　　　b）对图形进行倒角处理

图3-81　对图形进行倒角处理

使用圆角命令对图形对象进行圆角时，命令行提示主要选项的含义如下。

① 多段线（P）。在一条二维多段线的两段直线段的节点处插入圆滑的弧。选择多段线后系统会根据指定的圆弧的半径把多段线各顶点用圆滑的弧连接起来。

② 半径（R）。确定圆角半径。

③ 修剪（T）。决定在圆滑连接两条边时，是否修剪这两条边（图3-80）。

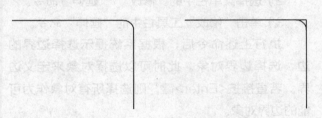

a）修剪方式　　　　b）不修剪方式

图3-80　圆滑连接

④ 多个（M）。同时对多个对象进行圆角编辑。

（2）倒角命令　倒角是指用斜线连接两个不平行的线型对象的操作。可以用斜线连接直线段、双向无限长线、射线和多段线。调用倒角命令，主要有以下3种方法：

1）在命令行中输入"CHAMFER"命令。

2）选择菜单栏中的"修改"/"倒角"命令。

3）单击"修改"工具栏中的"倒角"命令。

执行上述命令后，根据系统提示选择第一条直线或别的选项，再选择第二条直线（图3-81）。

执行倒角命令对图形进行倒角处理时，命令行中各选项的含义如下：

① 距离（D）。选择倒角的两个斜线距离。斜线距离是指从被连接的对象与斜线的交点到被连接的两对象的可能的交点之间的距离。这两个斜线距离可以相同也可以不相同，若两者均为0，则系统不绘制连接的斜线，而是把两个对象延伸至相交，并修剪超出的部分。

② 角度（A）。选择第一条直线的斜线距离和角度。采用这种方法斜线连接对象时，需要输入两个参数，即斜线与一个对象的斜线距离和斜线与该对象的夹角（图3-82、图3-83）。

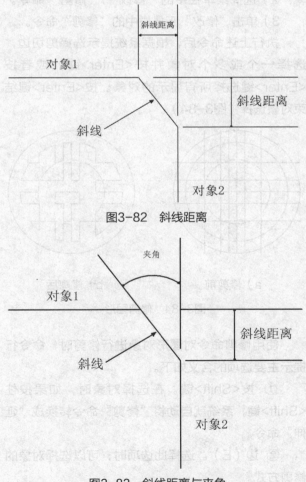

图3-82　斜线距离

图3-83　斜线距离与夹角

③ 多段线（P）。对多段线的各个交叉点进行倒角编辑。为了得到最好的连接效果，一般设置斜线是相等的值。系统根据指定的斜线距离把多段线的每个交叉点都作斜线连接，连接的斜线成为多段线新添加的构成部分。

④ 修剪（T）。与圆角命令FILLET相同，该选项决定连接对象后，是否剪切源对象。

⑤ 方式（M）。决定采用"距离"方式还是"角度"方式来倒角。

⑥ 多个（U）。同时对多个对象进行倒角编辑。

（3）修剪命令　可以将走出修剪边界的线条进行修剪，被修剪的对象可以是直线、多段线、圆弧、样条曲线、构造线等。调用修剪命令，主要有以下3种方法：

1）在命令行中输入"TRIM"命令。

2）选择菜单栏中的"修改"/"修剪"命令。

3）单击"修改"工具栏中的"修剪"命令。

执行上述命令后，根据系统提示选择剪切边，选择一个或多个对象并按<Enter>键，或者按<Enter>键选择所有显示的对象。按<Enter>键结束对象选择（图3-84）。

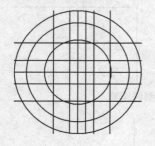

　　a）修剪前　　　　　　b）修剪后

图3-84　修剪图形

使用修剪命令对图形对象进行修剪时，命令行提示主要选项的含义如下。

① 按<Shift>键。在选择对象时，如果按住<Shift>键，系统就自动将"修剪"命令转换成"延伸"命令。

② 边（E）。选择此选项时，可以选择对象的修剪方式。

● 延伸（E）。延伸边界进行修剪。在此方式下，如果剪切边没有与要修剪的对象相交，系统会延伸剪切边直至与要修剪的对象相交，然后再修剪。

● 不延伸（N）。不延伸边界修剪对象，只修剪与剪切边相交的对象。

③ 栏选（F）。选择此选项时，系统以栏选的方式选择被修剪对象。

④ 窗交（C）。选择此选项时，系统以窗交的方式选择被修剪对象。被选择的对象可以互为边界和被修剪对象，此时系统会在选择的对象中自动判断边界。

（4）延伸命令　延伸是指延伸要延伸的对象直至另一个对象的边界线的操作。调用延伸命令，主要有以下3种方法：

1）在命令行中输入"EXTEND"命令。

2）选择菜单栏中的"修改"/"延伸"命令。

3）单击"修改"工具栏中的"延伸"命令。

执行上述命令后，根据系统提示选择边界的边，选择边界对象。此时可以选择对象来定义边界。若直接按<Enter>键，则选择所有对象作为可能的边界对象。

AutoCAD2018规定可以用作边界对象的对象有直线段、射线、双向无限长线、圆弧、圆、椭圆、二维和三维多段线、样条曲线、文本、浮动的视口、区域。如果选择二维多段线作边界对象，系统会忽略其宽度而把对象延伸至多段线的中心线。选择边界对象后，系统继续提示选择要延伸的对象，此时可继续选择或按<Enter>键结束。使用延伸命令对图形对象进行延伸（图3-85）时，选择对

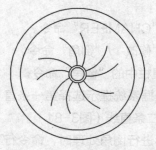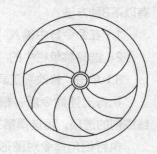

　　a）原始图形　　　　　b）延伸后

图3-85　延伸图形

象时，如果按住<Shift>键，系统自动将"延伸"命令转换成"修剪"命令。

（5）拉伸命令　拉伸是指拖拉选择的对象，并使其形状发生改变的操作。拉伸对象时，应指定拉伸的基点和移置点。利用一些辅助工具，如捕捉、钳夹功能及相对坐标等可以提高拉伸的精度。调用拉伸命令，主要有以下3种方法：

1）在命令行中输入"STRETCH"命令。

2）选择菜单栏中的"修改"/"拉伸"命令。

3）单击"修改"工具栏中的"拉伸"命令。

执行上述命令后，根据系统提示输入"C"，采用交叉窗口的方式选择要拉伸的对象，指定拉伸的基点和第二点。

此时，若指定第二个点，系统将根据这两点决定的矢量拉伸对象。若直接按<Enter>键，系统会把第一个点的坐标值作为X和Y轴的分量值。

STRETCH仅移动位于交叉窗口内的顶点和端点，不更改那些位于交叉窗口外的顶点和端点。部分包含在交叉窗口内的对象将被拉伸。

（6）拉长命令　拉长命令是指拖拉选择的对象至某点或拉长一定长度。执行拉长命令，主要有以下两种方法：

1）在命令行中输入"LENGTHEN"命令。

2）选择菜单栏中的"修改"/"拉长"命令。

执行上述命令后，根据系统提示选择对象。使用拉长命令对图形对象进行拉长时，命令行提示主要选项的含义如下。

① 增量（DE）。用指定增加量的方法改变对象的长度或角度。

② 百分数（P）。用指定占总长度的百分比的方法改变圆弧或直线段的长度。

③ 全部（T）。用指定新的总长度或总角度值的方法来改变对象的长度或角度。

④ 动态（DY）。打开动态拖拉模式。在这种模式下，可以使用拖拉鼠标的方法来动态地改变对象的长度或角度。

（7）打断命令　利用打断命令可以将直线、多段线、射线、样条曲线、圆和圆弧等建筑图形分成两个对象或删除对象中的一部分。调用该命令主要

有以下3种方法：

1）在命令行中输入"BREAK"命令。

2）选择菜单栏中的"修改"/"打断"命令。

3）单击"修改"工具栏中的"打断"命令。

执行上述命令后，根据系统提示选择要打断的对象，并指定第二个打断点或输入"F"。

（8）打断于点　打断于点命令是指在对象上指定一点从而把对象在此点拆分成两部分。此命令与打断命令类似。调用该命令主要有如下两种方法：

1）选择菜单栏中的"修改"/"打断"命令。

2）单击"修改"工具栏中"打断于点"命令。

执行上述命令后，根据系统提示选择要打断的对象，并选择打断点，图形由断点处断开。

（9）分解命令　利用分解命令可以将图形进行分解。执行分解命令，主要有以下3种方法：

1）在命令行中输入"EXPLODE"命令。

2）选择菜单栏中的"修改"/"分解"命令。

3）单击"修改"工具栏中的"分解"命令。

执行上述命令后，根据系统提示选择要分解的对象。选择一个对象后，该对象会被分解。系统将继续提示允许分解多个对象。选择的对象不同，分解的结果就不同。

（10）合并命令　可以将直线、圆弧、椭圆弧和样条曲线等独立的对象合并为一个对象。调用合并命令，主要有以下3种方法：

1）在命令行中输入"JOIN"命令。

2）选择菜单栏中的"修改"/"合并"命令。

3）单击"修改"工具栏中的"合并"命令。

执行上述命令后，根据系统提示选择一个对象，再选择要合并到源的另一个对象，合并完成（图3-86）。

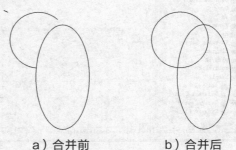

a）合并前　　　b）合并后

图3-86　合并对象

第4章 AutoCAD2018辅助工具

操作难度★★★☆☆

本章介绍

文字注释是图形中非常重要的一部分内容，在进行各种设计时，通常不仅要给出图形，还要在图形中标注一些文字。表格在AutoCAD图形中也有大量的应用，如明细栏、参数表和标题栏等。尺寸标注则是绘图设计过程当中相当重要的一个环节。

4.1 基本工具

4.1.1 设计中心与工具选项板

使用AutoCAD2018设计中心可以很容易地组织设计内容，并把它们拖动到当前图形中。工具选项板是工具选项板窗口中选项卡形式的区域，提供组织、共享和放置块及填充图案的有效方法。

1. 设计中心

（1）启动设计中心 启动设计中心的方法有以下4种：

1）在命令行中输入"ADCENTER"命令。

2）选择菜单栏中的"工具"/"选项板"/"设计中心"命令。

3）单击"标准"工具栏中的"设计中心"命令。

4）利用快捷键<Ctrl+2>。

执行上述命令，系统打开设计中心。第一次启动设计中心时，它默认打开的选项卡为"文件夹"。内容显示区采用大图标显示，左边的资源管理器采用tree view显示方式显示系统的树形结构，浏览资源的同时，在内容显示区显示所浏览资源的有关细目或内容。也可以搜索资源，方法与Windows资源管理器类似（图4-1）。

（2）利用设计中心插入图形 设计中心一个最

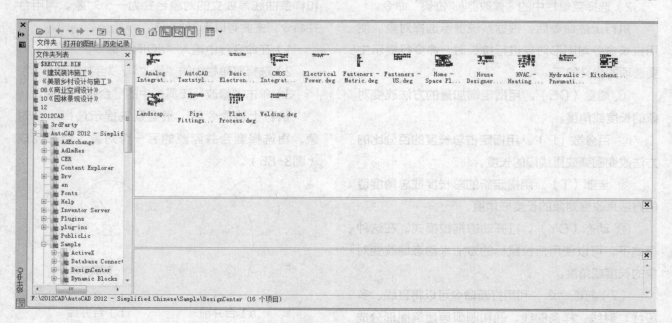

图4-1 AutoCAD2018设计中心的资源管理器和内容显示区域

大的优点是可以将系统文件夹中的DWG图形作为图块插入到当前图形中。采用该方法插入图块的步骤如下：

1）从查找结果列表框中选择要插入的对象，双击该对象。弹出"插入"对话框（图4-2）。

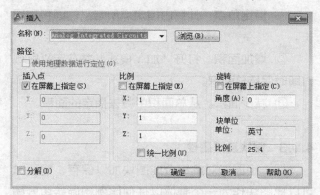

图4-2　"插入"对话框

2）在该对话框中设置插入点、比例和旋转角度等数值。被选择的对象根据指定的参数插入到图形当中。

2．工具选项板

（1）打开工具选项板　工具选项板的打开方式非常简单，主要有以下4种方法：

1）在命令行中输入"TOOLPALETTES"命令。

2）选择菜单栏中的"工具"/"选项板"/"工具选项板窗口"命令。

3）单击"标准"工具栏中的"工具选项板"命令。

4）利用快捷键<Ctrl+3>。

执行上述操作后，系统自动弹出工具选项板窗口（图4-3）。单击鼠标右键，在系统弹出的快捷菜单中选择"新建选项板"命令（图4-4）。系统新建一个空白选项卡，可以命名该选项卡（图4-5）。

（2）将设计中心内容添加到工具选项板　在设

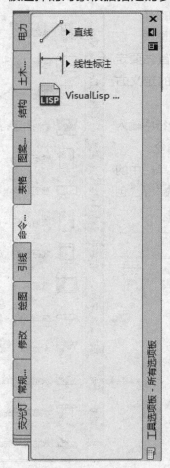

图4-3　工具选项板窗口

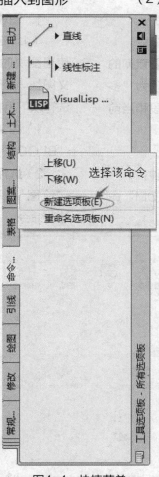

图4-4　快捷菜单

图4-5　新建选项板

计中心的Designcenter文件夹上单击鼠标右键，系统打开快捷菜单，从中选择"创建工具选项板"命令（图4-6）。

设计中心中存储的图元就会出现在工具选项板中新建的Designcenter选项卡上。这样就可以将设计中心与工具选项板结合起来，建立一个快捷方便的工具选项板（图4-7）。

（3）利用工具选项板绘图 只需将工具选项板中的图形单元拖动到当前图形，该图形单元就以图块的形式插入到当前图形中。

4.1.2 查询工具

为方便用户及时了解图形信息，AutoCAD提供了很多查询工具，这里简要进行说明。

1. 距离查询

调用查询距离命令的方法主要有以下3种：

1）在命令行中输入"DIST"命令。

2）选择"工具"/"查询"/"距离"命令。

3）单击"查询"工具栏中的"距离"命令。

执行上述命令后，根据系统提示指定要查询的第一点和第二点。此时，命令行提示中选项为"多点"，如果使用此选项，将基于现有直线段和当前橡皮线即时计算总距离。

2. 面积查询

调用面积查询命令的方法主要有以下3种：

1）在命令行中输入"MEASUREGEOM"命令。

2）选择菜单栏中的"工具"/"查询"/"面积"命令。

3）单击"查询"工具栏中的"面积"命令。

执行上述命令后，根据系统提示选择查询区域。此时，命令行提示中各选项的含义如下：

① 指定角点。计算由指定点所定义的面积和周长。

② 增加面积。打开"加"模式，并在定义区域时即时保持总面积。

③ 减少面积。从总面积中减去指定的面积。

4.1.3 图块及其属性

把一组图形对象组合成图块加以保存，需要时可以把图块作为一个整体以任何比例和旋转角度插入到图中任意位置，这样不仅避免了大量的重复工作，提高绘图速度和工作效率，而且大大节省了磁盘空间。

1. 图块的操作

（1）定义图块 在使用图块时，首先要定义图块，图块的定义方法有以下3种：

1）在命令行中输入"BLOCK"命令。

2）选择菜单栏中的"绘图"/"块"/"创建"命令。

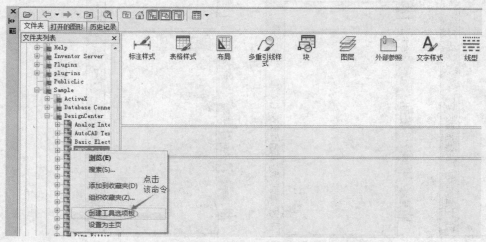

图4-6　AutoCAD2018设计中心的资源管理器和内容显示区域　　　　图4-7　创建工具选项板

3）单击"绘图"工具栏中的"创建块"命令。

执行上述命令后，系统弹出"块定义"对话框。利用此对话框指定定义对象和基点以及其他参数，即可定义图块并命名（图4-8）。

图4-8 "块定义"对话框

（2）保存图块 图块的保存方法为：在命令行中输入"WBLOCK"命令。

执行上述命令后，系统弹出"写块"对话框。利用此对话框可以把图形对象保存为图块或把图块转换成图形文件（图4-9）。

图4-9 "写块"对话框

（3）插入图块 调用块插入命令，主要有以下3种方法：

1）在命令行中输入"INSERT"命令。

2）选择菜单栏中的"插入"/"块"命令。

3）单击"插入"工具栏中的"插入块"命令或单击"绘图"工具栏中的"插入块"命令。

执行上述命令，系统弹出"插入"对话框（图4-10）。

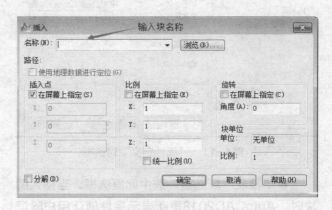

图4-10 "插入"对话框

2. 图块的属性

图块除了包含图形对象以外，还可以具有非图形信息，例如把一把椅子的图形定义为图块后，还可以把椅子的号码、材料、重量、价格以及说明等文本信息一并加入到图块当中。图块的这些非图形信息，叫作图块的属性，它是图块的一个组成部分，与图形对象一起构成一个整体，在AutoCAD中，插入图块时会把图形对象连同属性一起插入到图形中。

（1）属性定义 在使用图块属性前，要对其属性进行定义，定义属性命令有以下两种方法：

1）在命令行中输入"ATTDEF"命令。

2）选择菜单栏中的"绘图"/"块"/"定义属性"命令。

执行上述命令，系统弹出"属性定义"对话框（图4-11）。该对话框中的重要选项的含义如下：

1）"模式"选项组，有以下6个复选框：

● "不可见"复选框。选中此复选框，属性为不可见显示方式，插入图块并输入属性值后，属性值在图中并不显示出来。

● "固定"复选框。选中此复选框，属性值为常量，属性值在属性定义时给定，在插入图块时，AutoCAD2018不再提示输入属性值。

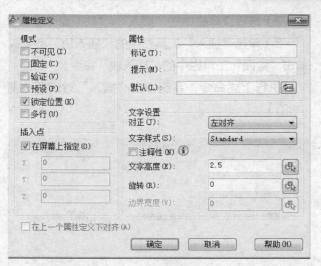

图4-11 "属性定义"对话框

● "验证"复选框。选中此复选框，当插入图块时，AutoCAD2018重新显示属性值让用户验证该值是否正确。

● "预设"复选框。选中此复选框，当插入图块时，AutoCAD2018自动把事先设置好的默认值赋予属性，而不再提示输入属性值。

● "锁定位置"复选框。选中此复选框，当插入图块时，AutoCAD2018锁定块参照中属性的位置。解锁后，属性可以相对于使用夹点编辑的块的其他部分移动，并且可以调整多行属性的大小。

● "多行"复选框。指定属性值可以包含多行文字。

2）"属性"选项组，包含以下3个文本框：

● "标记"文本框。输入属性标签。属性标签可由除空格和感叹号以外的所有字符组成。AutoCAD2018自动把小写字母改为大写字母。

● "提示"文本框。输入属性提示。属性提示是在插入图块时，AutoCAD2018要求输入属性值的提示。如果不在此文本框内输入文本，则以属性标签作为提示。如果在"模式"选项组中选中"固定"复选框，即设置属性为常量，则不需设置属性提示。

● "默认"文本框。设置默认的属性值。可把使用次数较多的属性值作为默认值，也可不设默认值。

其他各选项组比较简单，不再详细描述。

（2）修改属性定义 在定义图块之前，可以对属性的定义加以修改，不仅可以修改属性标签，还可以修改属性提示和属性默认值。调用文字编辑命令有以下两种方法：

1）在命令行中输入"DDEDIT"命令。

2）选择菜单栏中的"修改"/"对象"/"文字"/"编辑"命令。

执行上述命令后，根据系统提示选择要修改的属性定义，AutoCAD2018打开"编辑属性定义"对话框，可以在该对话框中修改属性定义（图4-12）。

图4-12 "编辑属性定义"对话框

（3）图块属性编辑 调用图块属性编辑命令有以下3种方法：

1）在命令行中输入"EATTEDIT"命令。

2）选择菜单栏中的"修改"/"对象"/"属性"/"单个"命令。

3）单击"修改Ⅱ"工具栏中的"编辑属性"命令。

执行上述命令后，在系统提示下选择块后，弹出"增强属性编辑器"对话框，该对话框不仅可以编辑属性值，还可以编辑属性的文字选项和图层、线型、颜色等特性值（图4-13）。

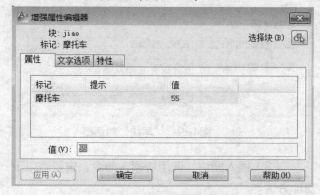

图4-13 "增强属性编辑器"对话框

4.1.4 表格

表格功能使创建表格变得非常容易，用户可以直接插入设置好样式的表格，而不用绘制由单独的图线组成的栅格。

1. 设置表格样式

调用表格样式命令，主要有以下3种方法：

1）在命令行中输入"TABLESTYLE"命令。

2）选择菜单栏中的"格式"/"表格样式"命令。

3）单击"样式"工具栏中的"表格样式管理器"命令。

执行上述命令后，AutoCAD打开"表格样式"对话框（图4-14）。

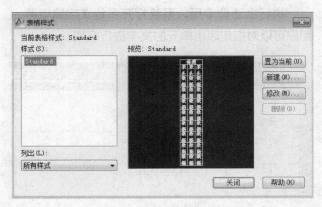

图4-14 "表格样式"对话框

"表格样式"对话框中部分命令的含义如下：

① 新建。单击"新建"按钮，系统弹出"创建新的表格样式"对话框（图4-15）。输入新的表格样式名后，单击"继续"按钮，系统打开"新建表格样式"对话框，从中可以定义新的表格样式（图4-16）。分别控制表格中数据、列标题和标题的有关参数（图4-17）。

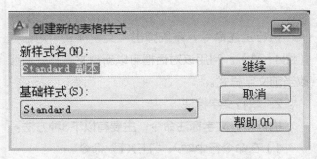

图4-15 "创建新的表格样式"对话框

图4-16 "新建表格样式"对话框

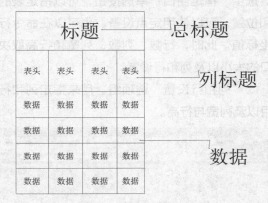

图4-17 表格样式

② 修改。单击"修改"按钮可对当前表格样式进行修改，方式与新建表格样式相同。

2. 创建表格

调用创建表格命令，主要有以下3种调用方法：

1）在命令行中输入"TABLE"命令。

2）选择菜单栏中的"绘图"/"表格"命令。

3）单击"绘图"工具栏中的"表格"命令。

执行上述命令后，AutoCAD打开"插入表格"对话框（图4-18）。

对话框中的各选项组含义如下：

① "表格样式"选项组。可以在下拉列表框中选择一种表格样式，也可以单击后面的"启动表格样式对话框"命令新建或修改表格样式。

② "插入方式"选项组。选中"指定插入点"单选按钮，可以指定表左上角的位置。可以使用定点设备，也可以在命令行输入坐标值。如果将表的方向设置为由下而上读取，则插入点位于表的左下

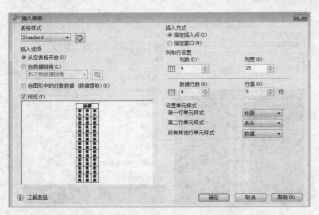

图4-18 "插入表格"对话框

角。选中"指定窗口"单选按钮，可以指定表的大小和位置。可以使用定点设备，也可以在命令行输入坐标值。此时，行数、列数、列宽和行高取决于窗口的大小以及列和行设置。

③ "列和行设置"选项组。用来指定列和行的数目以及列宽与行高。

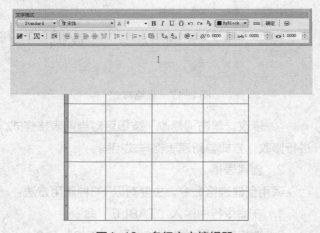

图4-19 多行文字编辑器

在上面的"插入表格"对话框中进行相应设置后，单击"确定"按钮，系统在指定的插入点或窗口自动插入一个空表格，并显示多行文字编辑器，用户可以逐行逐列输入相应的文字或数据（图4-19）。

在插入后的表格中选择某一个单元格，单击后出现钳夹点，通过移动钳夹点可以改变单元格的大小（图4-20）。

3. 编辑表格文字

调用文字编辑命令，主要有以下3种方法：

1）在命令行中输入"TABLEDIT"命令。

2）在快捷菜单中选择"编辑文字"命令。

3）在表格单元内双击。

执行上述命令后，系统打开多行文字编辑器，用户可以对指定表格单元的文字进行编辑。

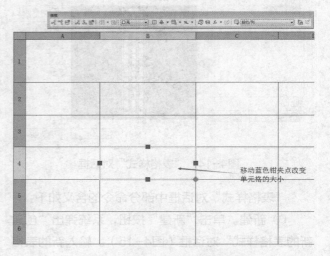

图4-20 改变单元格大小

4.2 标注

4.2.1 文本标注

文本是建筑图形的基本组成部分，在图签、说明、图样目录等位置都要用到文本。

1. 设置文本样式

调用文本样式命令，主要有以下3种方法：

1）在命令行中输入"STYLE"或"DDSTYLE"命令。

2）选择菜单栏中的"格式 "/"文字样式"命令。

3）单击"文字"工具栏中的"文字样式"命令。

执行上述命令，系统弹出"文字样式"对话框（图4-21）。利用该对话框可以新建文字样式或修改当前文字样式。

2. 单行文字标注

执行单行文字标注命令，主要有以下3种方法：

1）在命令行中输入"TEXT"命令。

2）选择菜单栏中的"绘图"/"文字"/"单行

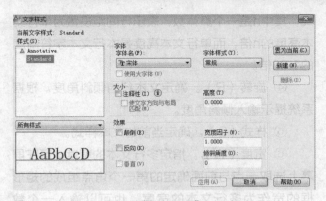

图4-21 "文字样式"对话框

图4-22 文本行的底线、基线、中线和顶线

文字"命令。

3）单击"文字"工具栏中的"单行文字"命令。

执行上述命令后，根据系统提示指定文字的起点或选择选项。执行该命令后，命令行提示主要选项的含义如下。

① 指定文字的起点。在此提示下直接在作图屏幕上单击一点作为文本的起始点，在此提示下输入一行文本后按<Enter>键，AutoCAD继续显示"输入文字"提示，可继续输入文本，待全部输入完后在此提示下直接按<Enter>键，则退出TEXT命令。

② 对齐（J）。在上面的提示下输入"J"，用来确定文本的对方方式，对齐方式决定文本的哪一部分与所选的插入点对齐。执行此选项，根据系统提示选择选项作为文本的对齐方式。当文本水平排列时，AutoCAD为标注文本定义了顶线、中线、基线和底线（图4-22）。

下面以"对齐"为例进行简要说明。选择"对齐（A）"选项，要求用户指定文本行基线的起始点与终止点的位置，AutoCAD提示如下：

● 指定文字基线的第一个端点：（指定文本行基线的起点位置）。

● 指定文字基线的第二个端点：（指定文本行基线的终点位置）。

● 输入文字：（输入一行文本后按<Enter>键）。

● 输入文字：（继续输入文本或直接按<Enter>键结束命令）。

执行结果是所输入的文本字符均匀地分布于指定的两点之间。如果两点间的连线不是水平的，则文本行倾斜放置，倾斜角度由两点间的连线与X轴夹角确定；字高、字宽则根据两点间的距离、字符的多少以及文本样式中设置的宽度系数自动确定。指定了两点之后，每行输入的字符越多，字宽和宽高越小。

其他选项与"对齐"类似，不再具体讲述。

实际绘图时，有时需要标注一些特殊字符，例如直径符号、上划线或下划线、温度符号等。由于这些符号不能直接从键盘上输入，AutoCAD提供了一些控制码，用来实现这些要求。控制码用两个百分号（%%）加一个字符构成（表4-1）。

表4-1 AutoCAD常用控制码

符 号	功 能	符 号	功 能	符 号	功 能
%%O	上划线	\U+2220	角度	\U+E102	界碑线
%%U	下划线	\U+E100	边界线	\U+2260	不相等
%%D	"度"符号	\U+2104	中心线	\U+2126	欧姆
%%P	正负符号	\U+0394	差值	\U+03A9	欧米加
%%C	直径符号	\U+0278	电相位	\U+214A	地界线
%%%	百分号	\U+E101	流线	\U+2082	下标2
\U+2248	几乎相等	\U+2261	标识	\U+00B2	上标2

3．多行文字标注

调用多行文字标注命令，主要有以下3种方法：

1）在命令行中输入"MTEXT"命令。

2）选择菜单栏中的"绘图"/"文字"/"多行文字"命令。

3）单击"绘图"工具栏中的"多行文字"命令或单击"文字"工具栏中的"多行文字"命令。

执行上述命令后，根据系统提示指定矩形框的范围，创建多行文字。

使用多行文字命令绘制文字时，命令行提示主要选项的含义如下。

① 指定对角点。直接在屏幕上单击一个点作为矩形框的第二个角点，AutoCAD 以这两个点为对角点形成一个矩形区域，其宽度作为将来要标注的多行文本的宽度，而且第一个点作为第一行文本顶线的起点。响应后AutoCAD 打开"多行文字"编辑器，可利用此对话框与编辑器输入多行文本并对其格式进行设置（图4-23）。

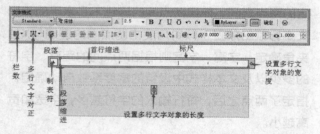

图4-23 "文字格式"对话框和"多行文字"编辑器

② 对正（J）。确定所标文本的对齐方式。选择此选项，根据系统提示选择对齐方式，这些对齐方式与TEXT命令中的各对齐方式相同，不再重复。选取一种对齐方式后按<Enter>键，AutoCAD回到上一级提示。

③ 行距（L）。确定多行文本的行间距，这里所说的行间距是指相邻两文本行的基线之间的垂直距离。根据系统提示输入行距类型，在此提示下有两种方式确定行间距，"至少"方式和"精确"方式。在"至少"方式下AutoCAD根据每行文本中最大的字符自动调整行间距。在"精确"方式下AutoCAD给多行文本赋予一个固定的行间距。可以直接输入一个确切的间距值，也可以输入"nx"形

式，其中n是一个具体数，表示行间距设置为单行文本高度的n倍，而单行文本高度是本行文本字符高度的1.66倍。

④ 旋转（R）。确定文本行的倾斜角度。根据系统提示输入倾斜角度。

⑤ 样式（S）。确定当前的文本样式。

⑥ 宽度（W）。指定多行文本的宽度。可在屏幕上选取一点与前面确定的第一个角点组成的矩形框的宽作为多行文本的宽度。也可以输入一个数值，精确设置多行文本的宽度。

在多行文字绘制区域，单击鼠标右键，系统打开右键快捷菜单，该快捷菜单提供标准编辑命令和多行文字特有的命令。菜单顶层的命令是基本编辑命令，如剪切、复制和粘贴等，后面的命令则是多行文字编辑器特有的命令（图4-24）。

全部选择(A)	Ctrl+A
剪切(T)	Ctrl+X
复制(C)	Ctrl+C
粘贴(P)	Ctrl+V
选择性粘贴	▶
插入字段(L)...	Ctrl+F
符号(S)	▶
输入文字(I)...	
段落对齐	▶
段落...	
项目符号和列表	▶
分栏	▶
查找和替换...	Ctrl+R
改变大小写(H)	▶
自动大写	
字符集	▶
合并段落(O)	
删除格式	▶
背景遮罩(B)...	
编辑器设置	▶
帮助	F1
取消	

图4-24 右键快捷菜单

① 插入字段。选择该命令，打开"字段"对话框，从中可以选择要插入到文字中的字段。关闭该对话框后，字段的当前值将显示在文字中（图4-25）。

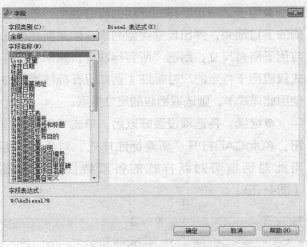

图4-25　"字段"对话框

② 符号。在光标位置插入符号或不间断空格。也可以后手动插入符号。

③ 段落对齐。设置多行文字对象的对正和对齐方式。"左上"选项是默认设置。在一行的末尾输入的空格也是文字的一部分，并会影响该行文字的对正。文字根据其左右边界进行置中对正、左对正或右对正对齐。文字根据其上下边界进行中央对齐、顶对齐或底对齐。

④ 段落。为段落和段落的第一行设置缩进。指定制表位和缩进，可以控制段落对齐方式、段落间距和段落行距。

⑤ 项目符号和列表。显示用于编号列表的选项。

⑥ 改变大小写。改变选定文字的大小写。可以选择"大写"或"小写"。

⑦ 自动大写。将所有新输入的文字转换成大写。自动大写不影响已有的文字。要改变已有文字的大小写，请选择文字，单击鼠标右键，然后在弹出的快捷菜单中选择"改变大小写"命令。

⑧ 字符集。显示代码页菜单，用于选择一个代码页并将其应用到选定的文字。

⑨ 合并段落。将选定的段落合并为一段并用空格替换每段的回车符。

⑩ 背景遮罩。用设定的背景对标注的文字进行遮罩。选择该命令，系统将弹出"背景遮罩"对话框（图4-26）。

图4-26　"背景遮罩"对话框

⑪ 删除格式。清除选定文字的粗体、斜体或下划线格式。

⑫ 编辑器设置。显示"文字格式"工具栏的选项列表。

4. 多行文字编辑

调用多行文字编辑命令，主要有以下4种方式：

1）在命令行中输入"DDEDIT"。

2）选择菜单栏中的"修改"/"对象"/"文字"/"编辑"命令。

3）单击"文字"工具栏中的"编辑"命令。

4）在快捷菜单中选择"修改多行文字"或"编辑文字"命令。

执行上述命令后，根据系统提示选择想要修改的文本，同时光标变为拾取框。用拾取框选择对象，如果选取的文本是用TEXT命令创建的单行文本，单击该文本，可对其进行修改。如果选取的文本是用MTEXT命令创建的多行文本，选取后则打开"多行文字"编辑器，可根据前面的介绍对各项设置或内容进行修改。

4.2.2　尺寸标注

尺寸标注相关命令的菜单方式集中在"标注"菜单中，工具栏方式集中在"标注"工具栏中。

1. 设置尺寸样式

调用标注样式命令主要有如下3种方法：

1）在命令行中输入"DIMSTYLE"命令。

2）选择菜单栏中的"格式"/"标注样式"或"标注"/"样式"命令。

3）单击"标注"工具栏中的"标注样式"命令。

执行上述命令后，系统打开"标注样式管理器"对话框（图4-27）。

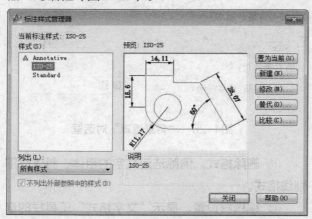

图4-27 "标注样式管理器"对话框

利用此对话框可方便直观地定制和浏览尺寸标注样式，包括新建标注样式、修改已存在的样式、设置当前尺寸标注样式、样式重命名以及删除一个已有样式等。该对话框中各命令的含义如下。

① "置为当前"按钮。单击此按钮，可将"样式"列表框中选中的样式设置为当前样式。

② "新建"按钮。定义一个新的尺寸标注样式。单击此按钮，AutoCAD打开"创建新标注样式"对话框，利用此对话框可创建一个新的尺寸标注样式（图4-28）。

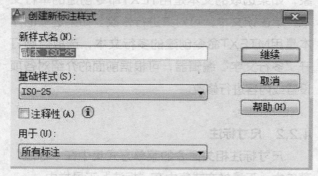

图4-28 "创建新标注样式"对话框

其中各项的功能说明如下。

● 新样式名。给新的尺寸标注样式命名。

● 基础样式。选取创建新样式所基于的标注样式。单击右侧的下拉箭头，可在弹出的当前已有的样式列表中选取一个作为定义新样式的基础，新的样式是在这个样式的基础上修改一些特性得到的。

● 用于。指定新样式应用的尺寸类型。单击右侧的下拉箭头，弹出尺寸类型列表，如果新建样式应用于所有尺寸，则选"所有标注"；如果新建样式只应用于特定的尺寸标注（例如只在标注直径时使用此样式），则选取相应的尺寸类型。

● 继续。各选项设置好以后，单击"继续"按钮，AutoCAD打开"新建标注样式"对话框，利用此对话框可对新样式的各项特性进行设置（图4-29）。

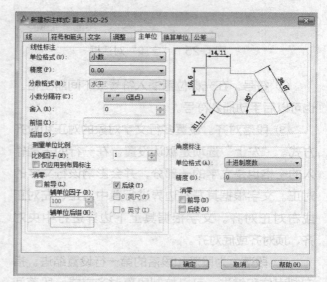

图4-29 "新建标注样式"对话框

③ "修改"按钮。修改一个已存在的尺寸标注样式。单击此按钮，AutoCAD弹出"修改标注样式"对话框，该对话框中的各选项与"新建标注样式"对话框中完全相同，可以对已有标注样式进行修改。

④ "替代"按钮。设置临时覆盖尺寸标注样式。单击此按钮，AutoCAD打开"替代当前样式"对话框，该对话框中各选项与"新建标注样式"对话框完全相同，用户可改变选项的设置覆盖原来的设置，但这种修改只对指定的尺寸标注起作用，而不影响当前尺寸变量的设置。

⑤"比较"按钮。比较两个尺寸标注样式在参数上的区别或浏览一个尺寸标注样式的参数设置。单击此按钮，AutoCAD打开"比较标注样式"对话框。可以把比较结果复制到剪贴板上，然后再粘贴到其他的Windows应用软件上。

"新建标注样式"对话框（图4-30）中有7个选项卡，分别说明如下：

●线。该选项卡对尺寸线、尺寸界线的形式和特性等参数进行设置。包括尺寸线的颜色、线宽、超出标记、基线间距、隐藏等参数，尺寸界线的颜色、线宽、超出尺寸线、起点偏移量、隐藏等参数（图4-30）。

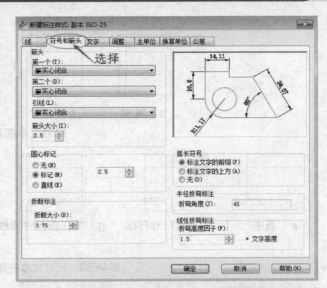

图4-31 "符号和箭头"选项卡

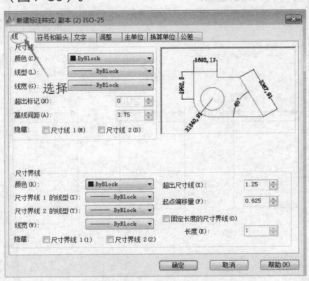

图4-30 "线"选项卡

●符号和箭头。该选项卡主要对箭头、圆心标记、弧长符号和半径折弯标注的形式和特性进行设置。包括箭头的大小、引线、形状等参数以及圆心标记的类型和大小等参数（图4-31）。

●文字。该选项卡对文字的外观、位置、对齐方式等各个参数进行设置（图4-32）。包括文字外观的文字样式、颜色、填充颜色、文字高度、分数高度比例、是否绘制文字边框等参数，文字位置的垂直、水平和从尺寸线偏移量等参数。对齐方式有水平、与尺寸线对齐、ISO标准等3种方式（图4-33）。

●调整。该选项卡对调整选项、文字位置、标注特征比例、调整等各个参数进行设置（图4-34）。

图4-32 "文字"选项卡

包括调整选项选择、文字不在默认位置时的放置位置、标注特征比例选择以及调整尺寸要素位置等参数（图4-35）。

●主单位。该选项卡用来设置尺寸标注的主单位和精度，以及给尺寸文本添加固定的前缀或后缀。该选项卡包含两个选项组，分别对长度型标注和角度型标注进行设置（图4-36）。

●换算单位。该选项卡用于对替换单位进行设置（图4-37）。

●公差。该选项卡用于对尺寸公差进行设置（图4-38）。其中"方式"下拉列表框列出了AutoCAD提供的5种标注公差的形式，用户可从中

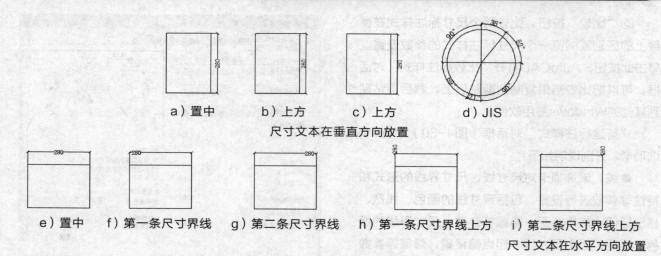

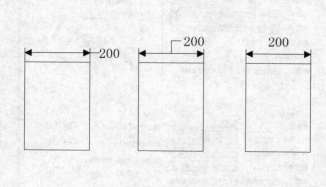

图4-33　尺寸文本在垂直、水平方向时的放置

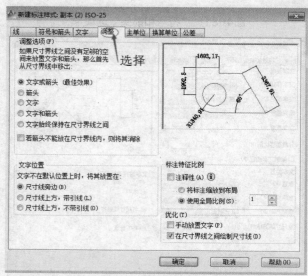

图4-34　"调整"选项卡

图4-35　尺寸文本的放置

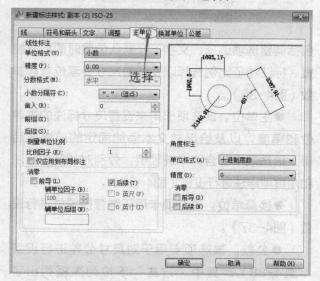

图4-36　"主单位"选项卡

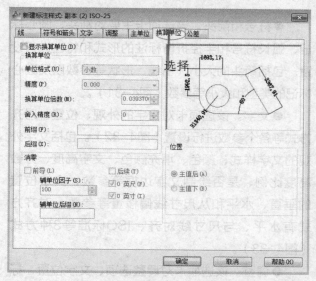

图4-37　"换算单位"选项卡

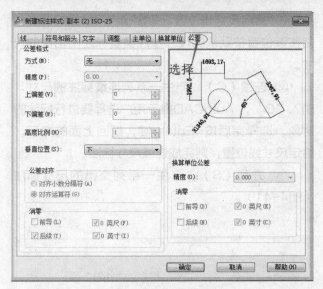

图4-38 "公差"选项卡

选择。这5种形式分别是"无""对称""极限偏差""极限尺寸"和"基本尺寸",其中"无"表示不标注公差,即通常标注情形。在"精度""上偏差""下偏差""高度比例"数值框和"垂直位置"下拉列表框中可输入或选择相应的参数值。

2. 尺寸标注类型

(1)线性标注 调用线性标注命令主要有如下3种方法:

1)在命令行中输入"DIMLINEAR(缩写名DIMLIN)"命令。

2)选择菜单栏中的"标注"/"线性"命令。

3)单击"标注"工具栏中的"线性"命令。

执行上述命令后,根据系统提示直接按<Enter>键选择要标注的对象或指定两条尺寸界线的起始点后,命令行中各选项的含义如下。

① 指定尺寸线位置。确定尺寸线的位置。用户可移动鼠标选择合适的尺寸线位置,然后按<Enter>键或单击鼠标,AutoCAD则自动测量所标注线段的长度并标注出相应的尺寸。

② 多行文字(M)。用多行文本编辑器来确定尺寸文本。

③ 文字(T)。在命令行提示下输入或编辑尺寸文本。选择此选项后,根据系统提示输入标注线段的长度,直接按<Enter>键即可采用此长度值,也可输入其他数值代替默认值。当尺寸文本中包含

默认值时,可使用尖括号"<>"表示默认值。

④ 角度(A)。确定尺寸文本的倾斜角度。

⑤ 水平(H)。水平标注尺寸,不论标注什么方向的线段,尺寸线均水平放置。

⑥ 垂直(V)。垂直标注尺寸,不论被标注线段沿什么方向,尺寸线总保持垂直。

⑦ 旋转(R)。输入尺寸线旋转的角度值,旋转标注尺寸。

对齐标注的尺寸线与所标注的轮廓线平行;坐标尺寸标注点的纵坐标或横坐标;角度标注两个对象之间的角度;直径或半径标注圆或圆弧的直径或半径;圆心标注则标注圆或圆弧的中心或中心线,具体由"新建(修改)标注样式"对话框中"尺寸与箭头"选项卡的"圆心标记"选项组决定。

(2)基线标注 用于产生一系列基于同一条尺寸界线的尺寸标注,适用于长度尺寸标注、角度标注和坐标标注等(图4-39)。

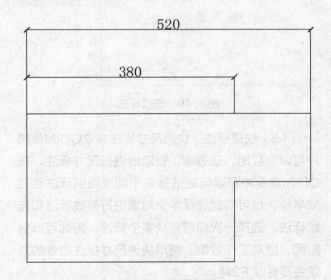

图4-39 基线标注

在使用基线标注方式之前,应该先标注出一个相关的尺寸。基线标注两平行尺寸线间距由"新建(修改)标注样式"对话框中"尺寸与箭头"选项卡的"尺寸线"选项组中的"基线间距"文本框的值决定。

基线标注命令的调用方法主要有以下3种:

1)在命令行中输入"DIMBASELINE"命令。

2）选择菜单栏中的"标注"/"基线"命令。

3）单击"标注"工具栏中的"基线标注"命令。

执行上述命令后，根据系统提示指定第二条尺寸界线原点或选择其他选项。

连续标注又叫尺寸链标注，用于产生一系列连续的尺寸标注，后一个尺寸标注均把前一个标注的第二条尺寸界线作为它的第一条尺寸界线。与基线标注一样，在使用连续标注方式之前，应该先标注出一个相关的尺寸。其标注过程与基线标注类似（图4-40）。

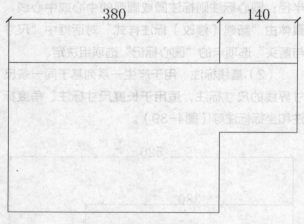

图4-40　连续标注

（3）快速标注　快速尺寸标注命令QDIM使用户可以交互地、动态地、自动地进行尺寸标注。在QDIM命令中可以同时选择多个圆或圆弧标注直径或半径，也可同时选择多个对象进行基线标注和连续标注，选择一次即可完成多个标注，因此可节省时间，提高工作效率。调用快速尺寸标注命令的方法主要有以下3种：

1）在命令行中输入"QDIM"命令。

2）选择菜单栏中的"标注"/"快速标注"命令。

3）单击"标注"工具栏中的"快速标注"命令。

执行上述命令后，根据系统提示选择要标注尺寸的多个对象后按<Enter>键，并指定尺寸线位置或选择其他选项。执行此命令时，命令行中各选项的含义如下。

① 指定尺寸线位置。直接确定尺寸线的位置，则在该位置按默认的尺寸标注类型标注出相应的尺寸。

② 连续（C）。产生一系列连续标注的尺寸。输入"C"，AutoCAD提示用户选择要进行标注的对象，选择完后按<Enter>键，返回上面的提示，给定尺寸线位置，则完成连续尺寸标注。

③ 并列（S）。产生一系列交错的尺寸标注（图4-41）。

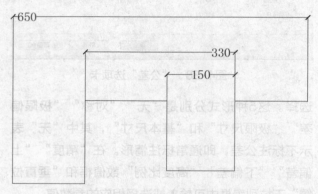

图4-41　交错尺寸标注

④ 基线（B）。产生一系列基线标注尺寸。后面的"坐标（O）""半径（R）""直径（D）"含义与此类同。

⑤ 基准点（P）。为基线标注和连续标注指定一个新的基准点。

⑥ 编辑（E）。对多个尺寸标注进行编辑。AutoCAD允许对已存在的尺寸标注添加或移去尺寸点。选择此选项，根据系统提示确定要移去的点之后按<Enter>键，AutoCAD对尺寸标注进行更新。

（4）引线标注　引线标注命令的调用方法为：在命令行中输入"QLEADER"命令。

执行上述命令后，根据系统提示指定第一个引线点或选择其他选项。也可以在上面操作过程中选择"设置（S）"选项，弹出"引线设置"对话框进行相关参数设置。

① 注释。对引线的注释类型，多行文字选项进行调整（图4-42）。

② 引线和箭头。选择引线和箭头类型（图4-43）。

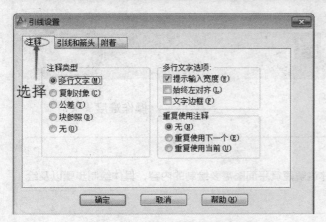

图4-42 "注释"选项卡

③ 附着。设置多行文字的附着方向（图4-44）。

另外还有一个名为LEADER的命令也可以进行引线标注，与QLEADER命令类似，这里不再详细讲述。

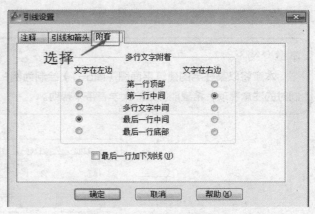

图4-44 "附着"选项卡

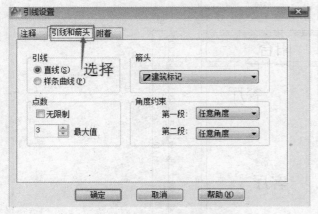

图4-43 "引线和箭头"选项卡

第5章 绘制建筑平面图

操作难度★ ★ ☆ ☆ ☆

> **本章介绍**
>
> 本章将以某住宅的建筑平面图（图5-1）绘制为例，具体讲解建筑平面图需要绘制的内容，具体绘制步骤以及绘制时的注意事项，希望能够给广大学者带来帮助。

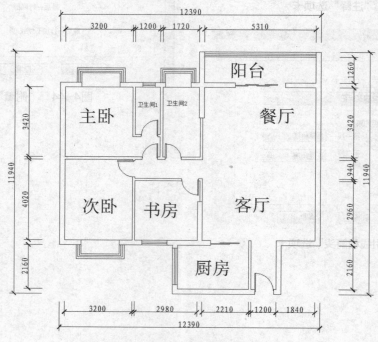

图5-1 某住宅建筑的平面图

5.1 前期绘制

5.1.1 绘图前准备

具体绘制步骤如下：

1）打开AutoCAD2018应用程序，单击"标准"工具栏中的"新建"命令，系统弹出"选择样板"对话框，选择"acadiso.dwt"为样板文件建立新文件（图5-2）。

2）选择菜单栏中的"格式"／"单位"命令，打开"图形单位"对话框，设置长度"类型"为"小数"，"精度"设置为0；并设置角度"类型"为"十进制度数"，"精度"为0；保持系统默认方

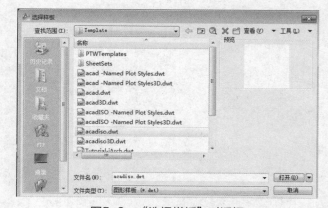

图5-2 "选择样板"对话框

向为逆时针，设置插入时的缩放单位为"毫米"
（图5-3）。

图5-3 "图形单位"对话框并进行设置

3）在命令行中输入LIMITS,设置图幅尺寸为

420000mm×297000mm。

4）设置完毕后新建图层。

5）单击"图层"工具栏中的"图层特性管理器"命令，系统弹出"图层特性管理器"选项板（图5-4）。

6）单击"图层特性管理器"选项板中的"新建图层"命令，并新建图层（图5-5）。

7）将新建图层的名称修改为"轴线"，并依据需要修改线型和线宽。

8）单击新建的"轴线"图层中"颜色"栏中的色块，系统会弹出"选择颜色"对话框，依据需要选择红色为"轴线"图层的默认颜色，单击"确定"按钮（图5-6）。

9）单击"轴线"图层中的"线型"栏，系统会弹出"选择线型"对话框（图5-7）。轴线一般在绘图中应用点画线的形式进行绘制，所以将"轴线"图层的默认线型设为CENTER2。单击"加载"命令，系统弹出"加载或重载线型"对话框（图5-8）。

10）采用相同的方法按照以下说明新建其他所

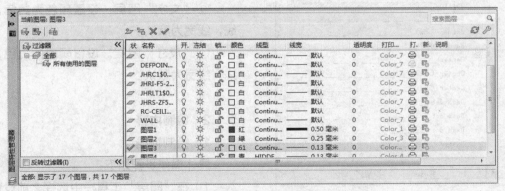

图5-4 "图层特性管理器"选项板

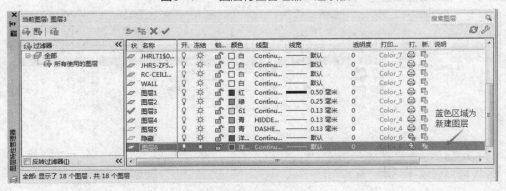

图5-5 新建图层

图5-6 "选择颜色"对话框

图5-7 "选择线型"对话框

图5-8 "加载或重载线型"对话框

需图层（图5-9）。

①"墙体"图层。设置颜色为白色，线型为实线，线宽为0.5mm。

②"门窗"图层。设置颜色为蓝色，线型为实线，线宽为0.13mm。

③"文字"图层。设置颜色为黄色，线型为实线，线宽为默认。

④"尺寸"图层。设置颜色为黄色，线型为实线，线宽为默认。

5.1.2 绘制内容

1. 绘制轴线

具体操作步骤如下：

1）在"图层"工具栏中选择之前设置好的"轴

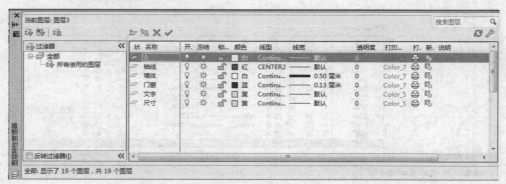

图5-9 设置图层完成

线"图层作为当前图层。

2）单击"绘图"工具栏中的"直线"命令，在图中空白区域任选一点为直线起点，绘制一条长为18500mm的竖直轴线，并在该直线的左侧任选一点作为下一条直线的起点向右绘制一条长为34700mm的水平轴线（图5-10）。

图5-10 绘制竖直轴线和水平轴线

3）在快捷菜单中选择"特性"命令，系统会弹出"特性"选项板，根据需要将"线型比例"设置为1200（图5-11、图5-12）。

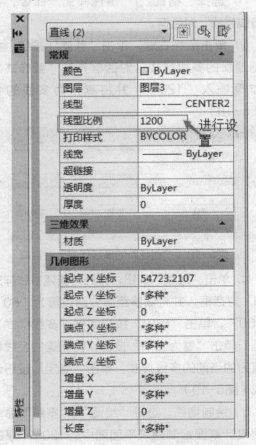

图5-11 "特性"选项板并进行设置

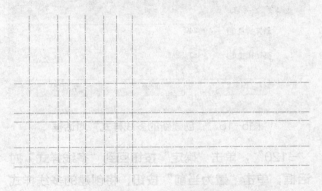

图5-12 调整后的轴线

4）单击"修改"工具栏中的"偏移"命令,依据需要将绘制好的水平轴线向上进行连续偏移,偏移距离依次为2400mm、3140mm、1060mm、3600mm，将竖直轴线向右进行连续偏移，偏移距离依次为3380mm、1320mm、1900mm、2175mm、1535mm、1840mm（图5-13）。

图5-13 偏移轴线

2. 绘制墙线

具体操作步骤如下：

1）在"图层"工具栏中选择"墙体"图层为当前图层。

2）依据需要设置多线样式。

① 选择"格式"/"多线样式"命令，打开"多线样式"对话框（图5-14）。

② 单击鼠标右键，单击"新建"按钮，打开"创建新的多线样式"对话框并在"新样式名"文本框输入"240"，并将其作为多线的名称（图5-15）。

③ 单击"继续"按钮，打开"新建多线样式：240"对话框，并将偏移距离分别设置为"120"和

图5-14   "多线样式"对话框

图5-15   "创建新的多线样式"对话框

"-120",单击"确定"按钮回到"多线样式"对话框,单击"置为当前"按钮,将创建的多线样式设置为的当前的多线样式,单击"确定"按钮设置完成(图5-16)。

图5-16   "新建多线样式:240"对话框

3)绘制墙线。

① 选择"绘图"/"多线"命令,依据设计草图绘制建筑平面图中的240mm厚的墙体。

② 依据需要设置多线样式为"240",选择对正模式为无,并输入多线比例为1,在命令行提示"指定起点或【对正(J)/比例(S)/样式(ST)】:"后选择之前绘制的竖直轴线下端点向上绘制墙线,并利用同样的方法绘制出剩余240mm厚墙体的绘制(图5-17)。

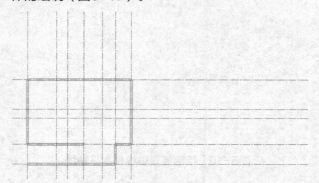

图5-17   绘制240mm厚的墙体

4)依据需要设置多线样式。

① 选择"格式"/"多线样式"命令,打开"多线样式"对话框。

② 单击鼠标右键,单击"新建"按钮,打开"创建新的多线样式"对话框并在"新样式名"文本框输入"120",并将其作为多线的名称(图5-18)。

图5-18   "创建新的多线样式"对话框

③ 单击"继续"按钮,打开"新建多线样式:120"对话框,并将偏移距离分别设置为"60"和"-60",单击"确定"按钮回到"多线样式"对话框,单击"置为当前"按钮,将创建的多线样式设置为的当前的多线样式,单击"确定"按钮设置完成(图5-19)。

5)绘制墙线。选择"绘图"/"多线"命令,依据设计草图绘制建筑平面图中的120mm厚的墙体。依据需要设置多线样式为"120",选择对正

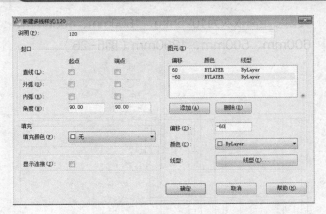

图5-19　"新建多线样式：120"对话框

模式为无，并输入多线比例为1，在命令行提示"指定起点或【对正（J）/比例（S）/样式（ST）】："后选择之前绘制的竖直轴线下端点向上绘制墙线，并用同样方法绘制出剩余240mm厚墙体的绘制（图5-20）。

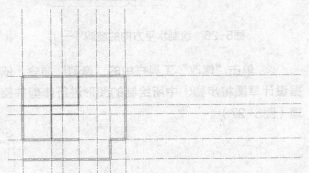

图5-20　绘制120mm厚的墙体

6）选择"修改"/"对象"/"多线"命令，系统会弹出"多线编辑工具"对话框，单击"T形打开"选项，选取多线进行操作，使墙体贯穿，完成修剪（图5-21、图5-22）。

7）关闭"轴线"图层，单击"修改"工具栏中的"分解"命令，选择步骤6）中绘制的墙线为分解对象，对其进行分解。单击"修改"工具栏中的"偏移"命令，依据设计草图选择图5-23中的竖直墙线向右进行连续偏移，偏移距离依次为387mm、387mm、1800mm。

8）单击"修改"工具栏中的"偏移"命令，依据设计草图在步骤7）的基础上将前面偏移后的竖直墙线向右再次进行连续偏移，偏移距离依次为2561mm、240mm、3375mm、120mm，将水平

图5-21　"多线编辑工具"对话框

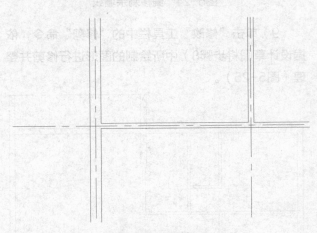

图5-22　T形打开

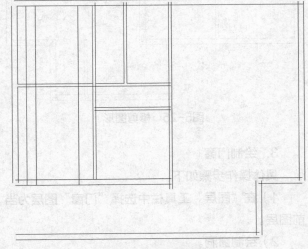

图5-23　偏移竖直墙线

墙线向上偏移1500mm，结果如图5-24所示。

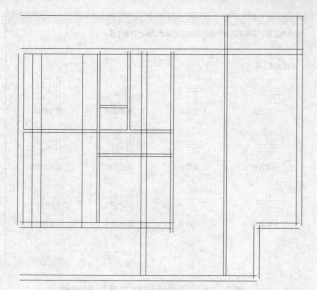

图5-24   偏移剩余墙线

9）单击"修改"工具栏中的"修剪"命令，依据设计草图将步骤8）中所绘制的图形进行修剪并整理（图5-25）。

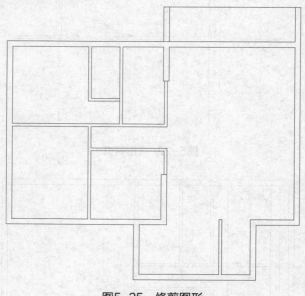

图5-25   修剪图形

3. 绘制门窗

具体操作步骤如下：

1）在"图层"工具栏中选择"门窗"图层为当前图层。

2）绘制窗洞。

① 单击"修改"工具栏中的"偏移"命令，依据设计草图将左侧竖直外墙线向右进行连续偏移，

其偏移距离依次为1025mm、1800mm、1080mm、600mm、500mm、1200mm（图5-26）。

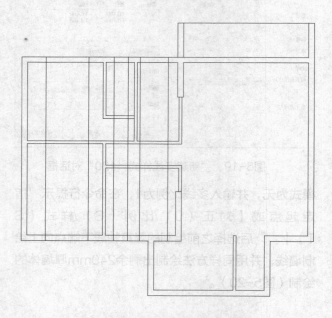

图5-26   绘制水平方向的窗洞（一）

② 单击"修改"工具栏中的"修剪"命令，依据设计草图将步骤①中所绘制的图形进行修剪并整理（图5-27）。

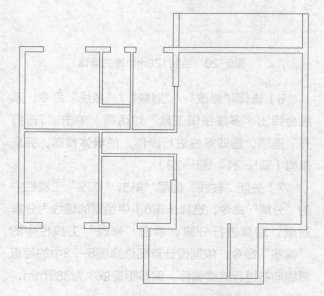

图5-27   绘制水平方向的窗洞（二）

3）利用上述所讲方法绘制竖直方向的窗洞并进行整理（图5-28）。

4）绘制飘窗及其窗线。

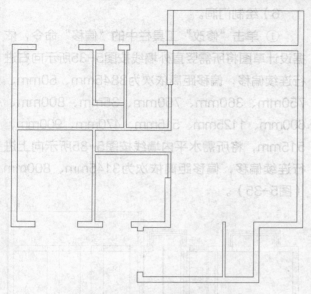

图5-28　绘制竖直方向的窗洞

① 单击"修改"工具栏中的"偏移"命令，依据设计草图将所需水平内墙线向外偏移700mm，单击"绘图"工具栏中的"直线"命令，在偏移线段的两侧各绘制一条垂直线段，并依据设计草图进行修剪（图5-29）。

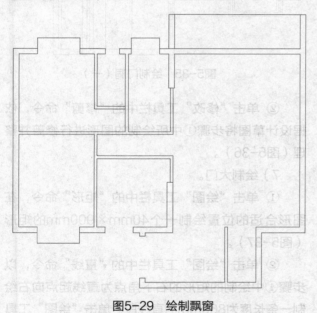

图5-29　绘制飘窗

② 单击鼠标右键，单击"新建"按钮，打开"创建新的多线样式"对话框并在"新样式名"文本框输入"飘窗"，并将其作为多线的名称（图5-30）。

③ 单击"继续"按钮，打开"新建多线样式：

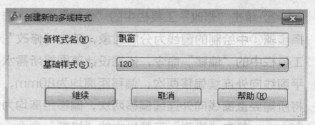

图5-30　"创建新的多线样式"对话框

飘窗"对话框，并将偏移距离分别设置为"0"和"240"，单击"确定"按钮回到"多线样式"对话框，单击"置为当前"按钮，将创建的多线样式设置为的当前的多线样式，单击"确定"按钮设置完成（图5-31）。

图5-31　"新建多线样式：飘窗"对话框

④ 选择"绘图"/"多线"命令，依据设计草图在窗洞内绘制飘窗的窗线（图5-32）。

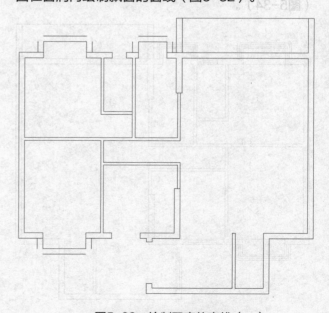

图5-32　绘制飘窗的窗线（一）

⑤ 单击"修改"工具栏中的"分解"命令，选择步骤④中绘制的窗线为分解对象，单击"修改"工具栏中的"偏移"命令，依据设计草图将所需水平窗线向外连续偏移两次，偏移距离均为80mm，将所需竖直窗线向外连续偏移两次，偏移距离均为60mm。单击"修改"工具栏中的"修剪"命令，依据设计草图将步骤④中所绘制的图形进行修剪并整理（图5-33）。

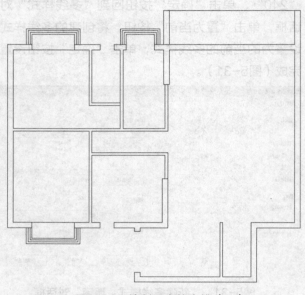

图5-33　绘制飘窗的窗线（二）

5）利用上面所讲方法绘制其他窗线并进行整理（图5-34）。

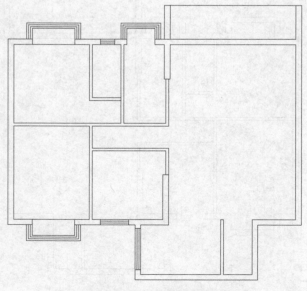

图5-34　绘制其他窗线

6）绘制门洞。

① 单击"修改"工具栏中的"偏移"命令，依据设计草图将所需竖直外墙线按图5-35所示向右进行连续偏移，偏移距离依次为3845mm、50mm、750mm、360mm、750mm、35mm、800mm、600mm、1125mm、515mm、470mm、900mm、515mm，将所需水平内墙线按图5-35所示向上进行连续偏移，偏移距离依次为3145mm、800mm（图5-35）。

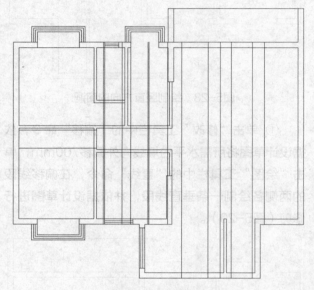

图5-35　绘制门洞（一）

② 单击"修改"工具栏中的"修剪"命令，依据设计草图将步骤①中所绘制的图形进行修剪并整理（图5-36）。

7）绘制大门。

① 单击"绘图"工具栏中的"矩形"命令，在图形合适的位置绘制一个40mm×900mm的矩形（图5-37）。

② 单击"绘图"工具栏中的"直线"命令，以步骤①中绘制的矩形的右下角点为直线起点向右绘制一条长度为860mm的直线段。单击"绘图"工具栏中的"圆弧"命令，以"起点，端点，角度"方式绘制圆弧（图5-38）。

③ 单击"绘图"工具栏中的"创建块"命令，系统弹出"块定义"对话框，选择步骤②中的绘制的大门为定义对象，选择任意点为基点，将其定义

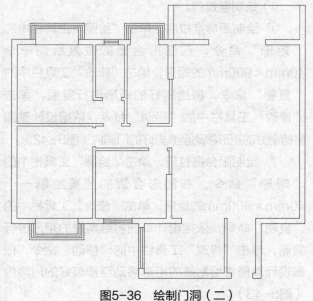

图5-36 绘制门洞(二)

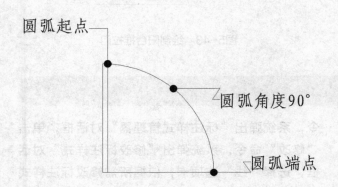

图5-37 绘制大门(一)

圆弧起点

圆弧角度90°

圆弧端点

图5-38 绘制大门(二)

为块。

④ 单击"修改"工具栏中的"移动"命令,依据设计草图将步骤③中绘制好的大门移动至修剪好的门洞内(图5-39)。

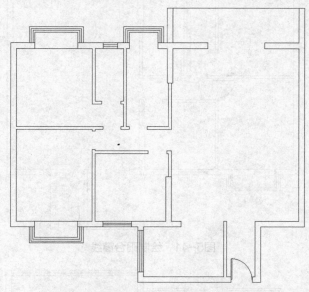

图5-39 移动大门将其放置于合适的位置

⑤ 依据上述方法绘制其他门并依据设计草图将其放置于修剪好的门洞内(图5-40)。

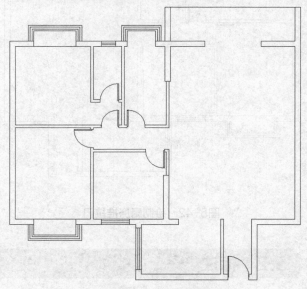

图5-40 绘制其他门

8)补充绘制阳台。绘制阳台窗线,单击"修改"工具栏中的"偏移"命令,依据设计图样将阳台所需的外墙水平线向下进行3次偏移,偏移距离均为80mm，单击"修改"工具栏中的"修剪"命令，依据设计草图修剪图形（图5-41）。

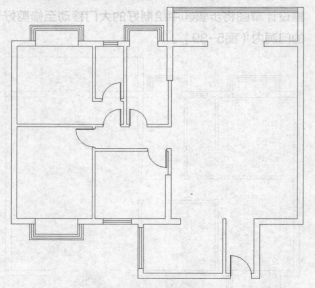

图5-41　绘制阳台窗线

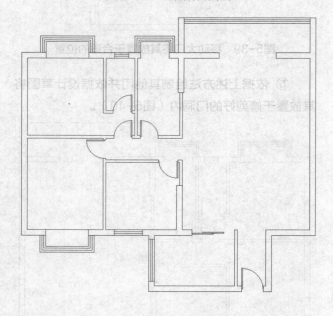

图5-42　绘制厨房推拉门

9）绘制推拉门。

① 绘制厨房推拉门，单击"绘图"工具栏中的"矩形"命令，在图形合适的位置绘制一个40mm×900mm的矩形，单击"修改"工具栏中的"复制"命令，将绘制好的矩形进行复制，单击"修改"工具栏中的"移动"命令，依据设计草图将绘制好的矩形移动至修剪好的门洞内（图5-42）。

② 绘制阳台推拉门，单击"绘图"工具栏中的"矩形"命令，在图形合适的位置绘制一个40mm×600mm的矩形，单击"修改"工具栏中的"复制"命令，依据设计草图将绘制好的矩形进行复制，单击"修改"工具栏中的"移动"命令，依据设计草图将绘制好的矩形移动至修剪好的门洞内（图5-43）。

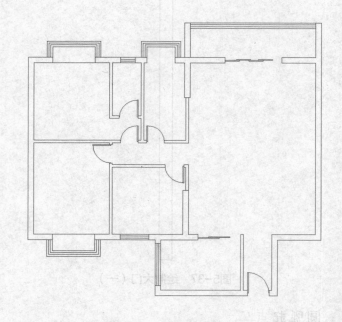

图5-43　绘制阳台推拉门

5.2　标注

5.2.1　尺寸标注

具体操作步骤如下：

1）在"图层"工具栏中选择"尺寸"图层为当前图层。

2）选择菜单栏中的"标注"/"标注样式"命令，系统弹出"标注样式管理器"对话框，单击"修改"命令，系统弹出"修改标注样式"对话框，选择"线"选项卡，依据所需修改标注样式（图5-44）。

3）选择"符号和箭头"选项卡，依据所需进行

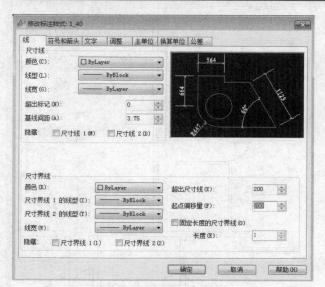

图5-44　设置"线"选项卡

设置（图5-45）。将箭头样式选择为"建筑标记"，将"箭头大小"设置为200，其他设置保持默认。

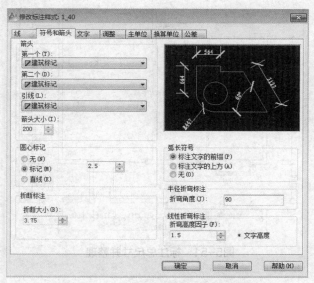

图5-45　设置"符号和箭头"选项卡

4）选择"文字"选项卡，将"文字高度"设置为300，其他设置保持默认（图5-46）。

5）选择"主单位"选项卡，将"单位精度"设置为0（图5-47）。

6）在任意的工具栏处单击鼠标右键，在弹出的快捷菜单中选择"标注"命令，将"标注"工具栏显示在屏幕上。

7）单击"标注"工具栏中的"线性"命令和

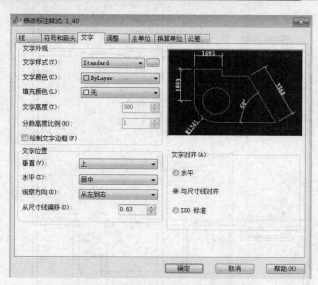

图5-46　设置"文字"选项卡

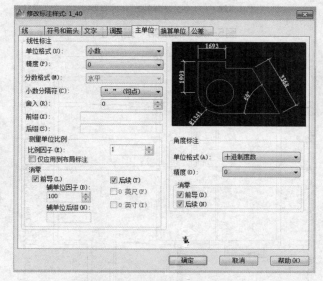

图5-47　设置"主单位"选项卡

"连续"命令，依据设计草图为图形添加第一道尺寸标注（图5-48）。

8）单击"绘图"工具栏中的"直线"命令，在尺寸线合适位置绘制直线，选中尺寸线，移动尺寸线的钳夹点，将尺寸线端点移动至与直线垂直处，并依据设计草图删除多余尺寸线（图5-49）。

9）单击"标注"工具栏中的"线性"命令和"连续"命令，依据设计草图为图形添加其他区域尺寸标注并依据上述方法进行整理（图5-50）。

10）单击"标注"工具栏中的"线性"命令，依据设计草图添加总尺寸线，并依据上述方法标注尺寸并整理（图5-51）。

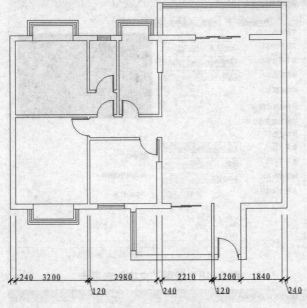

图5-48　标注第一道尺寸

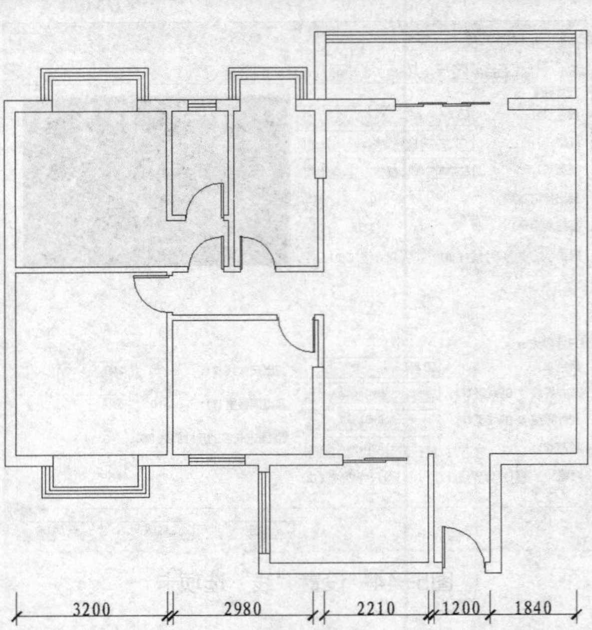

图5-49　整理尺寸线

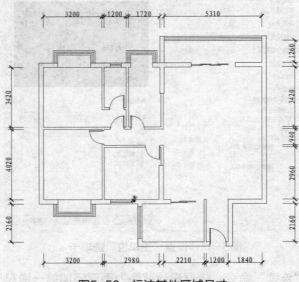

图5-50　标注其他区域尺寸

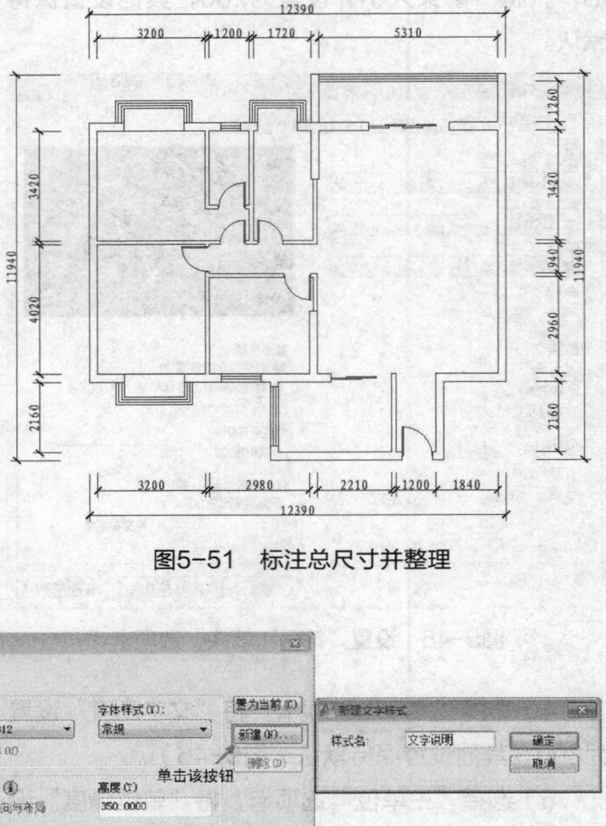

图5-51　标注总尺寸并整理

5.2.2　文字标注

具体操作步骤如下:

1)在"图层"工具栏中选择"文字"图层为当前图层。

2)选择"格式"/"文字样式"命令,系统弹出"文字样式"对话框,单击"新建"按钮,系统弹出"新建文字样式"对话框,将文字样式命名为"文字说明"(图5-52)。

图5-52　"文字样式"和"新建文字样式"对话框

3）单击"确定"按钮，在"文字样式"对话框中取消选中"使用大字体"复选框。并设置字体为"宋体"，将"高度"设置为600（图5-53）。

4）将"文字"图层设置为当前图层，单击"绘图"工具栏中的"多行文字"命令，依据需要添加文字说明并做适当调整（图5-54）。

5）依据设计草图对图形进行再次整理与补充（图5-55）。

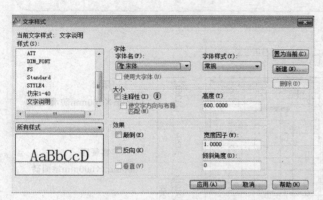

图5-53 "文字样式"对话框

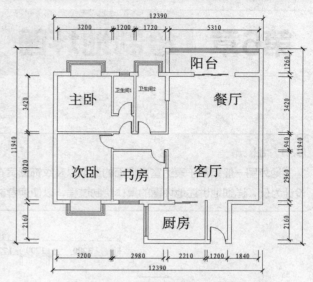

图5-54 设置"文字"样式

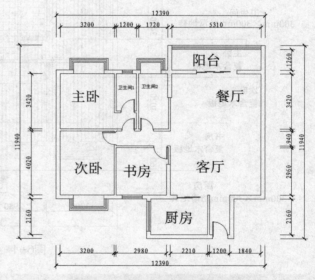

图5-55 建筑平面图绘制完成

第6章 绘制地坪图

操作难度 ★ ★ ☆ ☆ ☆

本章介绍

地坪图一般是用于表达室内地面的造型以及纹饰图案布置的水平镜像投影图，本章将以某住宅的地坪图（图6-1）设计为例，详细地讲述地坪图的具体绘制过程，以使读者能够更好地完成绘制。

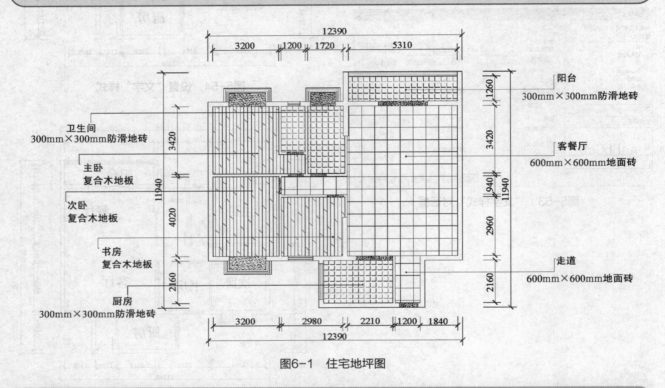

图6-1 住宅地坪图

6.1 前期绘制

6.1.1 绘图前准备

具体操作步骤如下：

1）单击"标准"工具栏中的"打开"命令，AutoCAD操作界面弹出"选择文件"对话框之后，再选择之前绘制好的"建筑平面图"文件，单击"打开"按钮，打开即将绘制的建筑平面图。关闭"标注"图层。

2）选择"文件／另存为"命令，将打开的"建筑平面图"另存为"地坪图"，并删除之前添加的文字并整理（图6-2）。

6.1.2 绘制内容

关闭"标注"图层，新建"地坪"图层，并将其设置为当前图层。

1. 绘制客餐厅地面铺贴材料

1）单击"绘图"工具栏中的"多段线"命令，依据设计草图围绕客餐厅内部区域绘制一段多段线（图6-3）。

2）单击"绘图"工具栏中的"图案填充"命令，打开"图案填充和渐变色"对话框。单击"图案"选项后面的按钮，打开"填充图案选项板"对

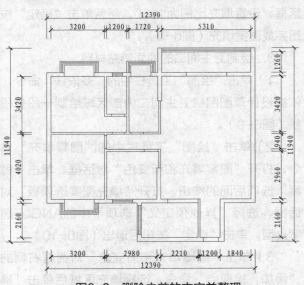

图6-2 删除之前的文字并整理

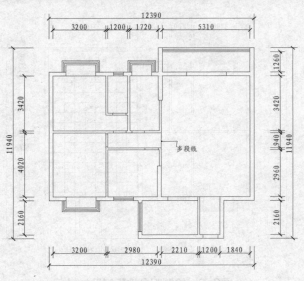

图6-3 绘制客餐厅地面铺贴材料

话框，选择"其他预定义"选项卡中的NET图案类型，单击"确定"按钮后退出（图6-4）。

3）单击"图案填充和渐变色"对话框右侧的"添加：拾取点"命令，选择填充区域后单击"确定"按钮，系统将会回到"图案填充和渐变色"对话框，设置填充比例为5000，然后单击"确定"按钮完成图案填充（图6-5）。

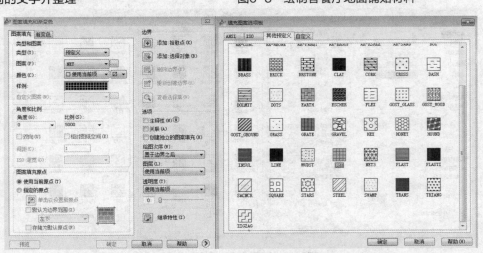

图6-4 "图案填充和渐变色"对话框与"填充图案选项板"对话框

2. 绘制阳台地面铺贴材料

1）单击"绘图"工具栏中的"多段线"命令，依据设计草图围绕阳台内部区域绘制一段多段线（图6-6）。

2）单击"绘图"工具栏中的"图案填充"命令，打开"图案填充和渐变色"对话框。单击"图案"选项后面的按钮，打开"填充图案选项板"对话框，选择"其他预定义"选项卡中的ANGLE图案类型，单击"确定"按钮后退出（图6-7）。

3）单击"图案填充和渐变色"对话框右侧的"添加：拾取点"命令，选择填充区域后单击"确定"按钮，系统将会回到"图案填充和渐变色"对

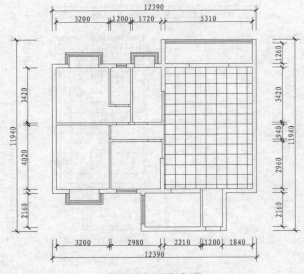

图6-5 填充完成

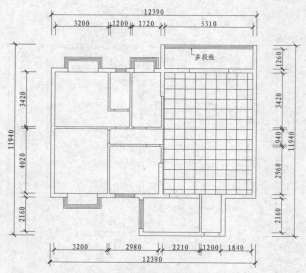

图6-6　绘制阳台地面铺贴材料

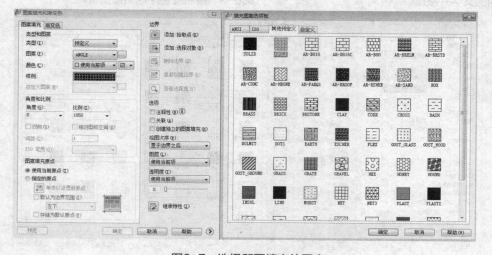

图6-7　选择所要填充的图案

话框，设置填充比例为1050，然后单击"确定"按钮完成图案填充（图6-8）。

3．绘制卫生间二的地面铺贴材料

1）单击"绘图"工具栏中的"多段线"命令，依据设计草图围绕卫生间二内部区域绘制一段多段线（图6-9）。

2）单击"绘图"工具栏中的"图案填充"命令，打开"图案填充和渐变色"对话框。单击"图案"选项后面的按钮，打开"填充图案选项板"对话框，选择"其他预定义"选项卡中的ANGLE图案类型，单击"确定"按钮后退出（图6-10）。

3）单击"图案填充和渐变色"对话框右侧的"添加：拾取点"命令，选择填充区域后单击"确定"按钮，系统将会回到"图案填充和渐变色"对话框，设置填充比例为1050，然后单击"确定"按钮完成图案填充（图6-11）。

4．绘制卫生间二的飘窗台面铺贴材料

1）单击"绘图"工具栏中的"多段线"命令，依据设计草图围绕卫

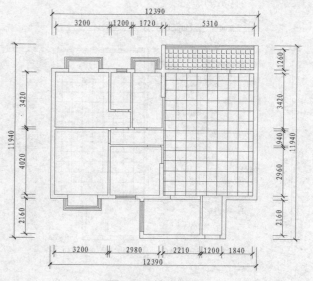

图6-8　填充完成

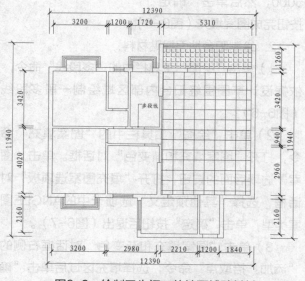

图6-9　绘制卫生间二的地面铺贴材料

生间二的飘窗台面绘制一段多段线（图6-12）。

2）单击"绘图"工具栏中的"图案填充"命令，打开"图案填充和渐变色"对话框。单击"图案"选项后面的按钮，打开"填充图案选项板"对话框，选择"其他预定义"选项卡中的AR-SAND图案类型，单击"确定"按钮后退出（图6-13）。

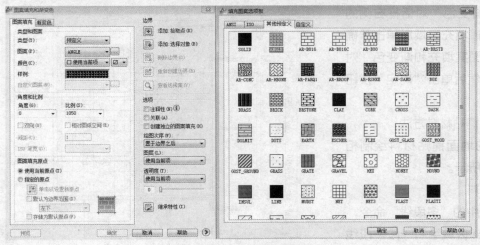

图6-10 选择所要填充的图案

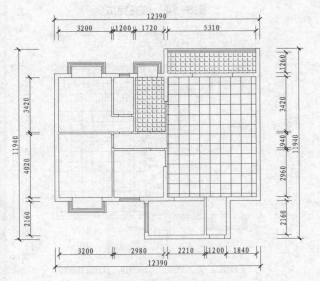

图6-11 填充完成

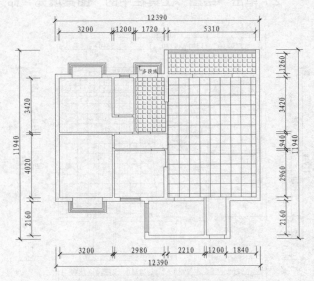

图6-12 绘制卫生间二的飘窗台面铺贴材料

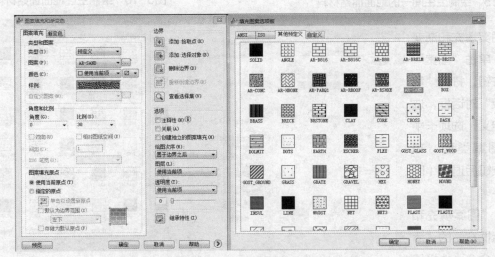

图6-13 选择所要填充的图案

3）单击"图案填充和渐变色"对话框右侧的"添加：拾取点"命令，选择填充区域后单击"确定"按钮，系统将会回到"图案填充和渐变色"对话框，设置填充比例为38，然后单击"确定"按钮完成图案填充（图6-14）。

5. 绘制卫生间一的地面铺贴材料方法

绘制方法与卫生间二的地面铺贴材料绘制相同，绘制后的结果如图6-15所示。

6. 绘制主卧地面铺贴材料

1）单击"绘图"工具栏中的"多段线"命令，依据设计草图围绕主卧的内部区域绘制一段多段线（图6-16）。

2）单击"绘图"工具栏中的"图案填充"命

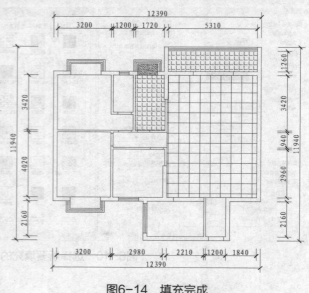

图6-14　填充完成

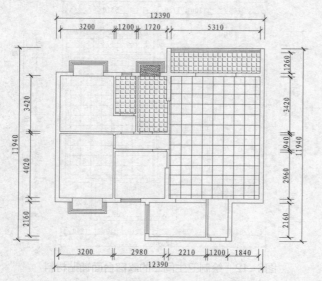

图6-15　绘制卫生间一的地面铺贴材料

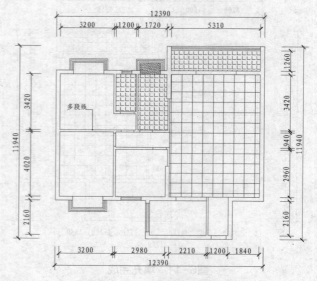

图6-16　绘制主卧地面铺贴材料

令，打开"图案填充和渐变色"对话框。单击"图案"选项后面的按钮，打开"填充图案选项板"对话框，选择"其他预定义"选项卡中的DOLMIT图案类型，单击"确定"按钮后退出（图6-17）。

3）单击"图案填充和渐变色"对话框右侧的"添加：拾取点"命令，选择填

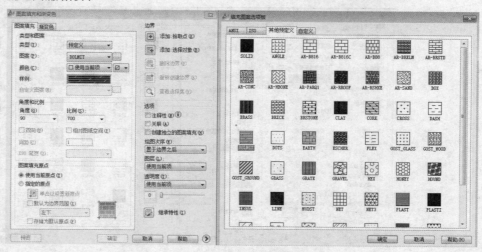

图6-17　选择所要填充的图案

充区域后单击"确定"按钮，系统将会回到"图案填充和渐变色"对话框，设置角度为90°，填充比例为700，然后单击"确定"按钮完成图案填充（图6-18）。

7．绘制主卧的飘窗台面铺贴材料

1）单击"绘图"工具栏中的"多段线"命令，依据设计草图围绕主卧的飘窗台面绘制一段多段线（图6-19）。

2）单击"绘图"工具栏中的"图案填充"命令，打开"图案填充和渐变色"对话框。单击"图案"选项后面的按钮，打开"填充图案选项板"对话框，选择"其他预定义"选项卡中的AR-SAND图

案类型，单击"确定"按钮后退出（图6-20）。

3）单击"图案填充和渐变色"对话框右侧的"添加：拾取点"命令，选择填充区域后单击"确定"按钮，系统将会回到"图案填充和渐变色"对话框，设置填充比例为45，然后单击"确定"按钮完成图案填充（图6-21）。

8．绘制次卧地面铺贴材料和书房地面铺贴材料

绘制方法与主卧地面铺贴材料绘制相同，绘制结果如图6-22和图6-23所示。

9．绘制走道和门槛铺贴材料

依据设计草图，并利用上面介绍的方法进行绘制，绘制结果如图6-24所示。

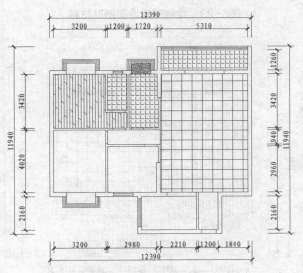

图6-18 填充完成

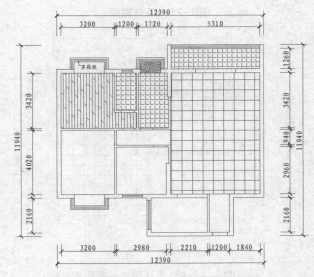

图6-19 绘制主卧的飘窗台面铺贴材料

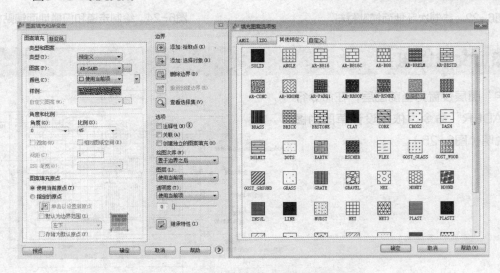

图6-20 选择所要填充的图案

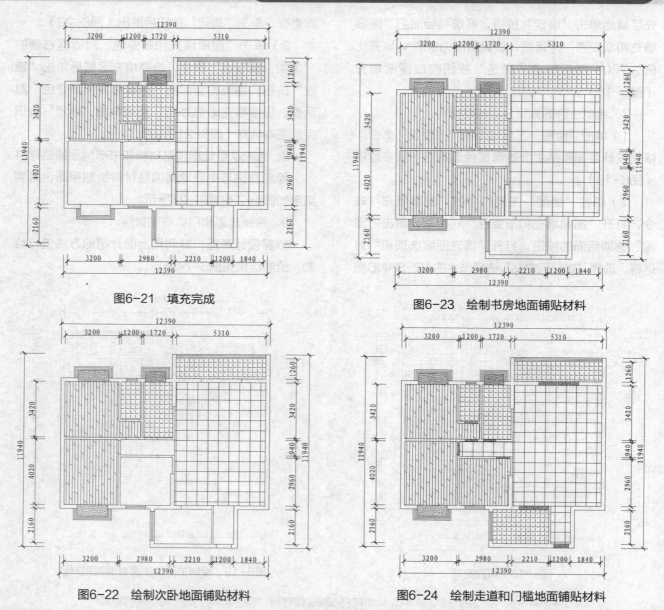

图6-21　填充完成

图6-23　绘制书房地面铺贴材料

图6-22　绘制次卧地面铺贴材料

图6-24　绘制走道和门槛地面铺贴材料

6.2　添加文字说明

将"文字"图层设置为当前图层，在命令行输入"QLEADER"命令，依据设计草图为图形添加文字说明（图6-25）。

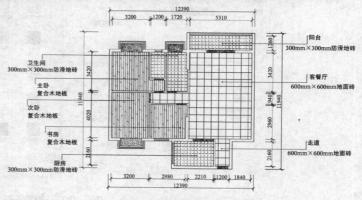

图6-25　地坪图绘制完成

第7章 绘制顶棚图

操作难度★★★☆☆

本章介绍

为了突出宽敞明亮的总体氛围，顶棚通常采用轻钢龙骨、纸面石膏板吊顶来装饰，并配以白色乳胶漆刷涂，而卫生间为了防止溅水，通常采用防水纸面石膏板吊顶来装饰顶棚。顶棚装饰根据各个建筑单位的不同需要，其高度也会有所不同，总体原则是保持在3000mm左右，如果太低，则会使整体空间显得非常压抑，会给人一种紧张感，容易使人精神紧绷，太高则会导致灯光的照射出现问题。一般大厅顶棚装饰高度要相对高一点，这样会显得整体空间相对比较高大敞亮。而卫生间由于有管道和通风设施。其顶棚装饰一般相对较低。本章将以单个空间的顶棚图（图7-1）为例详细介绍其绘制过程。

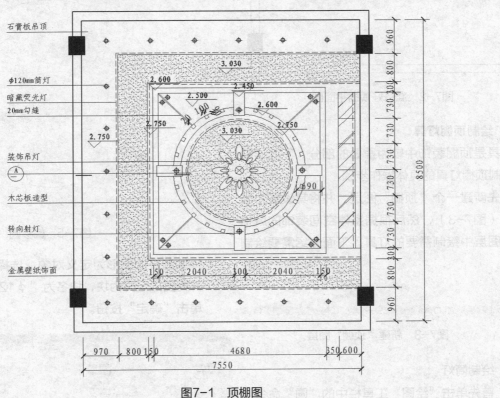

图7-1　顶棚图

7.1　绘制步骤

7.1.1　绘图前的准备

1）单击"标准"工具栏中的"打开"命令，AutoCAD操作界面弹出"选择文件"对话框之后，再选择"源文件／建筑平面图"文件，单击"打开"按钮，打开即将绘制的建筑平面图。

2）选择"文件／另存为"命令，将打开的"建筑平面图"另存为"顶棚平面图"。

3）另存为"顶棚平面图"之后单击"修改"工具栏的"删除"命令，将建筑平面图中的多余部分删减掉，再结合书中所学命令对图形进行整理，最后关闭"标注"图层（图7-2）。

图7-2   准备好顶棚平面图

7.1.2   绘制顶棚灯具

灯具是顶棚装饰中较为重要的部分，下面详细介绍绘制顶棚灯具的具体操作步骤：

首先新建一个"顶棚"图层，并将其设置为当前图层（图7-3），然后根据整体空间装饰的风格在当前图层中绘制需要的灯具，下面介绍需要绘制的灯具。

图7-3   新建"顶棚"图层

1. 绘制筒灯

1）首先单击"绘图"工具栏中的"圆"命令，在建筑平面图以外空白区域绘制一个半径为60mm的圆（图7-4）。其次单击"修改"工具栏中的"偏移"命令，选择事先绘制好的圆作为偏移对象并向内进行偏移，偏移距离为15mm（图7-5）。

2）单击"绘图"工具栏中的"块／创建块"命令，界面会弹出"块定义"对话框（图7-6）。选

图7-4   绘制半径为60mm的圆

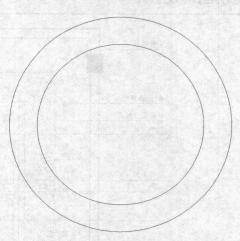

图7-5   偏移圆

择绘制好的图形为定义对象，选择任意点位基点，并将图形定义为块，块名为"φ120mm筒灯"最后单击"确定"按钮。

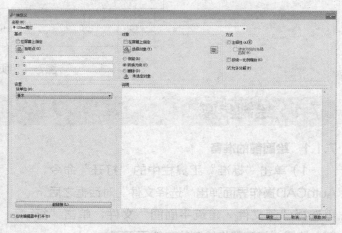

图7-6   "块定义"对话框

3）单击"绘图"工具栏中的"直线"命令，以绘制好的圆的圆心为中心绘制筒灯的十字交叉线（图7-7）。

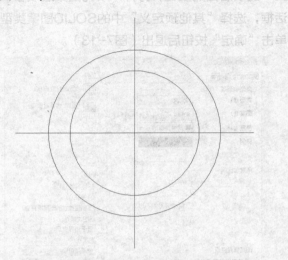

图7-7 绘制直线作为筒灯的十字交叉线

4）利用同样的方法可定义半径为75mm、80mm的其他所需筒灯。

2．绘制装饰吊灯

顶棚图中所用装饰吊灯依据装饰风格的不同，其装饰吊灯的造型也各不相同，下面介绍其中一种装饰吊灯的具体绘制步骤。

1）单击"绘图"工具栏中的"椭圆／圆心（或轴、端点）"命令，依据设计需要绘制椭圆，并在原有椭圆基础上绘制出半径相对大一倍的椭圆（图7-8），具体尺寸依据设计图样而定。

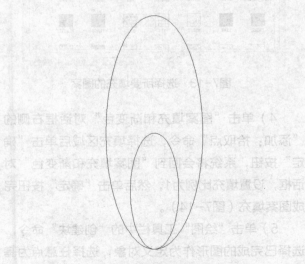

图7-8 绘制椭圆

2）单击"绘图"工具栏中的"创建块"命令，选择绘制好的两个椭圆为定义对象，选择任意点为基点，将图形定义为块，块名为"椭圆"。

3）单击"修改"工具栏中的"复制"命令，将定义好的"椭圆"进行复制，此处依据需要复制8个椭圆。

4）单击"绘图"工具栏中的"圆"命令，在椭圆旁边绘制一个半径为333mm的圆，然后单击"修改"工具栏中的"偏移"命令，选择事先绘制好的圆作为偏移对象并向内进行偏移，偏移距离为216mm，并绘制出其十字交叉线（图7-9）。

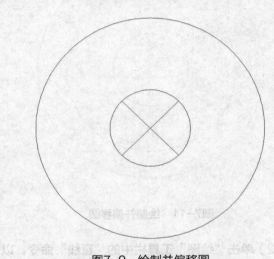

图7-9 绘制并偏移圆

5）根据设计图样将绘制好的各分部进行组合，单击"修改"工具栏中的"修剪"命令，将多余的部分修剪掉，完成绘制（图7-10）。

图7-10 装饰吊灯绘制完成

6）单击"绘图"工具栏中的"创建块"命令，选择已完成的图形作为定义对象，选择任意点为基点，将其定义为块，块名为"装饰吊灯"。

3. 绘制转向射灯

1）单击"绘图"工具栏中的"圆"命令，在建筑平面图之外的空白区域绘制一个半径为72mm的圆，并向内进行两次偏移，第一次偏移距离为18mm，第二次偏移距离为30mm（图7-11）。

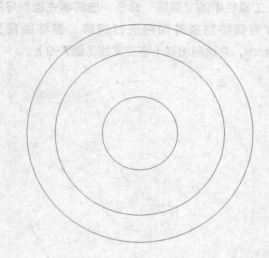

图7-11　绘制并偏移圆

2）单击"绘图"工具栏中的"直线"命令，以绘制好的圆的圆心线为基准绘制转向射灯的十字交叉线（图7-12）。

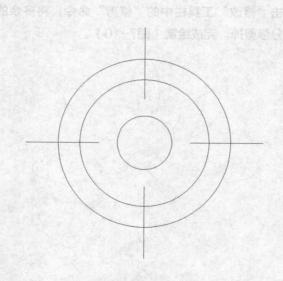

图7-12　绘制十字交叉线

3）单击"绘图"工具栏中的"图案填充"命令，打开"图案填充和渐变色"对话框。单击"图案"选项后面的按钮，打开"填充图案选项板"对话框，选择"其他预定义"中的SOLID图案类型，单击"确定"按钮后退出（图7-13）。

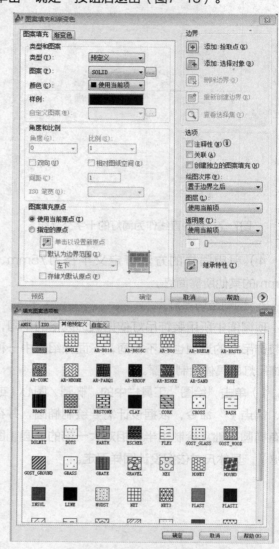

图7-13　选择所要填充的图案

4）单击"图案填充和渐变色"对话框右侧的"添加：拾取点"命令，选择填充区域后单击"确定"按钮，系统将会回到"图案填充和渐变色"对话框，设置填充比例为1，然后单击"确定"按钮完成图案填充（图7-14）。

5）单击"绘图"工具栏中的"创建块"命令，选择已完成的图形作为定义对象，选择任意点为基点，将其定义为块，块名为"转向射灯"。

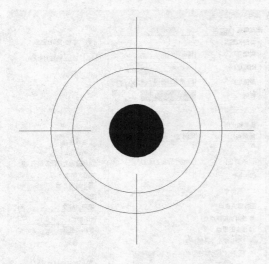

图7-14 转向射灯绘制完成

7.1.3 绘制顶面图案

顶棚装饰除去灯具之外，还需要考虑到吊顶以及其他顶面装饰。下面详细介绍部分空间顶棚图中绘制顶面图案的具体操作步骤（并不作为统一标准，此处均为图例尺寸，具体依据设计图样而定）。

1）单击"修改"工具栏中的"偏移"命令，以内墙线为基准向内进行偏移，偏移距离为910mm，以虚线表示。在此基础上再次向内进行偏移，偏移距离为50mm，以实线表示。单击"修改"工具栏中的"修剪"命令，删减掉多余的部分（图7-15），确定出安装筒灯的位置（此处内墙线与虚线间隔的地方为安装筒灯的区域）。

2）在已完成步骤1）的基础上，将之前绘制好的筒灯放置在建筑平面图中，依据设计草图确定好筒灯之间的间距并以此作为偏移距离，将筒灯进行复制、偏移，按照设计图样放置好筒灯，完成一级吊顶（图7-16）。

3）在已完成的基础上将第一次偏移所得的实线均向内再次进行偏移，偏移距离为800mm，以实线表示。然后将所得实线均向内进行偏移，偏移距离为50mm，以虚线表示。将所得虚线再次进行偏移，偏移距离为100mm，以实线表示。以短边为基准，单击"修改"工具栏中的"修剪"命令，将其他较长一边修剪至和短边一样的长度（即修剪成正

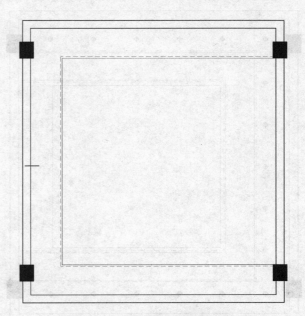

图7-15 确定安装筒灯的顶面区域

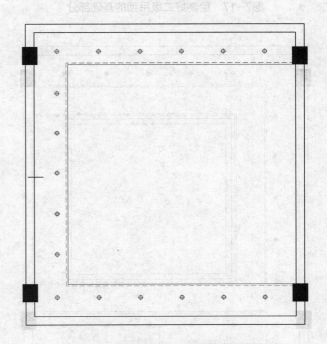

图7-16 绘制好一级吊顶并放置好筒灯

方形），完成二级吊顶的基础绘制（图7-17）。

4）单击"修改"工具栏中的"偏移"命令，将步骤3）中绘制好的正方形进行偏移，偏移距离为150mm，以实线表示（图7-18）。

5）单击"绘图"工具栏中的"图案填充"命令，打开"图案填充和渐变色"对话框。单击"图案"选项后面的命令，打开"填充图案选

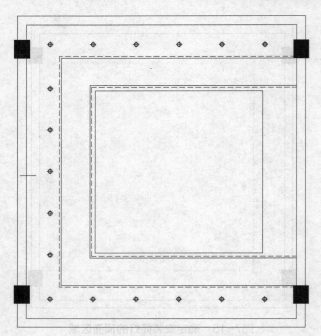

图7-17　绘制好二级吊顶的基础部分

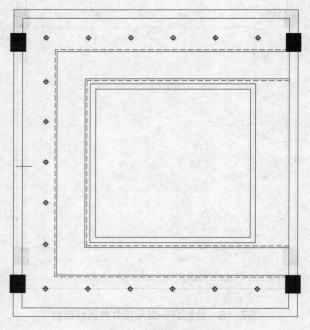

图7-18　偏移正方形

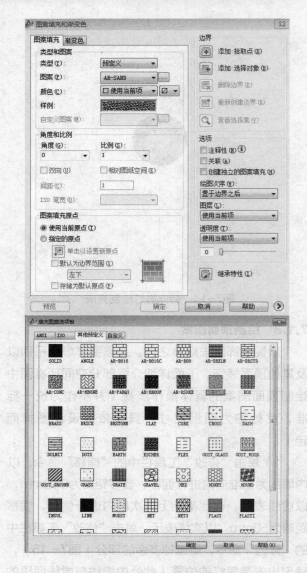

图7-19　选择所要填充的图案

项板"对话框，选择"其他预定义"选项卡中的AR-SAND图案类型，单击"确定"按钮后退出（图7-19）。

6）单击"图案填充和渐变色"对话框右侧的"添加：拾取点"命令，选择填充区域后单击"确定"按钮，系统将会回到"图案填充和渐变色"对话框，设置填充比例为120，然后单击"确定"按钮完成图案填充（图7-20、图7-21）。

7）以偏移后的矩形宽度作为矩形的长，单击"绘图"工具栏中的"矩形"命令，绘制一个长度为4380mm、宽度为600mm的矩形，单击"修改"工具栏中的"移动"命令 将该矩形移动至内墙线处，并与步骤6）中二次偏移后的正方形对齐（图7-22）

8）单击"修改"工具栏中的"分解"命令，将步骤7）中绘制好的矩形进行分解，单击"修改"工具栏中的"偏移"命令，将矩形长边向右进行偏移，偏移距离为400mm，以虚线表示，在此基础上

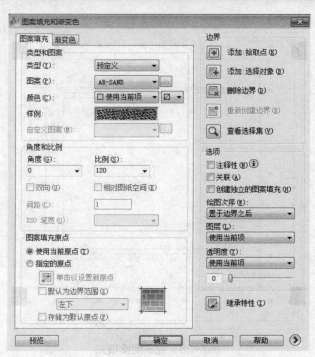

图7-20　"图案填充和渐变色"对话框

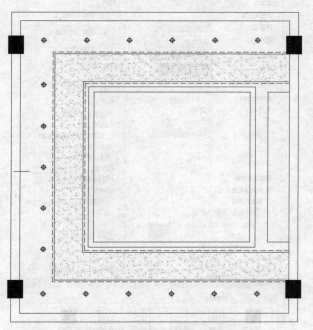

图7-22　绘制并移动矩形

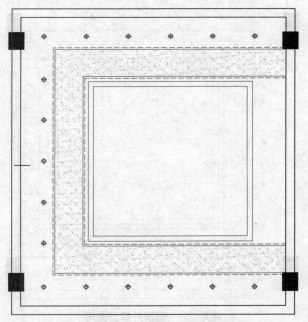

图7-21　图案填充完成

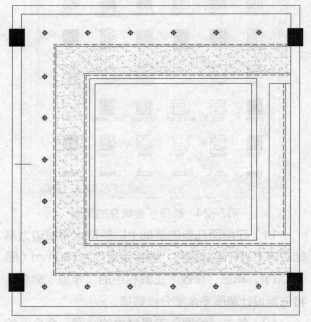

图7-23　分解并偏移图形

进行二次偏移，偏移距离为50mm，以实线表示（图7-23）。

9）单击"绘图"工具栏中的"图案填充"命令，打开"图案填充和渐变色"对话框。单击"图案"选项后面的命令，打开"填充图案选项板"对话框，选择"其他预定义"选项卡中的AR-RROOF图案类型，单击"确定"按钮后退出（图7-24）。

10）单击"图案填充和渐变色"对话框右侧的"添加：拾取点"按钮，选择填充区域后单击"确定"按钮，系统将会回到"图案填充和渐变色"对话框，设置填充比例为600，角度为45°（角度没有特殊要求时均为0），然后单击"确定"按钮完成图案填充（图7-25）。

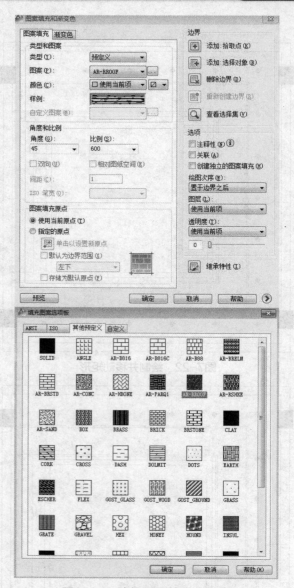

图7-24　选择所要填充的图案

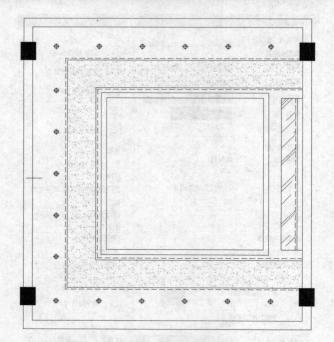

图7-25　完成图案填充

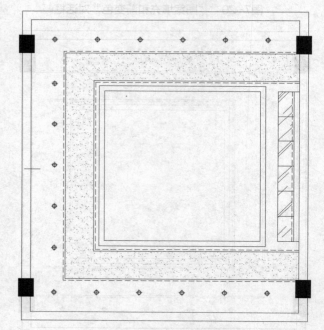

图7-26　偏移并修剪图形

11）在前面几步的基础上以矩形水平短边为基础边向下进行连续偏移，偏移距离均为730mm（图7-26），单击"修改"工具栏中的"修剪"命令，将依据设计草图多余部分修剪掉。

12）单击"绘图"工具栏中的"圆"命令，绘制一个半径为1800mm，将此圆放置于正方形的中心，单击"修改"工具栏中的"偏移"命令，将绘制好的圆偏移，第一次偏移距离为200mm，第二次偏移距离为150mm，以虚线表示，第三次偏移距离为50mm，以实线表示（图7-27）。

13）将之前绘制好的装饰吊灯放置于圆的中心，记住要统一中心（图7-28）。

14）单击"绘图"工具栏中的"图案填充"命令，打开"图案填充和渐变色"对话框。单击"图案"选项后面的命令，打开"填充图案选项板"对话框，选择"其他预定义"选项卡中的AR-SAND图案类型，单击"确定"按钮后退出（图7-29）。

15）单击"图案填充和渐变色"对话框右侧的

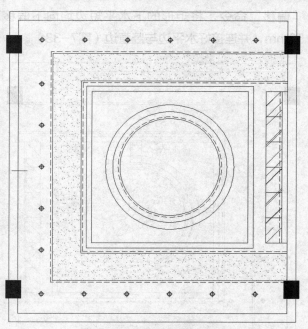

图7-27 绘制并偏移中心圆

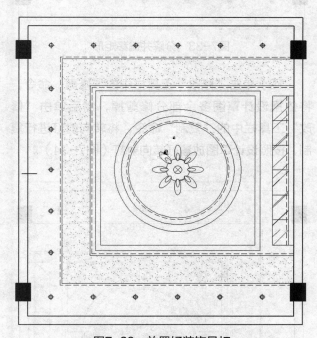

图7-28 放置好装饰吊灯

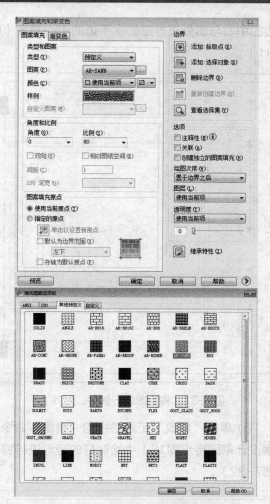

图7-29 选择好圆内所要填充的图案

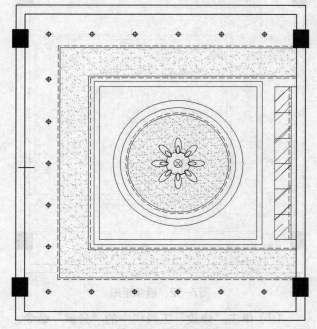

图7-30 完成图案填充并整理

"添加：拾取点"命令，选择填充区域后单击"确定"按钮，系统将会回到"图案填充和渐变色"对话框，设置填充比例为80，然后单击"确定"按钮完成图案填充并整理（图7-30）。

16）单击"绘图"工具栏中的"矩形"命令，绘制一个长为690mm，宽为300mm的矩形（该矩形为转向射灯安装区域），依据设计草图将矩形水平边的中心与圆外正方形的水平边的中心对齐（图7-31）。

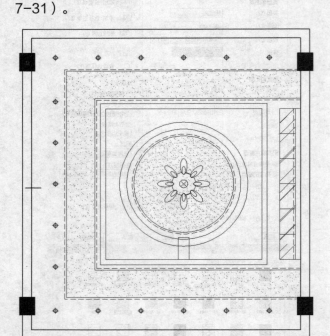

图7-31　将矩形进行偏移、对齐

17）单击"修改"工具栏中的"镜像"命令，依据设计草图将步骤16）中绘制好的矩形进行镜像（图7-32）。

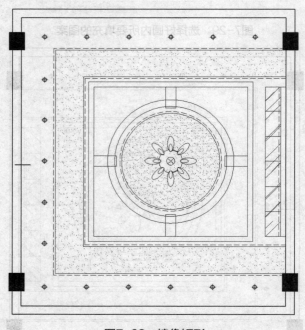

图7-32　镜像矩形

18）单击"修改"工具栏中的"分解"命令，将绘制好的矩形分解，单击"修改"工具栏中的

"偏移"命令，将矩形的下水平短边均向下偏移50mm，并连接好水平边与竖直边（图7-33）。

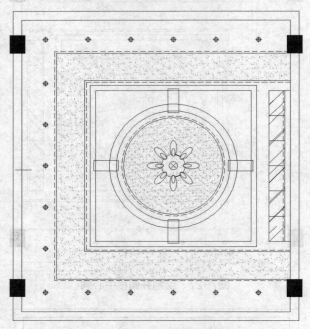

图7-33　分解并偏移矩形

19）单击"修改"工具栏中的"修剪"命令，将依据设计草图多余部分修剪掉，然后单击"修改"工具栏中的"复制"命令，将转向射灯进行复制，按照设计草图放置好转向射灯（图7-34）。

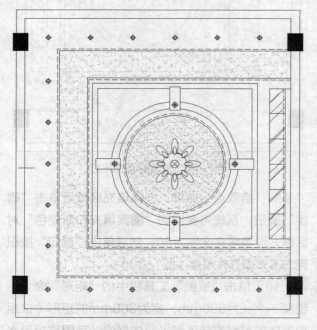

图7-34　复制转向射灯并放置好

20）单击"绘图"工具栏中的"矩形"命令，绘制一个长宽均为100mm的正方形，单击"修改"工具栏中的"旋转"命令，将绘制好的正方形依据设计草图紧贴第一个圆放置好，单击"绘图"工具栏中的"环形阵列"命令，依据设计草图以第一个圆为圆心进行环形阵列（图7-35）。

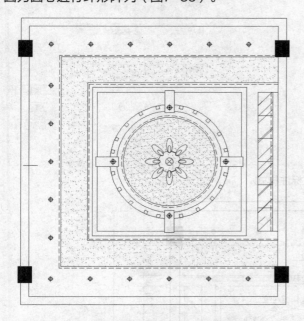

图7-35　将绘制好的正方形进行环形阵列

21）依据设计草图将剩余部分绘制完成（图7-36）。

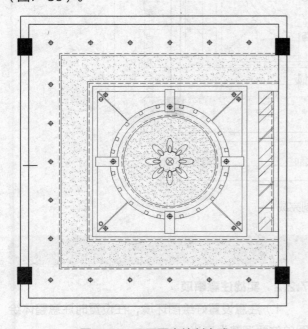

图7-36　顶面图案绘制完成

7.1.4　添加相关说明

1. 添加文字说明

首先将"文字"图层设为当前图层，单击"绘图"工具栏中的"多行文字"命令，为图形添加顶面材料说明（图7-37）。

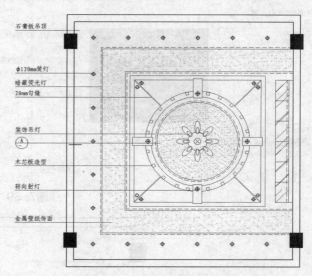

图7-37　添加顶面材料文字说明

2. 添加标高

单击"绘图"工具栏中的"多行文字"命令，为该顶棚图添加标高（图7-38）。

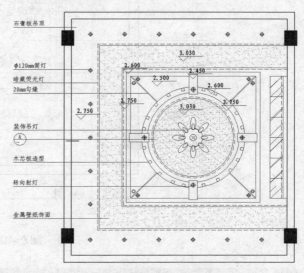

图7-38　添加标高

3. 添加尺寸标注

1）单击"图层"工具栏中的"图层"命令新建"尺寸"图层，并将其设置为当前图层。

2）单击菜单栏中的"标注"和"标注样式"命令，系统弹出"标注样式管理器"对话框，单击"新建"按钮，系统弹出"创建新标注样式"对话框（图7-39），输入"顶棚图"名称，单击"继续"按钮，打开"新建标注样式：顶棚图"对话框，选择"线"选项卡，依据所需修改标注样式参数。

3）整理后，绘制完成（图7-40）。

图7-39　修改标注样式

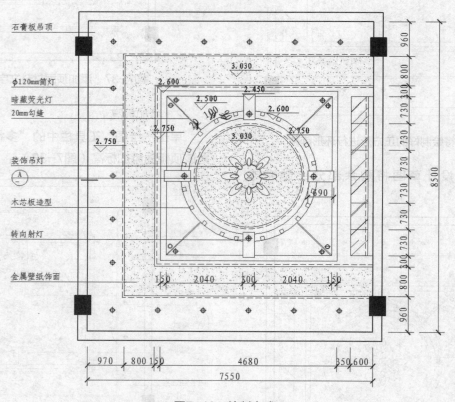

图7-40　绘制完成

7.2　实战演练

7.2.1　顶棚图绘制训练

选择已经绘制好的部分空间顶棚图（图7-41、图7-42），在一定时间内完成顶棚图的模拟绘制。

7.2.2　实战注意事项

1）注意设置好绘图环境，在设置时注意整体绘图单位要调整为毫米。

2）绘制顶面吊顶时要注意各级吊顶之间的尺寸间隔要符合设计标准，绘制时可将各类灯具单独成块，方便后期偏移、复制或者移动。

3）绘制尺寸标注时要注意字体格式、大小要统一，绘制标高时也如此。

4）绘制完成之后要再次进行检查，看是否有遗漏的事项没有绘制，确保不缺图。

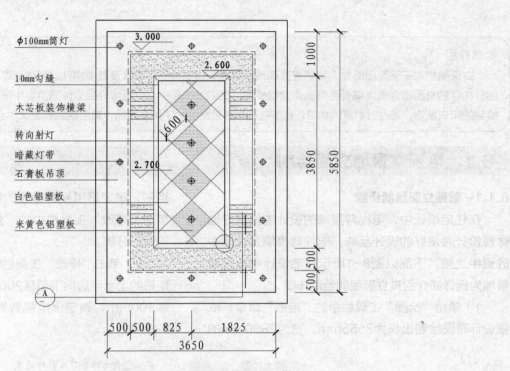

图7-41 顶棚图绘制训练（一）

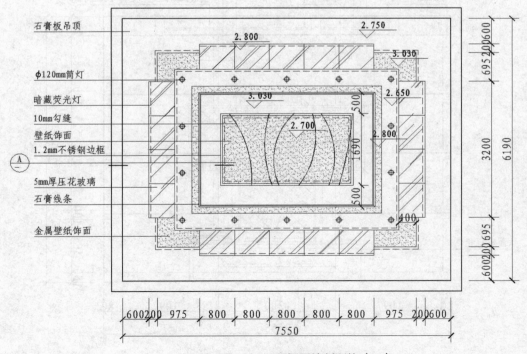

图7-42 顶棚图绘制训练（二）

第8章 绘制立面图

操作难度★ ★ ★ ☆ ☆

本章介绍

　　立面图相对于平面图而言，能够更直观地反映建筑物地内部构造以及其中构件的具体形态。本章将主要以住宅中部分构件的立面图为例详细讲述其具体绘制步骤。在讲述步骤中，会逐步介绍立面图绘制中所需要注意的事项以及其绘制的知识技巧，通过对本章的学习，能够使初学者更迅速地了解立面图，对后期实际设计也会有很大的帮助。

8.1 电视背景墙立面绘制

8.1.1 前期立面绘制步骤

　　在住宅设计中，电视背景墙的设计能够很好地体现设计者良好的设计品味，电视背景墙是住宅中的重中之重，下面以图8-1所示住宅设计中电视背景墙为例详细介绍其立面图的绘制步骤。

　　1）单击"绘图"工具栏中的"矩形"命令，依据设计草图绘制出长为3555mm、宽为2800mm的

矩形，确定好电视背景墙的绘制区域（图8-2），单击"修改"工具栏中的"分解"命令，将绘制好的矩形分解。

　　2）单击"修改"工具栏中的"偏移"命令，将矩形的上水平边向下偏移200mm，下水平边向上偏移100mm，确定出电视背景墙上层造型区域（图8-3）。

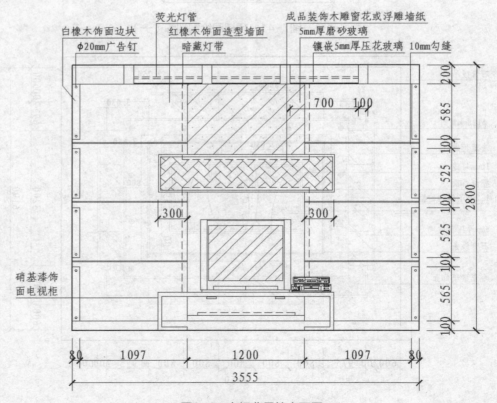

图8-1 电视背景墙立面图

图8-2 确定好电视背景墙的绘制区域

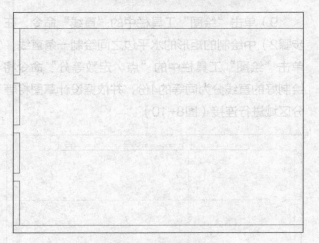

图8-3 偏移矩形

图8-4 偏移矩形竖直边

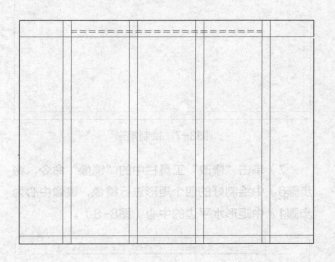

图8-5 绘制矩形

3）单击"修改"工具栏中"偏移"命令，将步骤1）绘制好的矩形的竖直边向左进行偏移，偏移距离依次为527mm、100mm、700mm、100mm、700mm、100mm、700mm、100mm，依据设计草图，此处便为荧光灯管所处区域（图8-4）。

4）单击"绘图"工具栏中的"矩形"命令，依据设计草图绘制出长为2300mm、宽为20mm的矩形，以虚线表示（图8-5）。

5）单击"修改"工具栏中"偏移"命令，将步骤2）中偏移矩形后所得的水平线段向上进行连续偏移，偏移距离依次为5mm、5mm，然后单击"修改"工具栏中的"修剪"命令，依据设计草图进行初步修整（图8-6）。

6）单击"绘图"工具栏中的"矩形"命令，依据设计草图绘制出长为585mm、宽为80mm的矩

图8-6 偏移矩形水平边

形，单击"修改"工具栏中的"复制"命令将绘制好的矩形进行复制，依据设计草图复制四个矩形，并将其放置于电视背景墙上层造型区域内（放置于上层造型区域内中心地带），然后单击"修改"工具栏中的"分解"命令，将绘制好的矩形分解（图8-7）。

图8-7　绘制矩形

7）单击"修改"工具栏中的"镜像"命令，将步骤6）中绘制好的四个矩形进行镜像，镜像中心为步骤1）中矩形水平边的中心（图8-8）。

图8-8　镜像矩形

8）单击"绘图"工具栏中的"圆"命令，在步骤7）中绘制的矩形内绘制一个半径为10mm的圆（作为广告钉），依据设计草图将其放置在矩形的上下两边，其他矩形也如此（图8-9）。

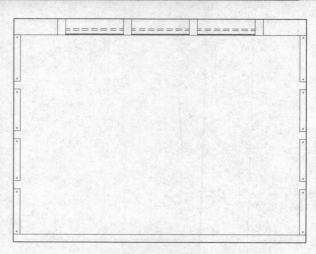

图8-9　绘制广告钉

9）单击"绘图"工具栏中的"直线"命令，在步骤2）中绘制的矩形的水平边之间绘制一条直线，单击"绘图"工具栏中的"点／定数等分"命令将绘制好的直线分为同等的4份，并依据设计草图将等分区域进行连接（图8-10）。

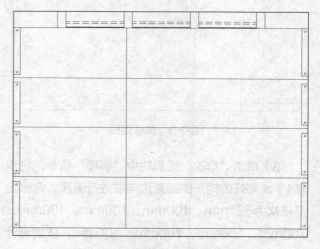

图8-10　绘制直线并进行定数等分

10）单击"修改"工具栏中的"偏移"命令将步骤9）中的直线进行偏移，每段直线向上向下各偏移距离为5mm（图8-11）。

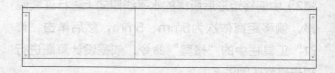

图8-11　偏移直线

11）单击"修改"工具栏中的"偏移"命令，将步骤1）中矩形的竖直边向左进行连续偏移，偏移距离依次为1127mm、50mm、1200mm、50mm，以细虚线、实线、实线、虚线表示，单击"修改"工具栏中的"修剪"命令，依据设计草图进行修整（图8-12）。

图8-12 偏移并修剪图形

12）单击"绘图"工具栏中的"矩形"命令，依据设计草图绘制出长为1800mm、宽为400mm的矩形，然后单击"修改"工具栏中的"偏移"命令，将绘制好的矩形向内进行偏移，偏移距离为20mm，单击"修改"工具栏中的"移动"命令，依据设计草图将矩形移动至适宜位置（图8-13）。

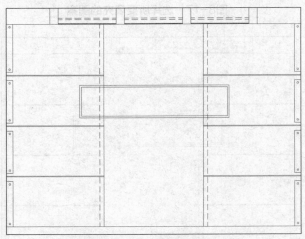

图8-13 绘制矩形并偏移矩形

13）单击"绘图"工具栏中的"图案填充"命令，打开"图案填充和渐变色"对话框。单击"图

案"选项后面的按钮，打开"填充图案选项板"对话框，选择"其他预定义"选项卡中的SACNCR图案类型，单击"确定"按钮后退出（图8-14）。

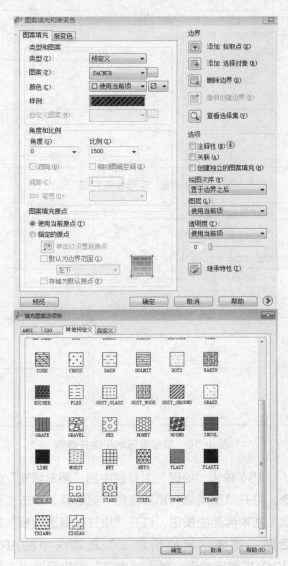

图8-14 选择所要填充的矩形图案

14）单击"图案填充和渐变色"对话框右侧的"添加：拾取点"命令，选择填充区域后单击"确定"按钮，系统将会回到"图案填充和渐变色"对话框，设置填充比例为1500，然后单击"确定"按钮完成图案填充（图8-15）。

15）单击"修改"工具栏中的"偏移"命令，将步骤2）中矩形的上水平边向下偏移800mm，以虚线表示，再将该虚线向下再偏移300mm，依据设计草图进行修剪（图8-16）。

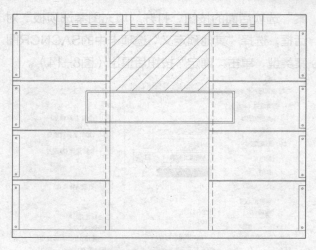

图8-15　矩形填充完成

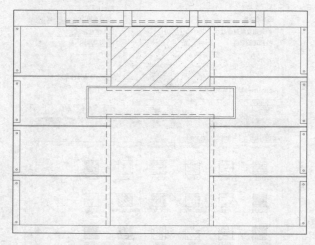

图8-16　偏移矩形水平边并修剪

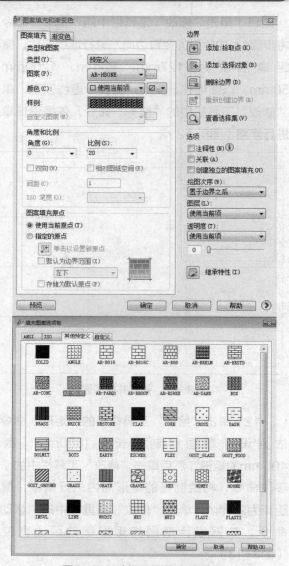

图8-17　选择所要填充的图案

16）单击"绘图"工具栏中的"图案填充"命令，打开"图案填充和渐变色"对话框。单击"图案"选项后面的按钮，打开"填充图案选项板"对话框，选择"其他预定义"选项卡中的AR-HBONE图案类型，单击"确定"按钮后退出（图8-17）。

17）单击"图案填充和渐变色"对话框右侧的"添加：拾取点"命令，选择填充区域后单击"确定"按钮，系统将会回到"图案填充和渐变色"对话框，设置填充比例为20，然后单击"确定"按钮完成图案填充（图8-18）。

8.1.2　背景墙中家具立面的绘制

1. 电视背景墙中电视机的具体绘制

1）单击"绘图"工具栏中的"矩形"命令，依

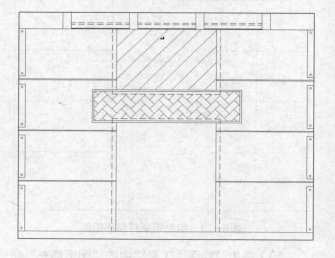

图8-18　图案填充完成

据设计草图绘制出长为924mm、宽为740mm的矩形，放置于恰当位置，单击"修改"工具栏中的"分解"命令，将矩形进行分解（图8-19）。

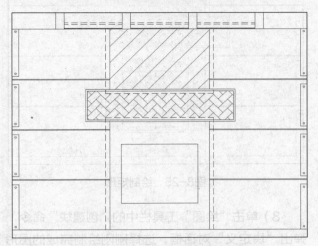

图8-19 绘制矩形并分解

2）单击"修改"工具栏中的"偏移"命令，将步骤1）中矩形的两条竖直边分别向内进行连续偏移，偏移距离依次为66mm、13mm，再将其上水平边向下进行连续偏移，偏移距离依次为13mm、52mm、580mm（图8-20）。

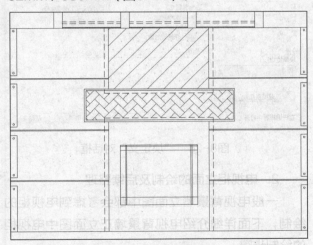

图8-20 偏移矩形

3）单击"绘图"工具栏中的"矩形"命令，依据设计草图绘制出长为660mm，宽为40mm的矩形，单击"修改"工具栏中的"分解"命令，将矩形进行分解（图8-21）。

4）单击"修改"工具栏中的"偏移"命令，将步骤3）中矩形的竖直边向左偏移330mm，然后单击"修改"工具栏中的"修剪"命令，依据设计草

图进行初步修整（图8-22）。

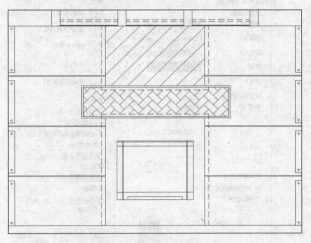

图8-21 分解矩形

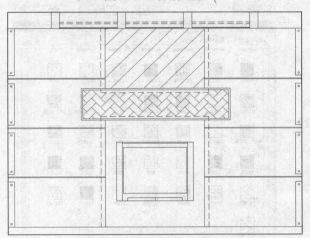

图8-22 偏移、修剪矩形

5）单击"绘图"工具栏中的"图案填充"命令，打开"图案填充和渐变色"对话框。单击"图案"选项后面的按钮，打开"填充图案选项板"对话框，选择"其他预定义"选项卡中的STEEL图案类型，单击"确定"按钮后退出（图8-23）。

6）单击"图案填充和渐变色"对话框右侧的"添加：拾取点"命令，选择步骤5）中偏移的区域作为填充区域，单击"确定"按钮，系统将会回到"图案填充和渐变色"对话框，设置填充比例为1500，然后单击"确定"按钮完成图案填充（图8-24）。

7）单击"绘图"工具栏中的"矩形"命令，依据设计草图绘制出长为900mm、宽为26mm的矩形，并依据设计草图放置于适当位置（图8-25）。

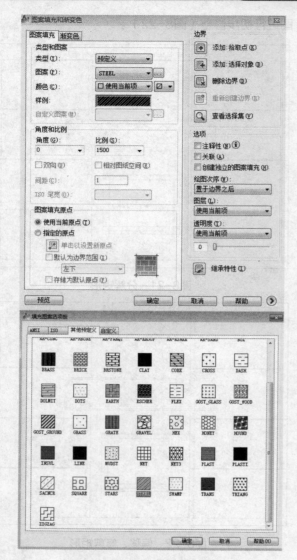

图8-23 选择要填充的图案

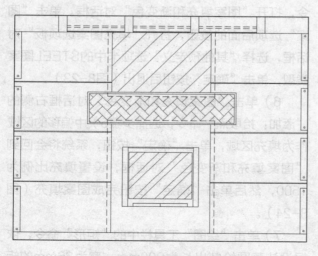

图8-24 图案填充完成

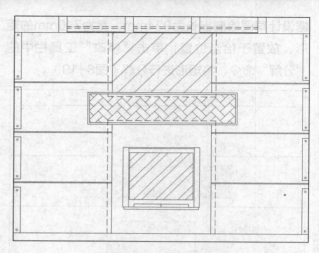

图8-25 绘制矩形

8）单击"绘图"工具栏中的"创建块"命令，弹出"块定义"对话框，选择刚刚绘制完成的图形为定义对象，选择任意点为基点，将电视机定义为块，并命名为"电视机"（图8-26）。

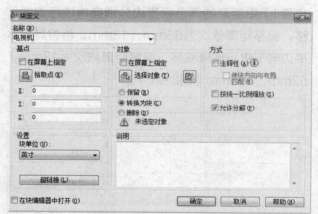

图8-26 "块定义"对话框

2. 电视柜立面的绘制及后续整理

一般电视背景墙立面图中都会考虑到电视柜的绘制，下面详细介绍电视背景墙正立面图中电视柜的绘制步骤。

1）单击"绘图"工具栏中的"矩形"命令，依据设计草图绘制出长为1800mm、宽为400mm的矩形，单击"修改"工具栏中的"偏移"命令，将矩形向内偏移40mm（图8-27）。

2）单击"修改"工具栏中的"偏移"命令，将步骤1）中矩形的下水平边向上偏移60mm，然后单击"修改"工具栏中的"修剪"命令，依据设计草图修剪图形（图8-28）。

3）单击"绘图"工具栏中的"矩形"命令，依据设计草图绘制出长为1000mm、宽为30mm的矩形，以虚线表示（图8-29）。

4）单击"绘图"工具栏中的"矩形"命令，依据设计草图绘制出长为96mm、宽为16mm的

矩形，依据设计草图将其放置到适当的位置（图8-30）。

5）单击"修改"工具栏中的"修剪"命令，依据设计图样将多余的部分进行修剪，最后依据设计草图添加尺寸标注和文字标注，至此整体电视背景墙绘制完成（图8-31）。

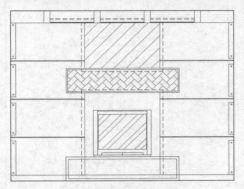

图8-27 电视柜绘制（一）

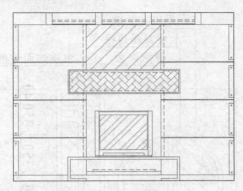

图8-29 电视柜绘制（二）

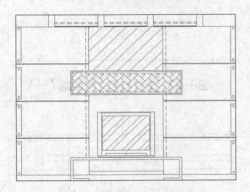

图8-28 偏移、修剪电视柜

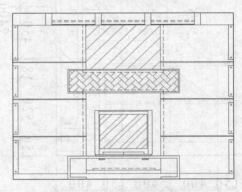

图8-30 电视柜绘制完成

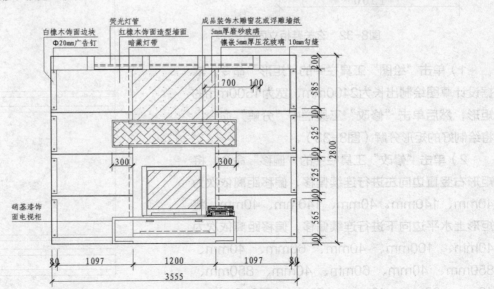

图8-31 电视背景墙绘制完成

8.2 部分家具立面绘制

8.2.1 绘制玄关鞋柜立面

　　玄关鞋柜在住宅中兼具有装饰与储物的功能，在日常生活中不可或缺，下面以图8-32所示玄关鞋柜为例介绍绘制玄关鞋柜立面图的具体步骤。

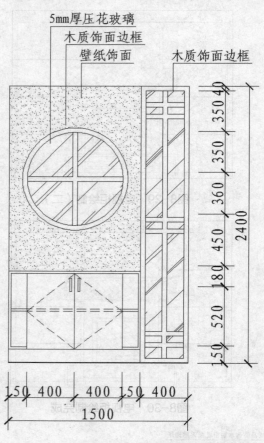

图8-32　玄关鞋柜立面图

图8-33　玄关鞋柜立面绘制（一）

　　1）单击"绘图"工具栏中的"矩形"命令，依据设计草图绘制出长为2400mm、宽为1500mm的矩形，然后单击"修改"工具栏中"分解"命令，将绘制好的矩形分解（图8-33）。

　　2）单击"修改"工具栏中的"偏移"命令，将矩形右竖直边向左进行连续偏移，偏移距离依次为40mm、140mm、40mm、140mm、40mm，将矩形上水平边向下进行连续偏移，偏移距离依次为40mm、100mm、40mm、60mm、40mm、850mm、40mm、60mm、40mm、850mm、40mm、60mm、40mm、100mm（图8-34）。

图8-34　偏移玄关鞋柜立面

3）单击"修改"工具栏中的"修剪"命令，依据设计草图将图形进行修剪，绘制出玄关鞋柜的饰面造型（图8-35）。

图8-35　修剪玄关鞋柜立面

4）单击"绘图"工具栏中的"图案填充"命令，打开"图案填充和渐变色"对话框。单击"图案"选项后面的按钮，打开"填充图案选项板"对话框，选择"其他预定义"选项卡中的AR-RROOF图案类型，单击"确定"按钮后退出（图8-36）。

5）单击"图案填充和渐变色"对话框右侧的"添加：拾取点"命令，依据设计草图选择步骤3）中修剪后的区域作为填充区域，单击"确定"按钮，系统将会回到"图案填充和渐变色"对话框，设置角度为45°，填充比例为300，然后单击"确定"按钮完成图案填充（图8-37）。

6）单击"修改"工具栏中的"偏移"命令，将步骤1）中矩形的水平边向下进行连续偏移，偏移距离依次为1600mm、20mm、310mm、20mm、310mm、20mm，将矩形的左竖直边向右进行连续偏移，偏移距离依次为20mm、130mm、

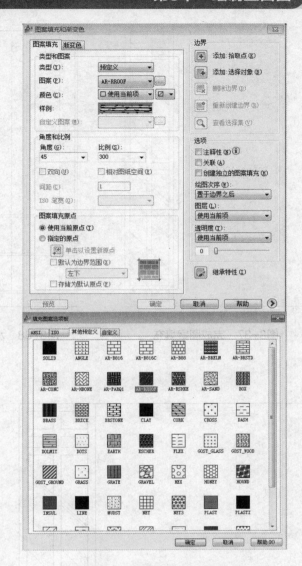

图8-36　选择要填充的图案

400mm、400mm、130mm（图8-38）。

7）单击"修改"工具栏中的"修剪"命令，依据设计草图将图形进行修剪，绘制出玄关鞋柜柜门的造型（图8-39）。

8）单击"绘图"工具栏中的"矩形"命令，依据设计草图绘制出长为116mm，宽为15mm的矩形，单击"修改"工具栏中的"镜像"命令，依据设计草图将矩形进行镜像（图8-40）。

9）单击"绘图"工具栏中"直线"命令，将步骤8）中柜门的中心线延伸至步骤1）中绘制的矩形的上水平边，单击"绘图"工具栏中的"圆"命令，绘制一个半径为440mm的圆，并依据设计草图将圆的圆心放置于绘制直线的中心（图8-41）。

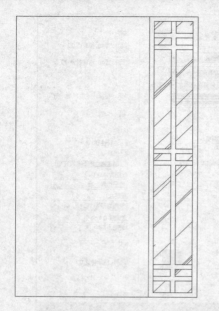

图8-37 完成图案填充

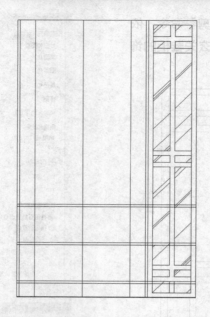

图8-38 水平、边连续偏移

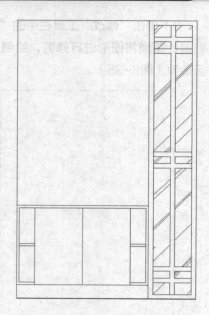

图8-39 修剪玄关鞋柜立面

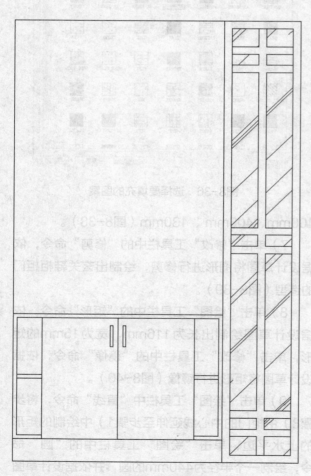

图8-40 镜像矩形

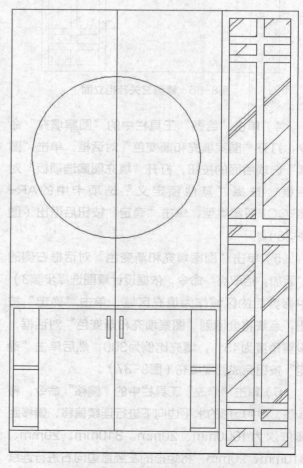

图8-41 玄关鞋柜立面绘制（二）

10）单击"修改"工具栏中的"偏移"命令，将步骤9）中的圆向内偏移40mm，单击"绘图"工具栏中的"直线"命令，以圆的中心为交叉点绘制十字交叉线，然后单击"修改"工具栏中的"偏移"命令，将竖直线段分别向左、向右各偏移20mm，将水平线段分别向上、向下各偏移20mm，单击"修改"工具栏中的"修剪"命令，依据设计草图将图形进行修剪（图8-42）。

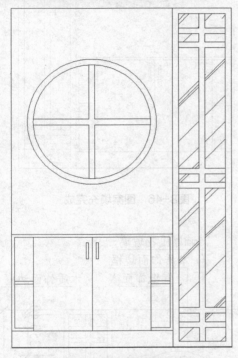

图8-42 玄关鞋柜立面绘制（三）

11）单击"绘图"工具栏中的"图案填充"命令，打开"图案填充和渐变色"对话框。单击"图案"选项后面的按钮，打开"填充图案选项板"对话框，选择"其他预定义"选项卡中的AR-RROOF图案类型，单击"确定"按钮后退出（图8-43）。

12）单击"图案填充和渐变色"对话框右侧的"添加：拾取点"命令，依据设计草图选择修剪后的圆作为填充区域，单击"确定"按钮，系统将会回到"图案填充和渐变色"对话框，设置角度为45°，填充比例为300，然后单击"确定"按钮完成图案填充（图8-44）。

13）单击"绘图"工具栏中的"图案填充"命令，打开"图案填充和渐变色"对话框。单击"图

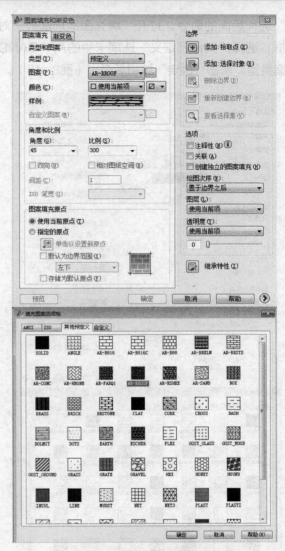

图8-43 选择要填充的圆形图案

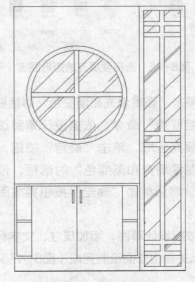

图8-44 图案填充完成

案"选项后面的命令，打开"填充图案选项板"对话框，选择"其他预定义"选项卡中的AR-SAND图案类型，单击"确定"按钮后退出（图8-45）。

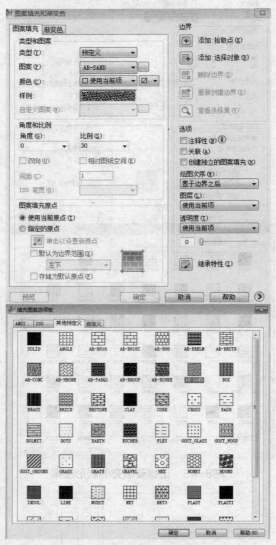

图8-45　选择要填充的矩形图案

14）单击"图案填充和渐变色"对话框右侧的"添加：拾取点"命令，依据设计草图选择圆外矩形作为填充区域，单击"确定"按钮，系统将会回到"图案填充和渐变色"对话框，设置填充比例为30，然后单击"确定"按钮完成图案填充（图8-46）。

15）依据设计草图，添加尺寸、文字标注并整理图形，玄关鞋柜立面绘制完成（图8-47）。

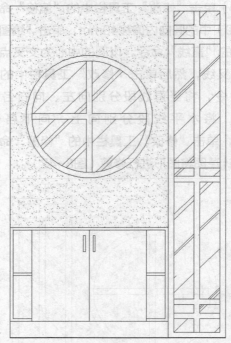

图8-46　图案填充完成

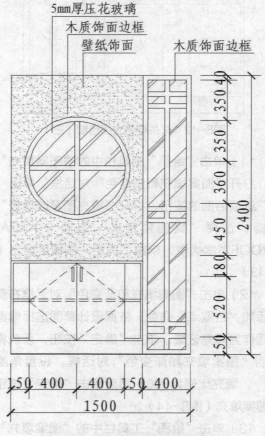

图8-47　玄关鞋柜立面绘制完成

8.2.2　实战演练

重复地训练才能绘制出更好的设计图样，选择已经绘制好的立面图，在一定时间内完成立面图（图8-48、图8-49）的绘制。

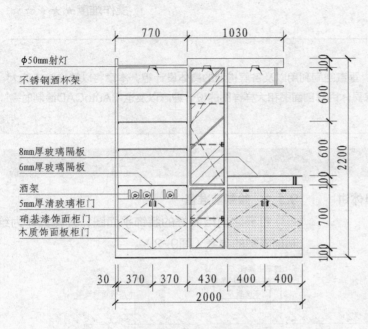

图8-48　装饰酒柜立面图

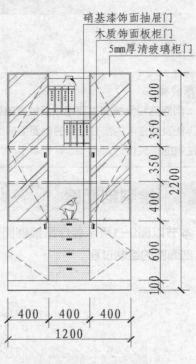

图8-49　书柜立面图

第9章 绘制剖面图及大样详图

操作难度★★★☆☆

本章介绍

剖面图和大样图主要用来反映建筑物的结构、垂直空间利用以及各层构造的具体设计等，本章将以楼梯踏步的大样详图及某住宅的部分空间的剖面图的绘制为例来具体讲解剖面图和大样详图的设计理念以及运用AutoCAD绘制时需要注意的相关技巧。

9.1 绘制剖面图

本节以图9-1所示餐厅吊顶剖面图为例具体讲解其剖面图的绘制过程。

9.1.1 绘制前准备

打开之前绘制好的装饰平面图，并将其作为绘制剖面图的参考（图9-2）。

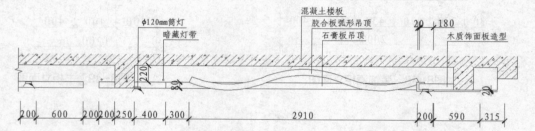

图9-1 餐厅吊顶剖面图

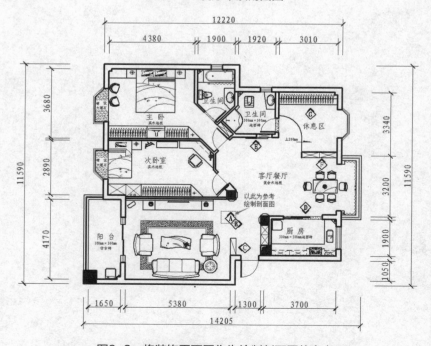

图9-2 将装饰平面图作为绘制剖面图的参考

9.1.2　绘制内容

具体操作步骤如下：

1）单击"绘图"工具栏中的"多段线"命令，依据设计草图绘制一段多段线（图9-3）。

2）单击"绘图"工具栏中的"多段线"命令，依据设计草图再绘制一段多段线，作为填充图案的轮廓线（图9-4）。

3）单击"绘图"工具栏中的"图案填充"命令，打开"图案填充和渐变色"对话框。单击"图案"选项后面的命令，打开"填充图案选项板"对话框，选择"ANSI"选项卡中的ANSI31图案类型，单击"确定"按钮后退出（图9-5）。

4）单击"图案填充和渐变色"对话框右侧的"添加：拾取点"命令，依据设计草图选择修剪后的圆作为填充区域，单击"确定"按钮，系统将会回到"图案填充和渐变色"对话框，设置填充比例为500，然后单击"确定"按钮完成图案填充（图9-6）。

图9-3　依据设计草图绘制一段多段线

图9-4　绘制多段线作为填充图案的轮廓线

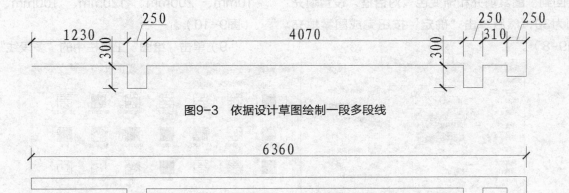

图9-5　选择要填充的图案

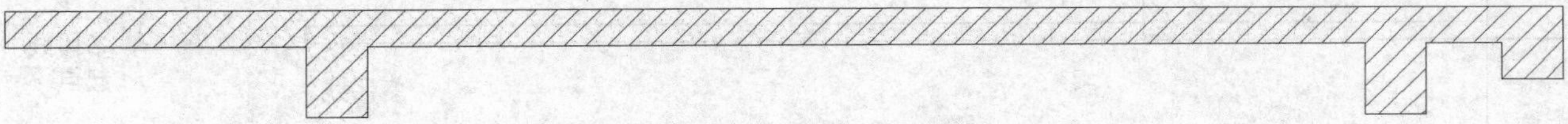

图9-6　填充图案完成

5）单击"绘图"工具栏中的"图案填充"命令，打开"图案填充和渐变色"对话框。单击"图案"选项后面的命令，打开"填充图案选项板"对话框，选择"其他预定义"选项卡中的AR-CONC图案类型，单击"确定"按钮后退出（图9-7）。

6）单击"图案填充和渐变色"对话框右侧的"添加：拾取点"命令，依据设计草图选择修剪后的圆作为填充区域，单击"确定"按钮，系统将会回到"图案填充和渐变色"对话框，设置填充比例为30，然后单击"确定"按钮完成图案填充（图9-8）。

7）单击"绘图"工具栏中的"直线"命令，依据设计草图绘制两段垂直相交的直线。然后单击"绘图"工具栏中的"矩形"命令，依据设计草图在图形适当位置绘制四个矩形，矩形尺寸依次为830mm×80mm、200mm×80mm、400mm×80mm、3210mm×80mm（图9-9）。

8）单击"绘图"工具栏中的"多段线"命令，依据设计草图绘制一段多段线，多段线长度依次为90mm、20mm、590mm、10mm、20mm、10mm、200mm、120mm、100mm、20mm（图9-10）。

9）单击"绘图"工具栏中的"多段线"命令，

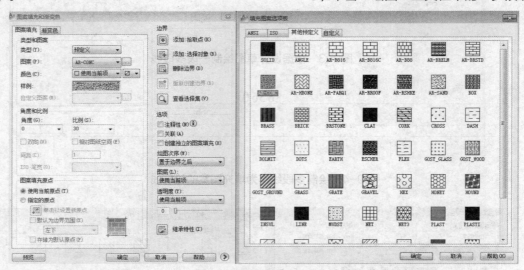

图9-7　选择要填充的图案

图9-8　填充图案完成

图9-9　绘制矩形

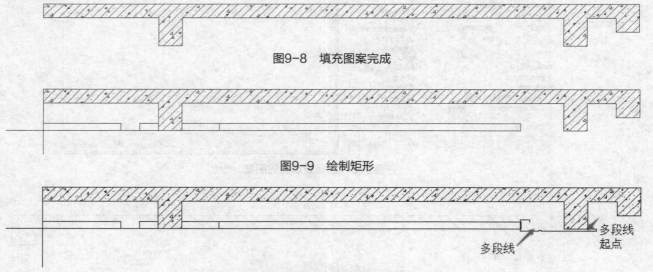

图9-10　绘制一段多段线

依据设计草图绘制一段多段线，多段线长度依次为440mm、80mm、440mm（图9-11）。

10）单击"绘图"工具栏中的"多段线"命令，依据设计草图绘制一段多段线，多段线长度依次为150mm、220mm（图9-12）。

11）单击"绘图"工具栏中的"直线"命令，

依据设计草图在图形适当位置绘制三条长度为1243mm的竖直线，并作为圆的半径。然后单击"绘图"工具栏中的"圆"命令，以直线为半径绘制三个圆，单击"修改"工具栏中的"偏移"命令，将绘制好的圆均向上偏移80mm（图9-13）。

12）单击"修改"工具栏中的"修剪"命令，

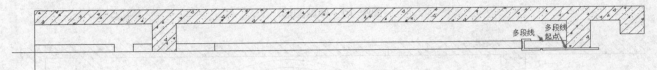

图9-11 绘制一段多段线（一）

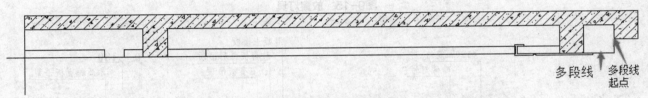

图9-12 绘制一段多段线（二）

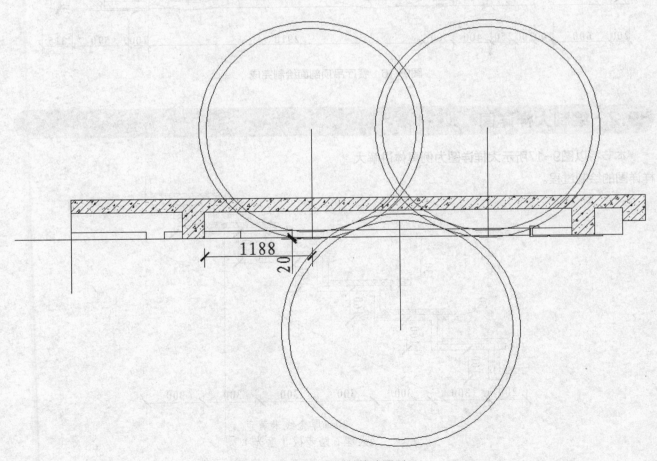

图9-13 绘制并偏移图形

依据设计草图对步骤11）中绘制的图形进行修剪（图9-14）。

13）依据设计草图放置筒灯与灯带（图9-15）。

14）依据设计草图添加文字标注和尺寸标注，并进行补充、整理，餐厅吊顶剖面绘制完成（图9-16）。

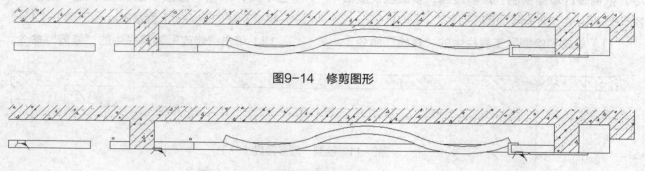

图9-14　修剪图形

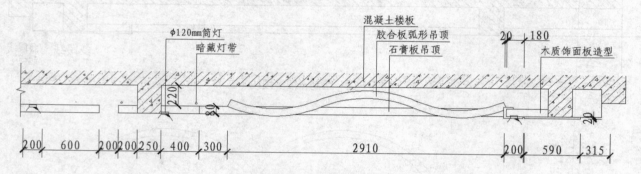

图9-15　放置灯具

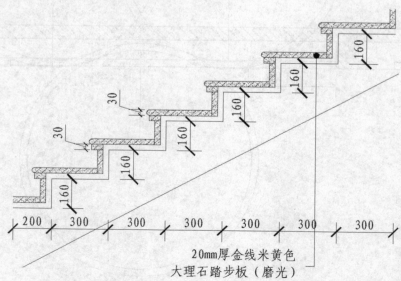

图9-16　餐厅吊顶剖面绘制完成

9.2　绘制大样详图

本节将以图9-17所示大样详图为例具体讲解大样详图的绘制过程。

20mm厚金线米黄色
大理石踏步板（磨光）

图9-17　楼梯踏步板大样详图

9.2.1 绘制内容

具体操作步骤如下：

1）单击"绘图"工具栏中的"直线"命令，依据设计草图在图形适当位置绘制一条长度为2500mm的斜向直线（图9-18）。

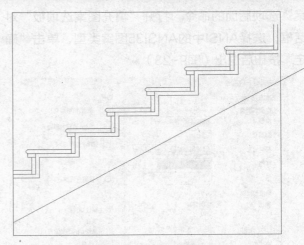

图9-20 绘制矩形

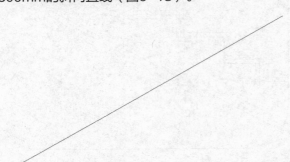

图9-18 绘制长度为2500mm的斜向直线

2）结合之前所学知识，利用"多段线"命令、"偏移"命令、"分解"命令、"直线"命令，依据设计草图绘制楼梯踏步大样详图的基本图形（图9-19）。

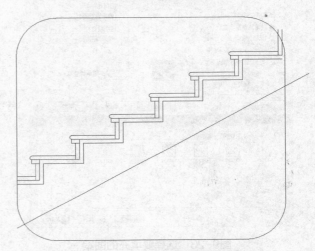

图9-21 对图形进行圆角处理

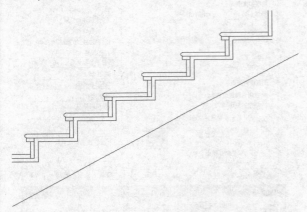

图9-19 楼梯踏步大样详图的基本图形

3）单击"绘图"工具栏中的"矩形"命令，在步骤2）中绘制的图形外部绘制一个2020mm×1735mm的矩形（图9-20）。

4）单击"修改"工具栏中的"圆角"命令，对步骤3）中绘制的矩形的四条边进行圆角处理，圆角半径均为300mm（图9-21）。

5）单击"修改"工具栏中的"修剪"命令，依据设计草图对圆角外的线段进行修剪处理（图9-22）。

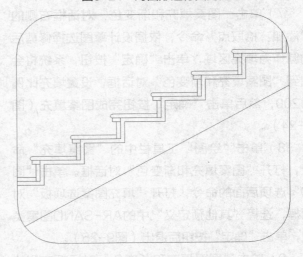

图9-22 对图形进行修剪处理

6）单击"绘图"工具栏中的"图案填充"命令，打开"图案填充和渐变色"对话框。单击"图案"选项后面的命令，打开"填充图案选项板"对话框，选择ANSI中的ANSI35图案类型，单击"确定"按钮后退出（图9-23）。

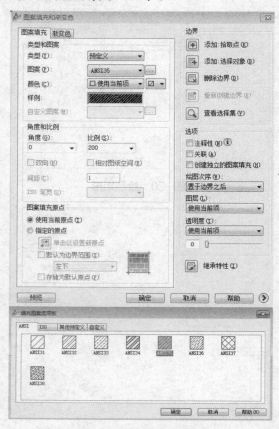

图9-23　选择要填充的图案

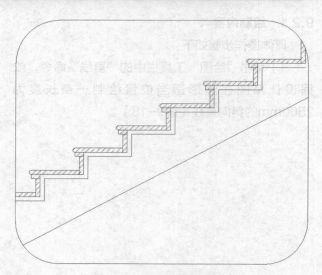

图9-24　图案填充完成

7）单击"图案填充和渐变色"对话框右侧的"添加：拾取点"命令，依据设计草图选择修剪后的圆作为填充区域，单击"确定"按钮，系统将会回到"图案填充和渐变色"对话框，设置填充比例为200，然后单击"确定"按钮完成图案填充（图9-24）。

8）单击"绘图"工具栏中的"图案填充"命令，打开"图案填充和渐变色"对话框。单击"图案"选项后面的命令，打开"填充图案选项板"对话框，选择"其他预定义"中的AR-SAND图案类型，单击"确定"按钮后退出（图9-25）。

9）单击"图案填充和渐变色"对话框右侧的"添加：拾取点"命令，依据设计草图选择修剪后的圆作为填充区域，单击"确定"按钮，系统将会回到"图案填充和渐变色"对话框，设置填充比例

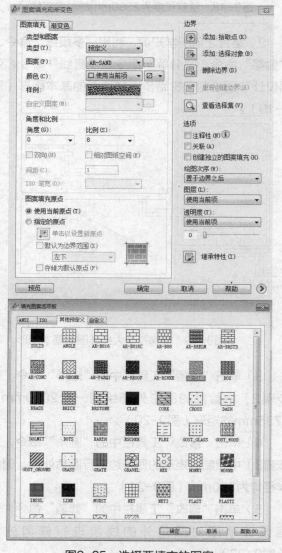

图9-25　选择要填充的图案

为8，然后单击"确定"按钮完成图案填充（图9-26）。

9.2.2 添加说明

1）在命令行输入"QLEADER"命令，依据设计草图为图形添加文字说明（图9-27）。

2）单击"标注"工具栏中的"线性"命令，依据设计草图为图形添加尺寸标注，并整理图形，楼梯大样详图绘制完成（图9-28）。

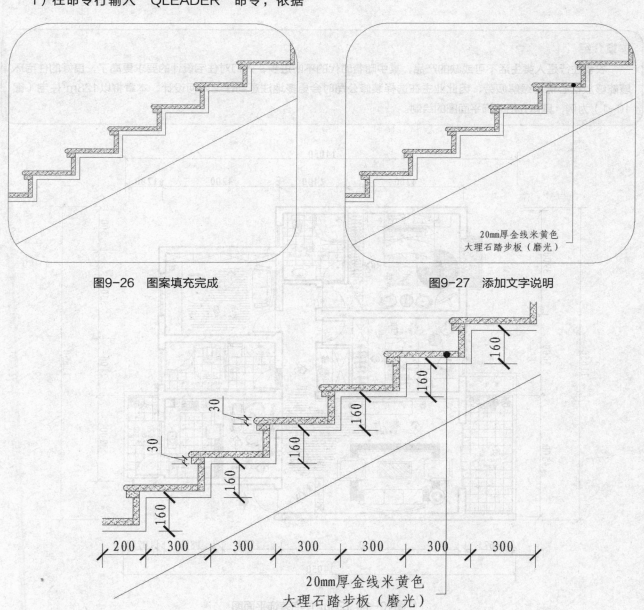

图9-26 图案填充完成

20mm厚金线米黄色
大理石踏步板（磨光）

图9-27 添加文字说明

20mm厚金线米黄色
大理石踏步板（磨光）

图9-28 楼梯踏步大样详图绘制完成

第10章　住宅装饰平面图绘制

操作难度 ★ ★ ★ ☆ ☆

本章介绍

　　衣食住行是人类生活不可或缺的产品，其中随着时代的不断进步，人们对住宅设计的要求更高了，良好的住宅环境能够放松心情，缓解疲劳，因此业主在选择装修公司时会更多地注意到住宅如何设计，本章将以128m²住宅（图10-1）为例，具体介绍装饰平面图的绘制。

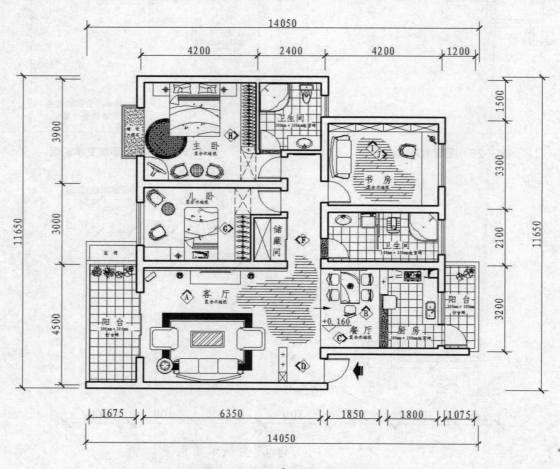

图10-1　128m²住宅装饰平面图

10.1　绘制装饰平面图

10.1.1　绘图准备

　　1）单击"标准"工具栏中的"打开"命令，弹出"打开文件"对话框，选择"住宅建筑平面图"文件，单击"打开"命令，打开之前绘制好的住宅建筑平面图。

　　2）选择"文件"/"另存为"命令，将打开的"住宅建筑平面图"另存为"住宅装饰平面图"并进行整理（图10-2）。

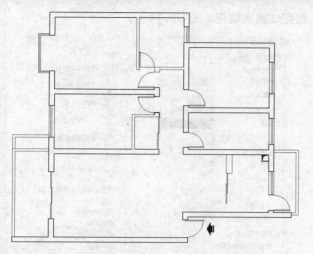

图10-2 整理建筑平面图

10.1.2 绘制家具图块

1. 绘制沙发及方形茶几

1）单击"绘图"工具栏中的"矩形"命令，绘制一个2100mm×550mm的矩形，单击"修改"工具栏中的"分解"命令，分解矩形（图10-3）。

图10-3 绘制、分解矩形

2）单击"修改"工具栏中的"偏移"命令，将步骤1）中绘制的矩形左侧竖直边向左进行连续偏移，偏移距离依次为300mm、300mm，再将矩形左侧竖直边向外进行连续偏移，偏移距离依次为175mm、25mm，将右侧竖直边向外进行连续偏移，偏移距离依次为175mm、25mm，将矩形上水平边向下进行连续偏移，偏移距离依次为50mm、25mm，单击"绘图"工具栏中的"直线"命令绘制直线，将偏移线段与矩形相连（图10-4）。

图10-4 偏移图形

3）单击"修改"工具栏中的"打断"/"打断于点"命令，将矩形的水平边打断为3点，断点为偏移线段与水平边的垂足，单击"修改"工具栏中的"圆角"命令，依据设计草图将步骤1）中绘制好的矩形的边角进行圆角处理，圆角半径为30mm，然后将步骤2）中绘制好的直线与偏移线段处同样进行圆角处理，圆角半径为120mm（图10-5）。

图10-5 圆角处理

4）单击"绘图"工具栏中的"圆弧"命令，依据设计草图在前面几步绘制好的图形适当位置绘制弧形，单击"修改"工具栏中的"偏移"命令，将矩形水平边上弧形向外偏移80mm，并依据设计草图对图形做调整（图10-6）。

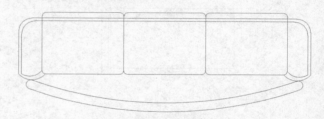

图10-6 绘制圆弧

5）单击"修改"工具栏中的"修剪"命令，将上述步骤中绘制好的图形多余线段进行修剪，单击"绘图"工具栏中的"创建块"命令，弹出"块定义"对话框，选择上述图形为定义对象，选择任意点为基点，将其定义为块，块名为"多人沙发"（图10-7）。

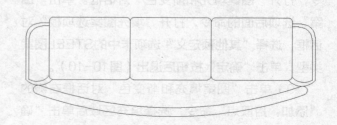

图10-7 多人沙发绘制完成

6）单击"绘图"工具栏中的"矩形"命令，在图形空白区域绘制一个长为1200mm、宽为600mm的矩形（图10-8）。

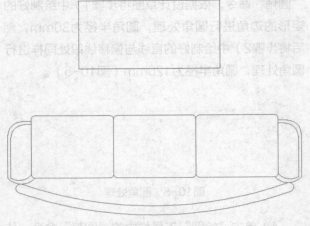

图10-8　方形茶几绘制

7）单击"修改"工具栏中的"偏移"命令，将步骤6）中的矩形进行偏移，偏移距离为60mm（图10-9）。

图10-9　矩形偏移

8）单击"绘图"工具栏中的"图案填充"命令，打开"图案填充和渐变色"对话框。单击"图案"选项后面的命令，打开"填充图案选项板"对话框，选择"其他预定义"选项卡中的STEEL图案类型，单击"确定"按钮后退出（图10-10）。

9）单击"图案填充和渐变色"对话框右侧的"添加：拾取点"命令，选择填充区域后单击"确定"按钮，系统将会回到"图案填充和渐变色"对话框，设置填充比例为1500，然后单击"确定"按

钮完成图案填充（图10-11）。

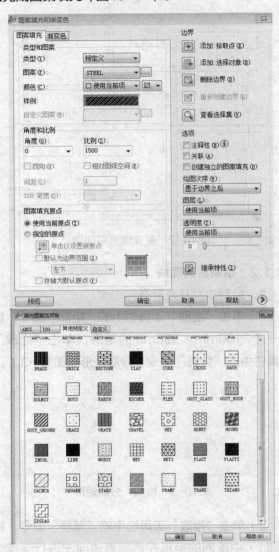

图10-10　选择要填充的方形茶几图案

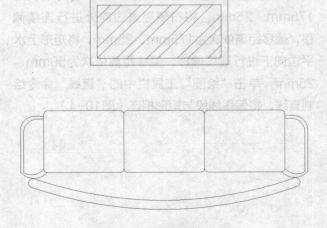

图10-11　图案填充完成

10）单击"绘图"工具栏中的"创建块"命令，弹出"块定义"对话框，选择步骤9）中绘制的图形为定义对象，选择任意点为基点，并命名为"方形茶几"。

11）单击"绘图"工具栏中的"矩形"命令，在上述图形的左侧适当位置绘制一个长为1000mm、宽为850mm的矩形（图10-12）。

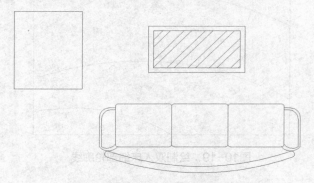

图10-12　单人沙发绘制

12）单击"修改"工具栏中的"分解"命令，选择步骤11）中绘制的矩形为分解对象，对其进行分解，然后单击"修改"工具栏中的"偏移"命令，将分解矩形的左侧竖直边向右进行连续偏移，偏移距离依次为50mm、50mm、650mm、50mm，将上水平边向下进行连续偏移，偏移距离分依次为95mm和785mm（图10-13）。

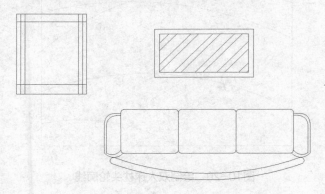

图10-13　分解、偏移矩形

13）单击"修改"工具栏中的"圆角"命令，依据设计草图选择步骤12）中矩形及偏移线段与矩形的边角进行圆角处理，从外往内，圆角半径依次为90mm、63mm、25mm，并裁剪掉多余部分（图10-14）。

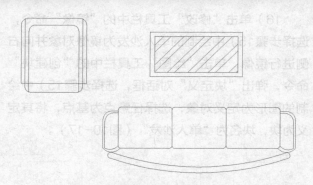

图10-14　圆角处理

14）单击"绘图"工具栏中的"圆弧"命令，在图形适当位置绘制两段圆弧，单击"修改"工具栏中的"修剪"命令，选择步骤13）中的多余线段并进行修剪（图10-15）。

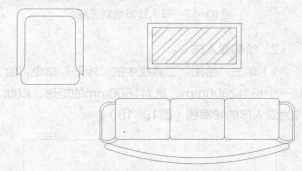

图10-15　单人沙发圆弧绘制与多余线段修剪

15）单击"修改"工具栏中的"旋转"命令，选择步骤14）中修剪后的图形作为旋转对象，选择图形底部水平边为旋转基点，将其旋转90° 单击"绘图"工具栏中的"创建块"命令，弹出"块定义"对话框，选择上述图形为定义对象，选择任意点为基点，将其定义为块，块名为"单人沙发"（图10-16）。

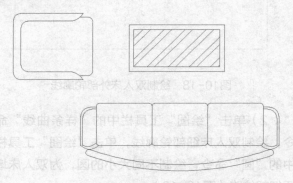

图10-16　单人沙发旋转

16）单击"修改"工具栏中的"镜像"命令，选择步骤15）中绘制的单人沙发为镜像对象并向右侧进行镜像，单击"绘图"工具栏中的"创建块"命令，弹出"块定义"对话框，选择步骤15）中绘制的图形为定义对象，选择任意点为基点，将其定义为块，块名为"单人沙发"（图10-17）。

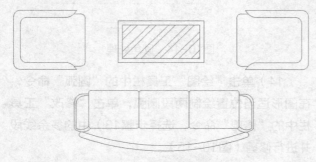

图10-17　单人沙发绘制完成

2. 绘制双人床

1）单击"绘图"工具栏中的"矩形"命令，绘制一个长为2000mm，宽为1800mm的矩形，以此作为双人床的轮廓线（图10-18）。

图10-18　绘制双人床外部轮廓线

2）单击"绘图"工具栏中的"样条曲线"命令，绘制双人床细部轮廓线，单击"绘图"工具栏中的"圆"命令，绘制不同大小的圆，为双人床增添细部纹路（图10-19）。

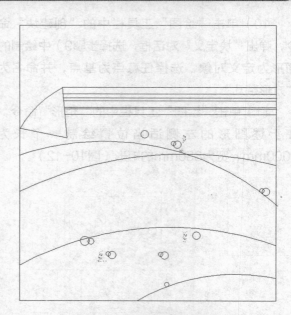

图10-19　绘制双人床细部轮廓线

3）单击"绘图"工具栏中的"样条曲线"命令，绘制双人床枕头轮廓线（图10-20）。

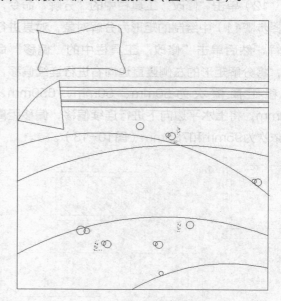

图10-20　绘制双人床枕头轮廓线

4）单击"绘图"工具栏中的"样条曲线"命令，绘制枕头细部轮廓线，单击"修改"工具栏中的"镜像"命令，选择步骤3）中绘制的枕头轮廓线为镜像对象并向右侧进行镜像，完成枕头的绘制（图10-21）。

5）单击"绘图"工具栏中的"矩形"命令，在

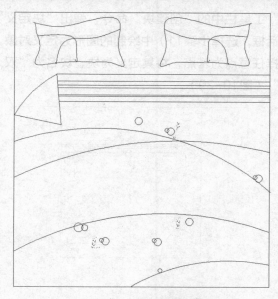

图10-21 枕头绘制完成

双人床左侧床头位置绘制一个长为600mm、宽为500mm的矩形，在双人床右侧床头位置绘制一个长为600mm、宽为500mm的矩形（图10-22）。

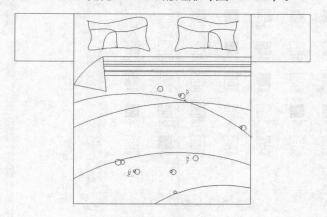

图10-22 绘制床头柜

6）单击"绘图"工具栏中的"圆"命令，在步骤5）中绘制好的矩形内各绘制一个半径为100mm的圆，单击"修改"工具栏中的"偏移"命令，选择绘制的圆为偏移对象并向内进行偏移，偏移距离为50mm（图10-23）。

7）单击"绘图"工具栏中的"直线"命令，过步骤6）中偏移的圆心中点绘制十字交叉线（图10-24）。

8）单击"修改"工具栏中的"镜像"命令，选择步骤7）中绘制的台灯为镜像对象并向右侧进行镜像（图10-25）。

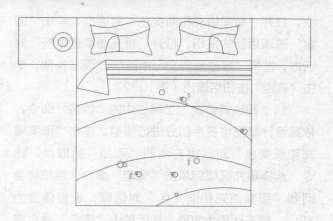

图10-23 绘制并偏移圆

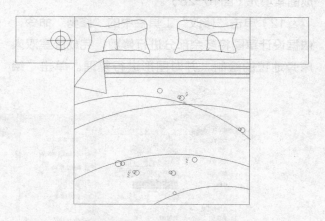

图10-24 绘制十字交叉线

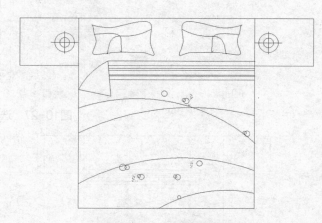

图10-25 台灯绘制完成

9）单击"绘图"工具栏中的"圆"命令，在双人床左侧适当位置绘制半径为750mm的圆，然后单击"修改"工具栏中的"偏移"命令，将圆向内偏移100mm（图10-26）。

10）单击"绘图"工具栏中的"图案填充"命

令，打开"图案填充和渐变色"对话框。单击"图案"选项后面的按钮，打开"填充图案选项板"对话框，选择"其他预定义"中的NET图案类型，单击"确定"按钮后退出（图10-27）。

11）单击"修改"工具栏中的"修剪"命令，依据设计草图将多余部分进行修剪。单击"图案填充和渐变色"对话框右侧的"添加：拾取点"命令，选择填充区域后单击"确定"命令，系统将会回到"图案填充和渐变色"对话框，设置角度为45°，填充比例为300，然后单击"确定"命令完成图案填充（图10-28）。

12）单击"修改"工具栏中的"修剪"命令，依据设计草图将多余部分进行修剪，完成卧室双人床旁地毯的绘制，并对图形进行整理。单击"绘

图"工具栏中的"创建块"命令，弹出"块定义"对话框，选择步骤11）中绘制的图形为定义对象，选择任意点为基点，将其定义为块，块名为"双人床"（图10-29）。

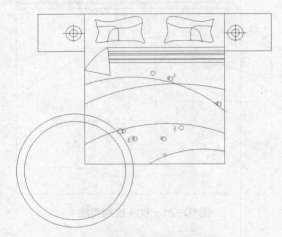

图10-26　地毯绘制、偏移

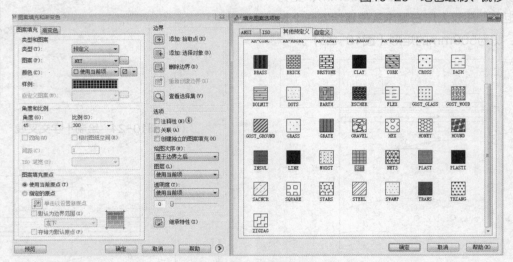

图10-27　选择要填充的地毯图案

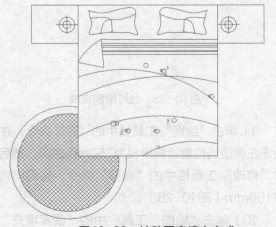

图10-28　地毯图案填充完成

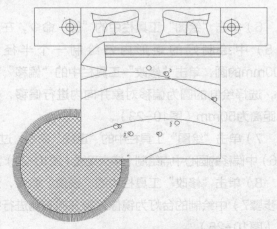

图10-29　双人床绘制完成

单人床同样按照上述方法绘制，这里不再介绍。

3. 绘制桌椅

（1）绘制玻璃圆桌

1）单击"绘图"工具栏中的"圆"命令，绘制一个半径为250mm的圆，然后单击"修改"工具栏中的"偏移"命令，将圆向内进行偏移，偏移距离为30mm（图10-30）。

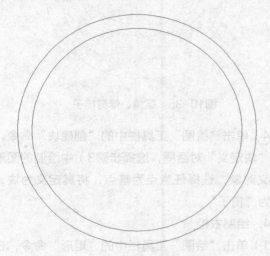

图10-30 绘制玻璃圆桌轮廓、偏移

2）单击"绘图"工具栏中的"图案填充"命令，打开"图案填充和渐变色"对话框。单击"图案"选项后面的命令，打开"填充图案选项板"对话框，选择"其他预定义"选项卡中的DASH图案类型，单击"确定"按钮后退出（图10-31）。

3）单击"图案填充和渐变色"对话框右侧的"添加：拾取点"命令，选择填充区域后单击"确定"按钮，系统将会回到"图案填充和渐变色"对话框，设置角度为45°，填充比例为300，然后单击"确定"按钮完成图案填充（图10-32）。

4）单击"绘图"工具栏中的"创建块"命令，弹出"块定义"对话框，选择步骤3）中绘制的图形为定义对象，选择任意点为基点，将其定义为块，块名为"玻璃圆桌"。

（2）绘制椅子

1）单击"绘图"工具栏中的"矩形"命令，绘制一个长为600mm、宽为500mm的矩形（图10-33），然后单击"修改"工具栏中的"分解"命令，将刚刚绘制的矩形进行分解。

2）单击"修改"工具栏中的"偏移"命令，将矩形的水平边向下进行连续偏移，偏移距离依次为10mm、450mm、30mm、30mm、30mm，将矩形的左侧竖直边向右进行连续偏移，偏移距离依次为45mm、10mm、20mm、350mm、20mm、10mm（图10-34）。

3）单击"修改"工具栏中的"圆角"命令，依据设计草图将步骤6）中的图形进行圆角处理，圆角半径从左至右依次为230mm、150mm、130mm、60mm、150mm、150mm，单击"修改"工具栏中的"修剪"命令，依据设计草图将多余部分进行修剪（图10-35）。

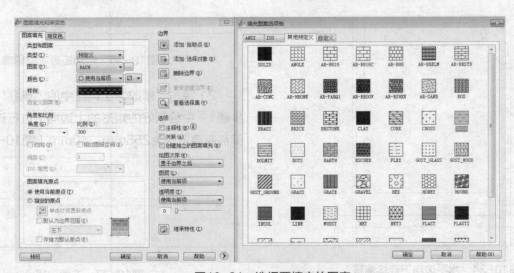

图10-31 选择要填充的图案

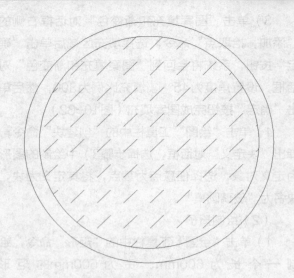

图10-32 填充图案完成

图10-33 绘制矩形

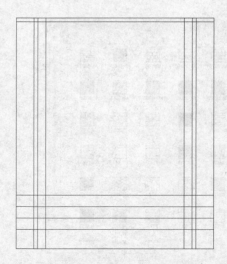

图10-34 水平边向下连续偏移

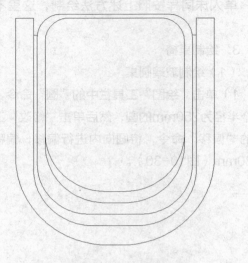

图10-35 圆角、修剪椅子

4）单击"绘图"工具栏中的"创建块"命令，弹出"块定义"对话框，选择步骤3）中绘制的图形为定义对象，选择任意点为基点，将其定义为块，块名为"椅子"。

4. 绘制衣柜

1）单击"绘图"工具栏中的"矩形"命令，在图形适当位置绘制一个长为1750mm、宽为550mm的矩形，单击"修改"工具栏中的"分解"命令，将矩形进行分解（图10-36）。

图10-36 绘制矩形衣柜轮廓

2）单击"修改"工具栏中的"偏移"命令，将步骤1）中绘制好的矩形的上边向下进行连续偏移，偏移距离依次为255mm、40mm（图10-37）。

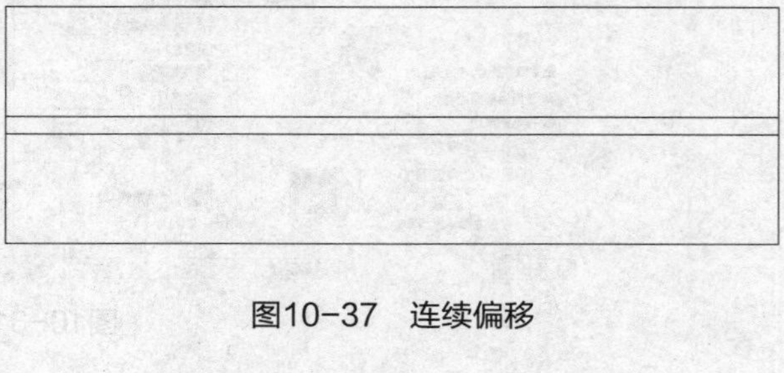

图10-37 连续偏移

3）单击"绘图"工具栏中的"样条曲线"命令，绘制衣架外部轮廓线（图10-38）。

图10-38 绘制衣架外部轮廓线

4）单击"绘图"工具栏中的"直线"命令，绘制衣架细部轮廓线（图10-39）。

图10-39 绘制衣架细部轮廓线

5）单击"修改"工具栏中的"复制"命令，选择步骤4）中绘制好的衣架为复制对象并进行连续复制（图10-40）。

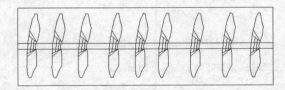

图10-40 复制衣架

6）单击"绘图"工具栏中的"创建块"命令，弹出"块定义"对话框，选择步骤5）中绘制的图形为定义对象，选择任意点为基点，将其定义为块，块名为"衣柜"。

10.1.3 布置家具图块

1）单击"绘图"工具栏中的"插入块"命令，弹出"插入"对话框，选择"沙发"插入到图中，单击"确定"按钮，完成沙发插入（图10-41）。

2）单击"绘图"工具栏中的"插入块"命令，弹出"插入"对话框，选择"玻璃圆桌""椅子"插入到图中，单击"确定"按钮，完成玻璃圆桌、椅子插入（图10-42）。

3）单击"绘图"工具栏中的"插入块"命令，

弹出"插入"对话框，选择"双人床"插入到图中，单击"确定"按钮，完成双人床插入（图10-43）。

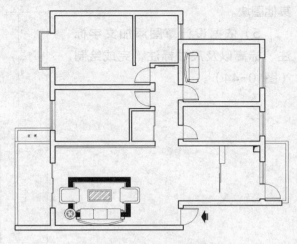

图10-41 完成沙发插入

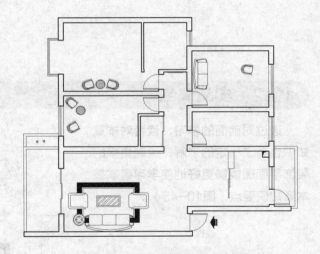

图10-42 完成玻璃圆桌、椅子插入

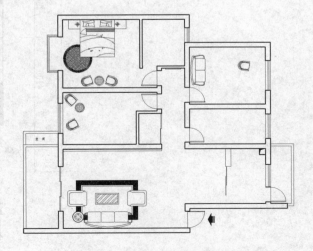

图10-43 完成双人床插入

4）依据之前讲述的绘制方法绘制其他图块，并运用相同的方法插入其他图块。

5）依据设计草图添加文字标注、标高以及尺寸标注，完成绘制（图10-44）。

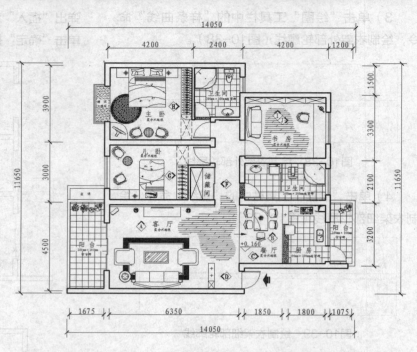

图10-44　完成绘制的住宅装饰平面图

10.2　实战演练

通过对前面的学习，读者对本章知识也有了一定的了解，绘制更多的装饰平面图能够更好地使学习者掌握本章知识要点（图10-45）。

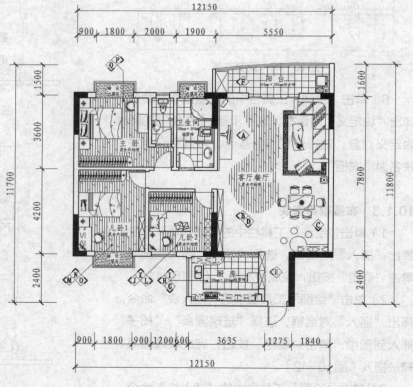

图10-45　装饰平面图

第11章 宾馆装饰平面图绘制　157

第11章 宾馆装饰平面图绘制

操作难度 ★★★★☆

本章介绍

　　随着时代的日益进步，现代宾馆呈现出的经营理念更趋向人性化，无论是从设计、经营、管理还是从服务上都倡导以人为本，更多的是讲究舒适度和美观度，人们需要的是能够满足其精神需求的环境，本章将详细讲述宾馆装饰平面图的绘制，可以给初学者学习工装绘图带来帮助。

11.1 大厅装饰平面图绘制

　　下面以图11-1所示大厅装饰平面图为例介绍宾馆大厅装饰平面图的具体绘制步骤。

11.1.1 绘制前准备

　　1）单击"标准"工具栏中的"打开"命令，弹出"打开文件"对话框，选择"宾馆大厅建筑平面

图"文件，单击"打开"按钮，打开之前绘制好的宾馆大厅建筑平面图。

　　2）选择"文件"／"另存为"命令，将打开的"宾馆大厅建筑平面图"另存为"宾馆大厅装饰平面图"并进行整理（图11-2）。

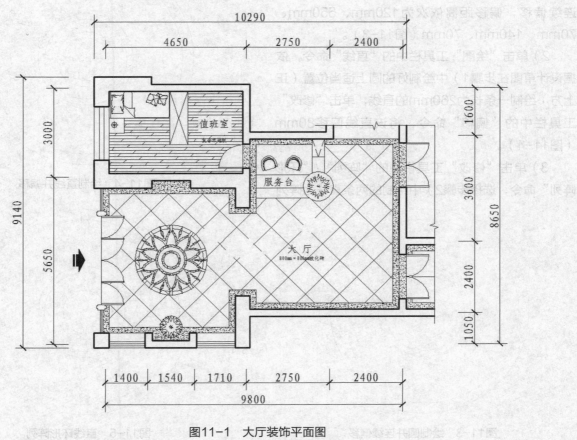

图11-1　大厅装饰平面图

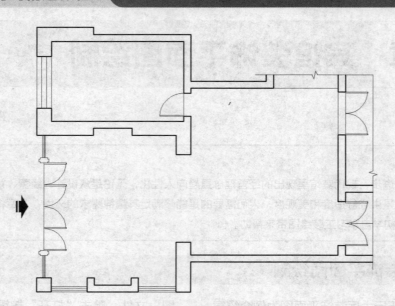

图11-2 整理大厅建筑平面图

11.1.2 绘制内容

1. 绘制拼花瓷砖

1）单击"绘图"工具栏中的"圆"命令，在图形空白位置绘制一个半径为1200mm的圆，单击"修改"工具栏中的"偏移"命令，将圆向内进行连续偏移，偏移距离依次为120mm、550mm、70mm、140mm、70mm（图11-3）。

2）单击"绘图"工具栏中的"直线"命令，依据设计草图在步骤1）中绘制好的圆上适当位置（正上方）绘制一条长为260mm的直线，单击"修改"工具栏中的"偏移"命令，将该直线偏移80mm（图11-4）。

3）单击"修改"工具栏中的"阵列"/"环形阵列"命令，选择步骤2）中绘制的两条直线为阵列对象，设置阵列数目为10，以圆的圆心为阵列中心进行环形阵列（图11-5）。

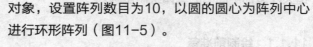

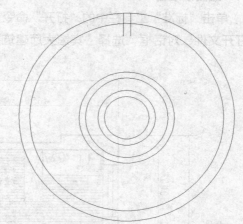

图11-4 绘制直线并偏移

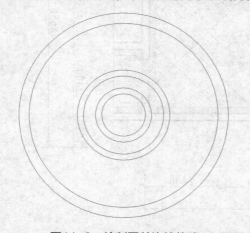

图11-3 绘制圆并连续偏移

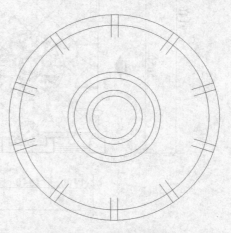

图11-5 直线环形阵列

4）单击"绘图"工具栏中的"圆弧"命令，依据设计草图在圆上适当位置绘制两段相交的圆弧，并交于圆上（图11-6）。

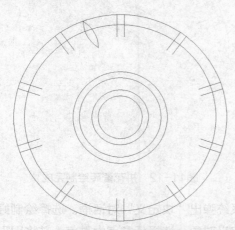

图11-6 两段相交的圆弧

5）单击"修改"工具栏中的"阵列"/"环形阵列"命令，选择步骤4）中绘制的两段相交圆弧为阵列对象，设置阵列数目为10，以圆的圆心为阵列中心进行环形阵列（图11-7）。

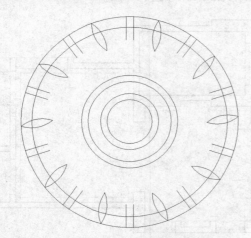

图11-7 圆弧环形阵列

6）单击"绘图"工具栏中的"圆弧"命令，依据设计草图在圆中适当位置绘制两段圆弧，单击"修改"工具栏中的"偏移"命令，将圆弧向外偏移60mm（图11-8）。

7）单击"修改"工具栏中的"阵列"/"环形阵列"命令，选择步骤6）中绘制的圆弧为阵列对象，设置阵列数目为10，以圆的圆心为阵列中心进行环形阵列（图11-9）。

图11-8 绘制两段圆弧并偏移

图11-9 圆弧环形阵列

8）单击"修改"工具栏中的"分解"命令，将步骤7）中的阵列图形进行分解。然后单击"修改"工具栏中的"修剪"命令，依据设计草图将多余部分修剪掉，并进行整理（图11-10）。

图11-10 修剪多余部分并进行整理

9）单击"绘图"工具栏中的"图案填充"命令，打开"图案填充和渐变色"对话框。单击"图案"选项后面的按钮，打开"填充图案选项板"对话框，选择"其他预定义"选项卡中的AR-CONC图案类型，单击"确定"按钮后退出（图11-11）。

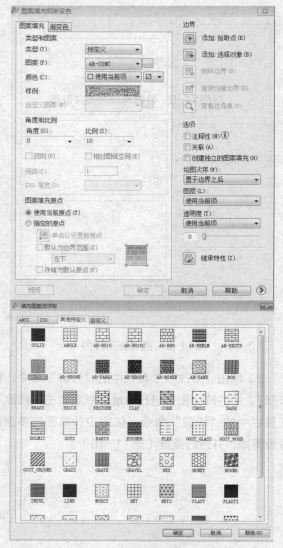

图11-11　选择要拼花的填充图案

10）单击"图案填充和渐变色"对话框右侧的"添加：拾取点"命令，依据设计草图选择填充区域后单击"确定"按钮，系统将会回到"图案填充和渐变色"对话框，设置填充比例为10，然后单击"确定"按钮完成图案填充（图11-12）。

2. 绘制其他

1）单击"绘图"工具栏中的"块／创建块"命

图11-12　拼花瓷砖绘制完成

令，系统弹出"块定义"对话框。选择绘制好的图形为定义对象，选择任意点为基点，并将图形定义为块，块名为"拼花瓷砖"最后单击"确定"按钮。

2）单击"修改"工具栏中的"偏移"命令，依据设计草图将大厅建筑平面图中大厅区域的内墙线向内偏移200mm（图11-13）。

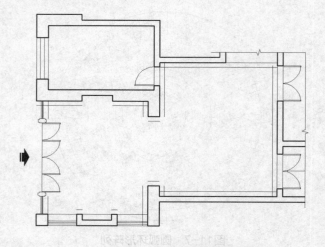

图11-13　内墙线偏移后的图形

3）单击"修改"工具栏中的"修剪"命令，依据设计草图将多余部分修剪掉，并进行整理（图11-14）。

4）单击"修改"工具栏中的"偏移"命令，依据设计草图将值班室处偏移后的竖直墙线向外进行连续偏移，偏移距离依次为1850mm、400mm，再将值班室处偏移后的水平墙线向下进行连续偏移，偏移距离依次为400mm、600mm、

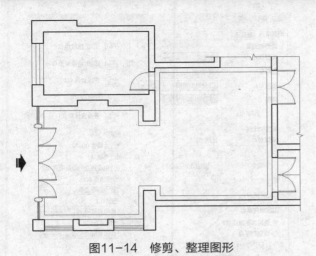

图11-14 修剪、整理图形

450mm、350mm（图11-15）。

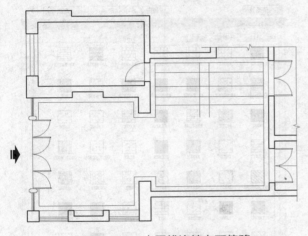

图11-15 水平线连续向下偏移

5）单击"绘图"工具栏中的"圆"命令，依据设计草图在步骤4）中图形适当位置绘制一个半径为500mm的圆（图11-16）。

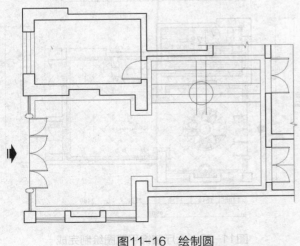

图11-16 绘制圆

6）单击"修改"工具栏中的"修剪"命令，依据设计草图将多余部分修剪掉，并进行整理（图11-17）。

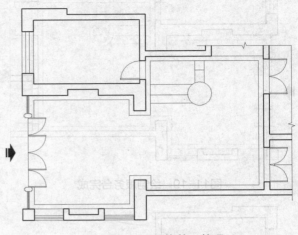

图11-17 修剪、整理

7）单击"绘图"工具栏中的"直线"命令，过步骤6）中圆的圆心绘制十字交叉线。然后单击"修改"工具栏中的"圆弧"命令，依据设计草图在圆中适当位置绘制圆弧（图11-18）。

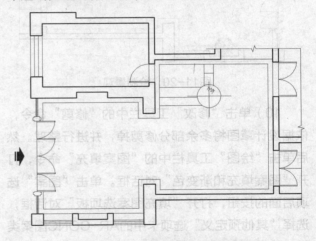

图11-18 绘制十字交叉线和圆弧

8）单击"修改"工具栏中的"阵列"/"环形阵列"命令，选择步骤7）中绘制的圆弧为阵列对象，设置阵列数目为6，以圆的圆心为阵列中心进行环形阵列，并进行整理（图11-19）。

9）单击"绘图"工具栏中的"圆"命令，依据设计草图在步骤8）中图形适当位置绘制一个半径为375mm的圆，并按照步骤7）和步骤8）绘制圆弧并进行环形阵列，阵列数目为6（图11-20）。

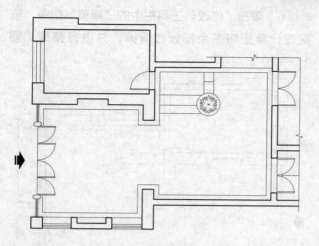

图11-19 绘制服务台完成

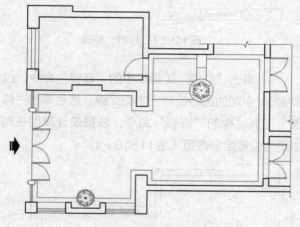

图11-20 绘制景观

10）单击"修改"工具栏中的"修剪"命令，依据设计草图将多余部分修剪掉，并进行整理。然后单击"绘图"工具栏中的"图案填充"命令，打开"图案填充和渐变色"对话框。单击"图案"选项后面的按钮，打开"填充图案选项板"对话框，选择"其他预定义"选项卡中的AR-CONC图案类型，单击"确定"按钮后退出（图11-21）。

11）单击"图案填充和渐变色"对话框右侧的"添加：拾取点"命令，依据设计草图选择填充区域后单击"确定"按钮，系统将会回到"图案填充和渐变色"对话框，设置填充比例为20，然后单击"确定"按钮完成图案填充，最后依据设计草图插入所需图块，添加文字和尺寸标注并进行整理（图11-22）。

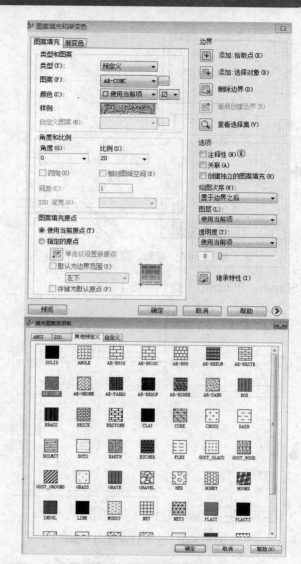

图11-21 选择所要填充的图案

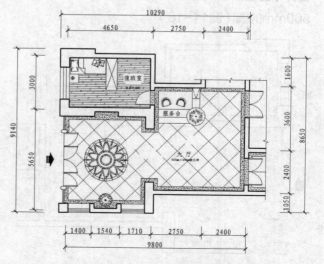

图11-22 大厅装饰平面图绘制完成

11.2 标准间装饰平面图绘制

下面介绍宾馆标准间装饰平面图（图11-23）的具体绘制步骤。

饰平面图"并进行整理（图11-24）。

11.2.1 绘制前准备

1）单击"标准"工具栏中的"打开"命令，弹出"打开文件"对话框，选择"宾馆标准间建筑平面图"文件，单击"打开"按钮，打开之前绘制好的宾馆标准间建筑平面图。

2）选择"文件"/"另存为"命令，将打开的"宾馆标准间建筑平面图"另存为"宾馆标准间装

11.2.2 绘制内容

1）单击"修改"工具栏中的"偏移"命令，依据设计草图将进门处竖直内墙线向内偏移850mm，其水平内墙线向下进行连续偏移，偏移距离依次为225mm、1500mm（偏移区域用来确定浴缸的位置，见图11-25）。然后单击"修改"工具栏中的"修剪"命令，依据设计草图将多余部分修剪掉，并进行整理。

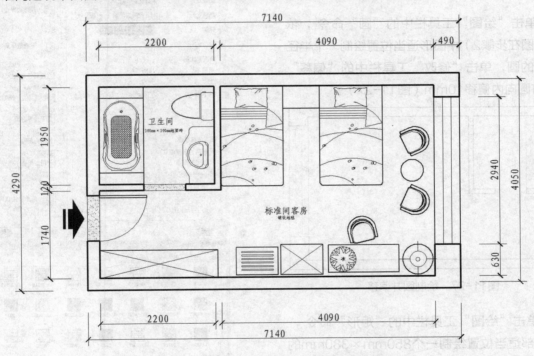

图11-23 标准间装饰平面图

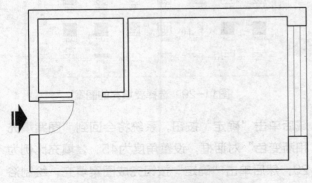

图11-24 整理标准间建筑平面图

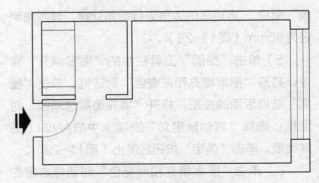

图11-25 确定浴缸的位置

2）单击"绘图"工具栏中的"样条曲线"命令，依据设计草图在偏移区域内绘制浴缸外部轮廓线（图11-26）。

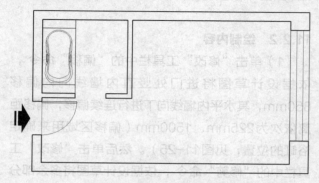

图11-26　绘制浴缸外部轮廓线

3）单击"绘图"工具栏中的"圆"命令，依据设计草图在步骤2）中图形适当位置绘制一个半径为25mm的圆，单击"修改"工具栏中的"偏移"命令，将圆向内偏移10mm（图11-27）。

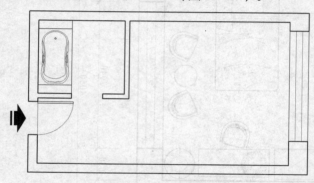

图11-27　绘制圆并偏移

4）单击"绘图"工具栏中的"矩形"命令，在浴缸中部适当位置绘制一个850mm×380mm的矩形，单击"修改"工具栏中的"分解"命令，将矩形进行分解，然后单击"修改"工具栏中的"圆角"命令，将矩形的边角进行圆角处理，其圆角半径为90mm（图11-28）。

5）单击"绘图"工具栏中的"图案填充"命令，打开"图案填充和渐变色"对话框。单击"图案"选项后面的按钮，打开"填充图案选项板"对话框，选择"其他预定义"选项卡中的ANGLE图案类型，单击"确定"按钮后退出（图11-29）。

6）单击"图案填充和渐变色"对话框右侧的"添加：拾取点"命令，依据设计草图选择填充区

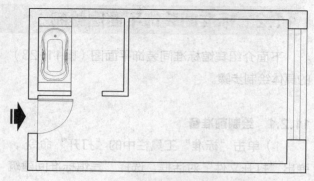

图11-28　绘制矩形、分解及圆角处理

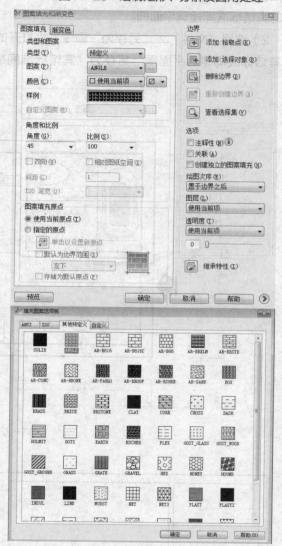

图11-29　选择要填充的图案

域后单击"确定"按钮，系统将会回到"图案填充和渐变色"对话框，设置角度为45°，填充比例为20，然后单击"确定"按钮完成图案填充，绘制浴缸完成（图11-30）。

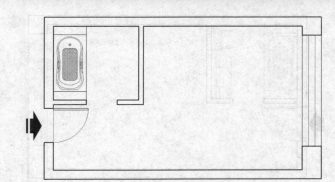

图11-30 绘制浴缸完成

7）单击"绘图"工具栏中的"块／创建块"命令，系统弹出"块定义"对话框。选择绘制好的图形为定义对象，选择任意点为基点，并将图形定义为块，块名为"浴缸"，最后单击"确定"按钮。

8）单击"修改"工具栏中的"偏移"命令，将卫生间水平内墙线向下偏移800mm，用以确定马桶的位置。单击"绘图"工具栏中的"矩形"命令，依据设计草图在图形适当位置绘制一个550mm×250mm的矩形，单击"修改"工具栏中的"分解"命令，将矩形进行分解。后单击"修改"工具栏中的"圆角"命令，将矩形的边角进行圆角处理，其圆角半径为40mm（图11-31）。

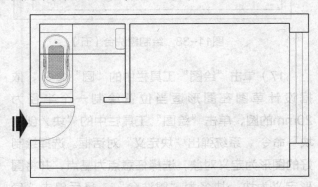

图11-31 绘制马桶（一）

9）单击"修改"工具栏中的"偏移"命令，将步骤8）中的矩形竖直边向左进行连续偏移，偏移距离依次为25mm、525mm，然后单击"绘图"工具栏中的"椭圆/圆心"命令，以第一次偏移线段的中心点为椭圆的中心点，以第二次偏移的线段中心点为椭圆的轴端点，以第一次偏移线段的长度为椭圆的半轴长度绘制椭圆（图11-32）。

10）单击"修改"工具栏中的"偏移"命令，

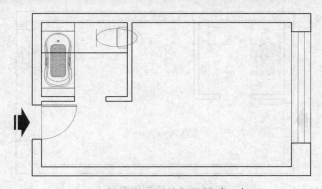

图11-32 绘制马桶（二）

将步骤9）中的椭圆向外偏移10mm，单击"绘图"工具栏中的"矩形"命令，依据设计草图在图形适当位置绘制一个50mm×13mm的矩形，然后单击"修改"工具栏中的"修剪"命令，依据设计草图修剪图形，绘制马桶完成（图11-33）。

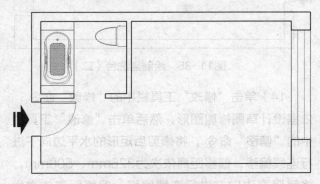

图11-33 绘制马桶完成

11）单击"绘图"工具栏中的"块／创建块"命令，系统弹出"块定义"对话框。选择绘制好的图形为定义对象，选择任意点为基点，并将图形定义为块，块名为"马桶"，最后单击"确定"按钮。

12）单击"绘图"工具栏中的"矩形"命令，依据设计草图在图形适当位置绘制一个1150mm×480mm的矩形，单击"修改"工具栏中的"分解"命令，将矩形进行分解。然后单击"修改"工具栏中的"圆角"命令，将矩形的上水平边的边角进行圆角处理，其圆角半径为60mm（图11-34）。

13）单击"修改"工具栏中的"偏移"命令，将步骤12）中矩形的水平边向下进行连续偏移，偏移距离依次为150mm、200mm、450mm、200mm，将其竖直边向左偏移600mm，并依据设计草图连接偏移线段（图11-35）。

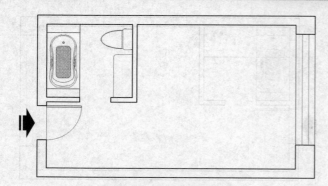

图11-34 绘制盥洗台（一）

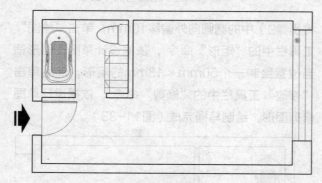

图11-35 绘制盥洗台（二）

14）单击"修改"工具栏中的"修剪"命令，依据设计草图修剪图形，然后单击"修改"工具栏中的"偏移"命令，将修剪后矩形的水平边向下进行连续偏移，偏移距离依次为325mm、500mm，将其竖直边向左进行连续偏移，偏移距离依次为115mm、20mm、75mm、286mm、25mm（图11-36）。

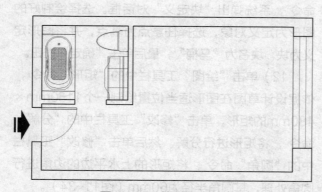

图11-36 绘制盥洗台（三）

15）单击"绘图"工具栏中的"圆弧"命令，依据设计草图绘制一段圆弧，单击"修改"工具栏中的"偏移"命令，将圆弧向内偏移30mm（图11-37）。

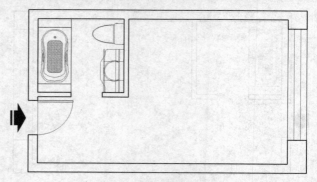

图11-37 绘制盥洗台（四）

16）单击"修改"工具栏中的"修剪"命令，依据设计草图修剪图形，然后单击"修改"工具栏中的"圆角"命令，将步骤15）中圆弧与直线相交的边均进行圆角处理，圆角半径为60mm（图11-38）。

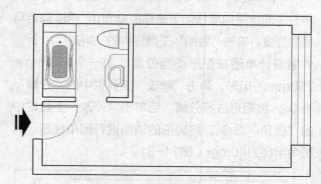

图11-38 绘制盥洗台（五）

17）单击"绘图"工具栏中的"圆"命令，依据设计草图在图形适当位置绘制一个半径为20mm的圆，单击"绘图"工具栏中的"块／创建块"命令，系统弹出"块定义"对话框。选择绘制好的图形为定义对象，选择任意点为基点，并将图形定义为块，块名为"盥洗台"，最后单击"确定"按钮，绘制盥洗台完成（图11-39）。

18）单击"绘图"工具栏中的"插入块"命令，系统弹出"插入"对话框，选择"标准床"插入到图中，单击"确定"按钮，插入标准床完成（图11-40）。

19）依据设计草图选择所需家具插入，单击"确定"命令，其他家具的插入完成（图11-41）。

20）依据设计草图添加文字、尺寸标注，并进行整理，标准间装饰平面图绘制完成（图11-42）。

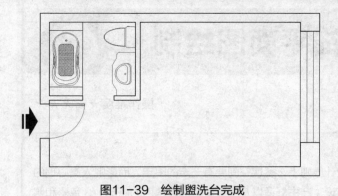

图11-39　绘制盥洗台完成

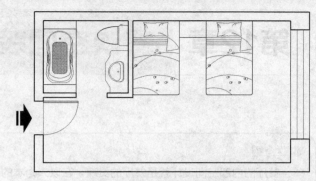

图11-40　插入标准床完成

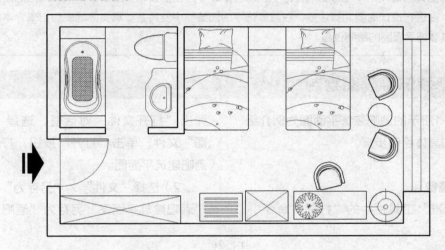

图11-41　插入其他家具完成

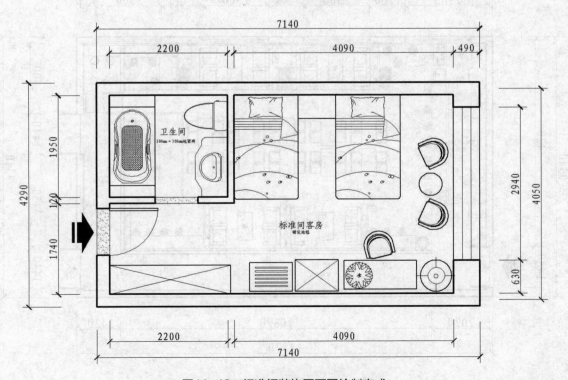

图11-42　标准间装饰平面图绘制完成

第12章　餐饮空间装饰平面图绘制

操作难度★★★★☆

本章介绍

　　餐厅的内部空间设计就是餐厅的灵魂。在以人为本的设计原则上，餐饮空间要有一定的限定。而影响人类心理的因素有很多种，包括有席位风格（视野朝向窗户）和席位陈设（产生舒适以及独立使用墙和角落的感觉）、色彩和照明规划等。因此，在进行设计时要尤其注意，在其装饰平面图绘制中要将各要素实际地表现出来。本章将以酒吧和自助餐厅为例讲解其装饰平面图的绘制过程。

12.1　酒吧装饰平面图绘制

　　下面以图12-1所示的酒吧装饰平面图为例介绍酒吧装饰平面图的具体绘制步骤。

12.1.1　绘图前准备

　　1）单击"标准"工具栏中的"打开"命令，

弹出"打开文件"对话框，选择"酒吧建筑平面图"文件，单击"打开"按钮，打开之前绘制好的酒吧建筑平面图。

　　2）选择"文件"／"另存为"命令，将打开的"酒吧建筑平面图"另存为"酒吧装饰平面图"并

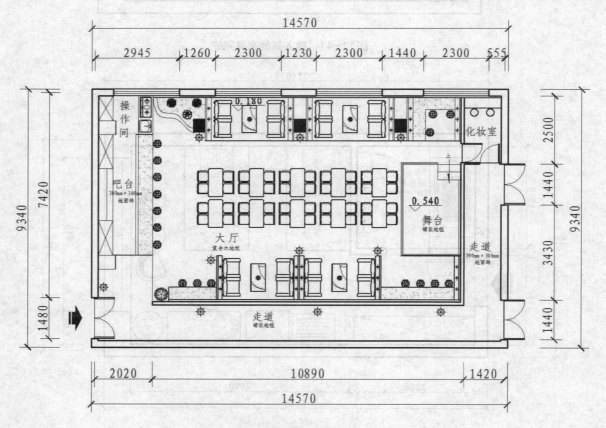

图12-1　酒吧装饰平面图

进行整理（图12-2）。

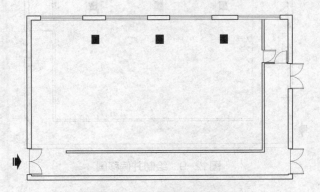

图12-2 整理酒吧建筑平面图

12.1.2 绘制内容

1）单击"绘图"工具栏中的"矩形"命令，依据设计草图沿内墙线依次从上至下绘制矩形，其大小分别为500mm×930mm、500mm×600mm、500mm×1239mm、500mm×1862mm、500mm×1239mm、500mm×600mm，并单击"修改"工具栏中的"分解"命令，将第二个、第四个和第六个矩形进行分解（图12-3）。

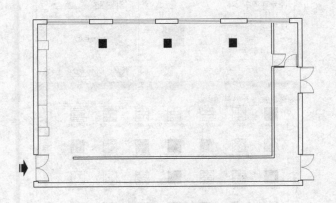

图12-3 绘制矩形并分解

2）单击"绘图"工具栏中的"直线"命令，依据设计草图为第一个、第三个和第五个矩形绘制交叉线。然后单击"修改"工具栏中"偏移"命令，依据设计草图将步骤1）中第二个矩形的竖直边向左偏移15mm，将第四个矩形的竖直边向左偏移200mm，将第六个矩形的竖直边向左偏移15mm（图12-4）。

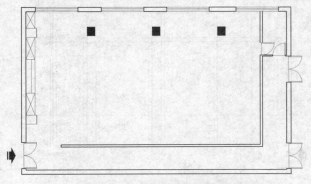

图12-4 绘制十字交叉线并偏移

3）单击"修改"工具栏中"偏移"命令，依据设计草图将竖直内墙线向右进行连续偏移，偏移距离依次为1300mm、100mm、500mm、1839mm、50mm、150mm、2690mm、150mm、50mm、435mm、50mm、150mm、2690mm、150mm、50mm、435mm、50mm、150mm、1481mm、150mm（图12-5）。

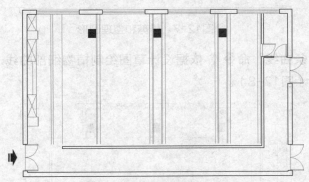

图12-5 连续偏移竖直内墙线

4）单击"修改"工具栏中"偏移"命令，依据设计草图将水平内墙线向下进行连续偏移，偏移距离依次为65mm、1367mm、233mm、4105mm（图12-6）。

5）单击"修改"工具栏中的"修剪"命令，依据设计草图将步骤4）中所绘图形进行修剪和整理（图12-7）。

6）单击"绘图"工具栏中"样条曲线"命令，依据设计草图在图形适当位置绘制两条曲线，再单击"绘图"工具栏中的"圆"命令，依据设计草图在绘制的两条曲线与方形柱子围合的区域内绘制三个半径为160mm的圆，单击"绘图"工具栏中"样

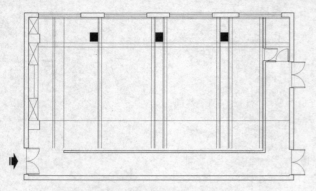

图12-6 偏移水平内墙线

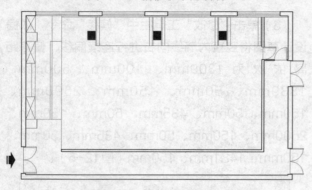

图12-7 修剪和整理图形

条曲线"命令，依据设计草图绘制植物细部曲线（图12-8）。

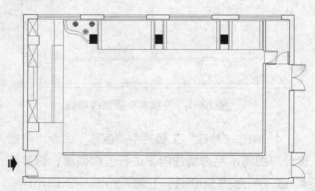

图12-8 绘制景观小品

7）单击"绘图"工具栏中的"圆"命令，依据设计草图在图形适当位置绘制一个半径为150mm的圆，单击"修改"工具栏中"偏移"命令，将圆向内偏移15mm，并依据需要复制圆（图12-9）。

8）单击"绘图"工具栏中的"图案填充"命令，打开"图案填充和渐变色"对话框。单击"图案"选项后面的按钮，打开"填充图案选项板"对话框，选择"其他预定义"选项卡中的EARTH图

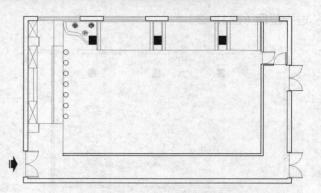

图12-9 绘制并偏移圆

案类型，单击"确定"按钮后退出（图12-10）。

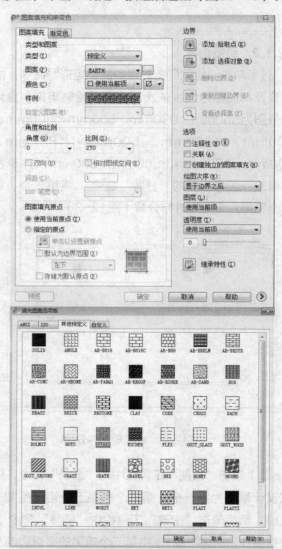

图12-10 选择圆要填充的图案

9）单击"图案填充和渐变色"对话框右侧的"添加：拾取点"命令，依据设计草图选择步骤8）

中绘制的圆为填充区域后单击"确定"按钮，系统将会回到"图案填充和渐变色"对话框，设置填充比例为270，然后单击"确定"按钮完成图案填充，并将其定义为块，块名为"景观植物"，植物景观绘制完成（图12-11）。

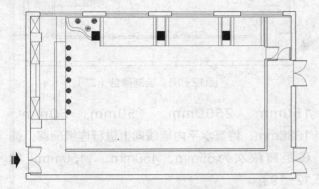

图12-11 景观植物绘制完成

10）单击"绘图"工具栏中的"矩形"命令，依据设计草图在图形适当位置绘制一个60mm×60mm的正方形，单击"修改"工具栏中"偏移"命令，将该正方形向内偏移5mm，单击"绘图"工具栏中的"直线"命令，绘制正方形的十字交叉线（图12-12）。

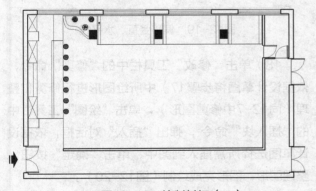

图12-12 绘制射灯（一）

11）单击"修改"工具栏中的"复制"命令，依据设计草图复制步骤10）中绘制好的正方形，并将其放置于适当的位置（图12-13）。

12）单击"绘图"工具栏中的"矩形"命令，依据设计草图在图形适当位置绘制一个1600mm×450mm的矩形和一个1481mm×450mm的矩形，单击"修改"工具栏中的"分解"命令，将矩形进行分解。单击"修改"工具栏中的"修剪"命令，

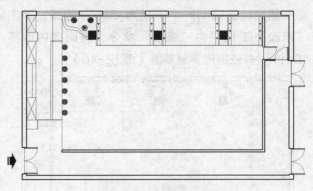

图12-13 绘制射灯（二）

依据设计草图将步骤11）中所绘图形进行修剪和整理（图12-14）。

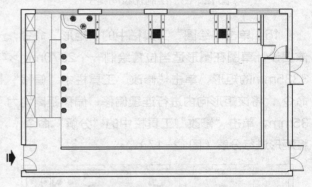

图12-14 绘制、分解、修剪矩形

13）依据设计草图将之前绘制好的景观植物放置于绘制好的矩形中（图12-15）。

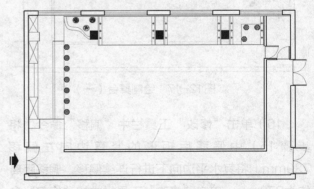

图12-15 放置景观植物

14）单击"修改"工具栏中"偏移"命令，依据设计草图将水平内墙线向下偏移450mm，单击"修改"工具栏中的"修剪"命令，依据设计草图将步骤13）中所绘图形进行修剪和整理。然后单击"绘图"工具栏中的"圆"命令，依据设计草图在

图形适当位置绘制一个半径为150mm的圆，单击"修改"工具栏中"偏移"命令，将圆向内偏移10mm，并依据需要复制圆（图12-16）。

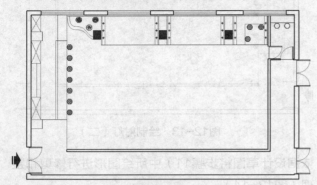

图12-16   绘制化妆间凳子

15）单击"绘图"工具栏中的"矩形"命令，依据设计草图在图形适当位置绘制一个2070mm×3335mm的矩形，单击"修改"工具栏中"偏移"命令，将该矩形向内进行连续偏移，偏移距离均为35mm，单击"修改"工具栏中的"分解"命令，将矩形进行分解（图12-17）。

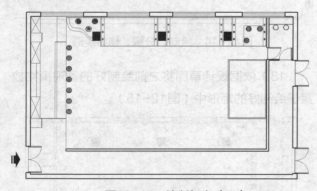

图12-17   绘制舞台（一）

16）单击"修改"工具栏中"偏移"命令，将步骤15）中偏移后矩形的竖直边向左偏移730mm，将其水平边向下进行连续偏移，偏移距离均为270mm，单击"修改"工具栏中的"修剪"命令，依据设计草图将步骤15）中所绘图形进行修剪和整理（图12-18）。

17）单击"修改"工具栏中"偏移"命令，依据设计草图将大厅竖直内墙线向左进行连续偏移，偏移距离依次为50mm、150mm、2570mm、50mm、150mm、2500mm、150mm、50mm、

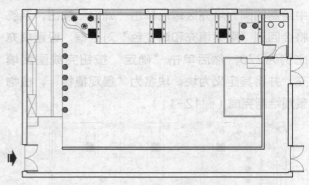

图12-18   绘制舞台（二）

150mm、2500mm、150mm、50mm、1680mm，将其水平内墙线向上进行连续偏移，偏移距离依次为65mm、450mm、1150mm（图12-19）。

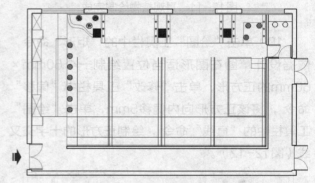

图12-19   偏移竖直、水平线

18）单击"修改"工具栏中的"修剪"命令，依据设计草图将步骤17）中所绘图形进行修剪和整理（同12-7中修剪图形），单击"绘图"工具栏中的"插入块"命令，弹出"插入"对话框，依据设计草图选择所需插入到图中，单击"确定"按钮，整理图形，图形完成绘制（图12-20）。

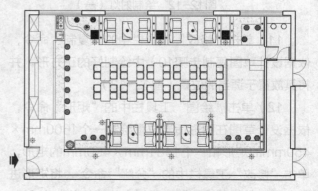

图12-20   插入所需图形

19）依据设计草图
添加文字、尺寸标注和
标高，并对图形做最后
的整理，完成最终绘制
（图12-21）。

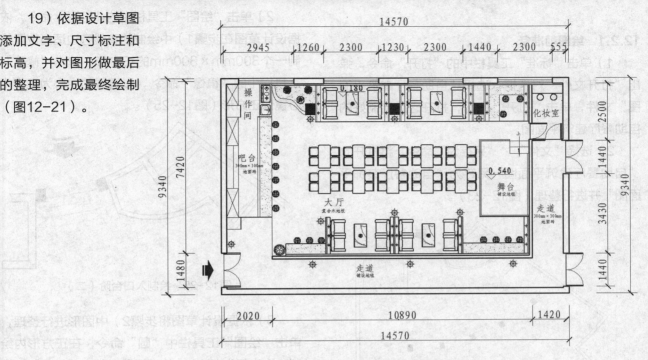

图12-21　酒吧装饰平面图绘制完成

12.2　自助餐厅装饰平面图绘制

下面以图12-22所示的
自助餐厅装饰平面图为例介
绍自助餐厅装饰平面图的具
体绘制步骤。

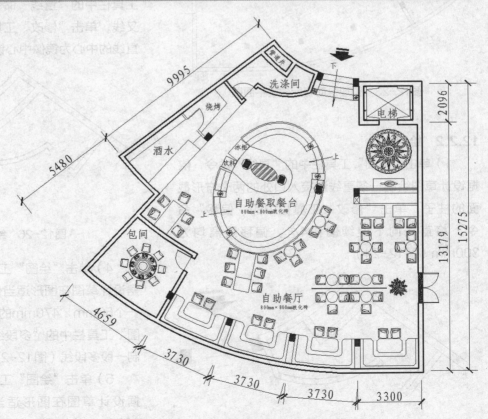

图12-22　自助餐厅装饰平面图

12.2.1 绘图前准备

1）单击"标准"工具栏中的"打开"命令，弹出"打开文件"对话框，选择"自助餐厅建筑平面图"文件，单击"打开"按钮，打开之前绘制好的自助餐厅建筑平面图。

2）选择"文件"／"另存为"命令，将打开的"自助餐厅建筑平面图"另存为"自助餐厅装饰平面图"并进行整理（图12-23）。

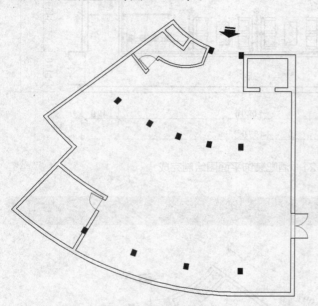

图12-23 整理自助餐厅建筑平面图

12.2.2 绘制内容

1）单击"绘图"工具栏中的"直线"命令，依据设计草图绘制一条直线连接入口处的两个方形截面的柱子，单击"修改"工具栏中的"偏移"命令，将直线向下连续偏移4次，偏移距离均为300mm（图12-24）。

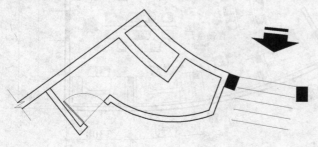

图12-24 绘制入口台阶（一）

2）单击"绘图"工具栏中的"矩形"命令，依据设计草图在步骤1）中绘制的直线旁边适当位置绘制一个300mm×300mm的正方形，单击"修改"工具栏中的"镜像"命令，以直线的中心为镜像中心镜像正方形（图12-25）。

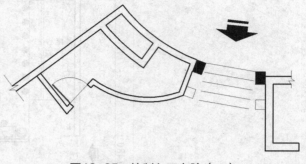

图12-25 绘制入口台阶（二）

3）依据设计草图将步骤2）中图形进行整理，单击"绘图"工具栏中"圆"命令，在正方形内绘制一个半径为150mm的内切圆，单击"修改"工具栏中的"偏移"命令，将圆向内进行连续偏移，偏移距离依次为60mm、40mm。然后单击"绘图"工具栏中的"直线"命令，在圆内绘制一条十字交叉线，单击"修改"工具栏中的"镜像"命令，以直线的中心为镜像中心镜像圆（图12-26）。

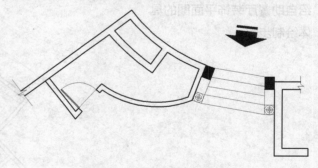

图12-26 绘制入口台阶完成

4）单击"绘图"工具栏中的"矩形"命令，依据设计草图在图形适当位置（电梯间入口处）绘制一个50mm×470mm的矩形并进行复制，单击"绘图"工具栏中的"多段线"命令，依据设计草图绘制一段多段线（图12-27）。

5）单击"绘图"工具栏中的"矩形"命令，依据设计草图在图形适当位置绘制一个135mm×1855mm的矩形，单击"修改"工具栏中的"分

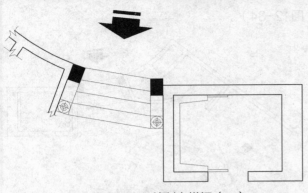

图12-27　绘制电梯间（一）

"解"命令，分解矩形。单击"修改"工具栏中的"偏移"命令，将矩形的水平边向下进行连续偏移，偏移距离依次为50mm、350mm、900mm、500mm，将其竖直边向右偏移30mm（图12-28）。

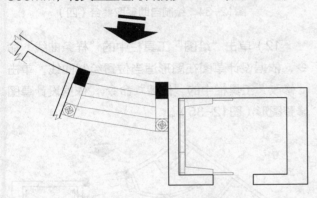

图12-28　绘制电梯间（二）

6）单击"绘图"工具栏中的"矩形"命令，依据设计草图在图形适当位置绘制一个82mm×16mm的矩形和一个16mm×50mm的矩形（两个矩形组成T字形），单击"修改"工具栏中的"修剪"命令，依据设计草图修整图形（图12-29）。

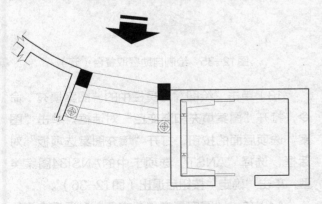

图12-29　绘制电梯间（三）

7）单击"修改"工具栏中的"镜像"命令，选择步骤4）~步骤6）中所绘图形为镜像对象，以电梯间的水平内墙线的中心为镜像中心，镜像图形，并进行整理，绘制电梯间完成（图12-30）。

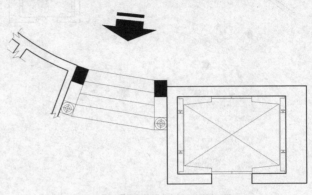

图12-30　绘制电梯间完成

8）单击"绘图"工具栏中的"矩形"命令，依据设计草图在图形适当位置绘制一个5500mm×7200mm的矩形，单击"绘图"工具栏中的"直线"命令，过矩形边的中点绘制十字交叉线（图12-31）。

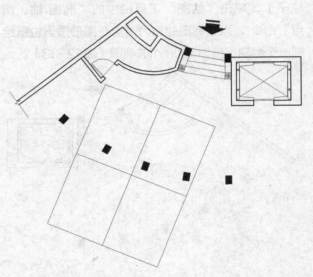

图12-31　绘制自助餐取餐台（一）

9）单击"绘图"工具栏中的"椭圆/圆心"命令，以步骤8）中矩形的十字交叉点为椭圆的中心点，绘制内切椭圆，单击"修改"工具栏中的"偏移"命令，将椭圆向内进行连续偏移，偏移距离依次为60mm、300mm、300mm（图12-32）。

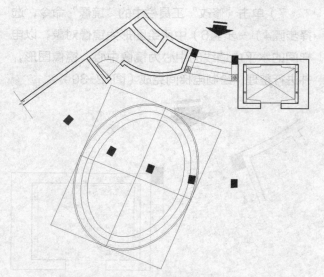

图12-32　绘制自助餐取餐台（二）

10）单击"绘图"工具栏中的"矩形"命令，依据设计草图在图形适当位置绘制一个600mm×600mm的正方形和一个600mm×1000mm的矩形。单击"绘图"工具栏中的"圆"命令，在图形适当位置绘制三个半径为270mm的圆（圆包裹方形柱子），单击"绘图"工具栏中的"椭圆/轴、端点"命令，以绘制圆的边为端点在图形适当位置绘制一个半轴长度为390mm的椭圆（图12-33）。

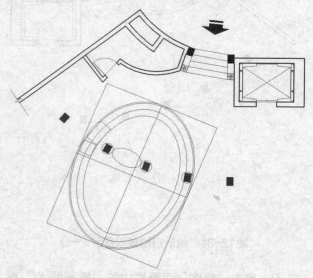

图12-33　绘制自助餐取餐台（三）

11）单击"绘图"工具栏中的"直线"命令，在椭圆适当位置绘制两段长度为660mm的不平行直线（依据设计草图再绘制三组不平行直线，

图12-34）。

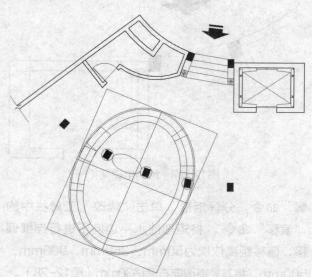

图12-34　绘制自助餐取餐台（四）

12）单击"绘图"工具栏中的"样条曲线"命令，依据设计草图在图形适当位置绘制曲线，单击"修改"工具栏中的"修剪"命令，依据设计草图修整图形（图12-35）。

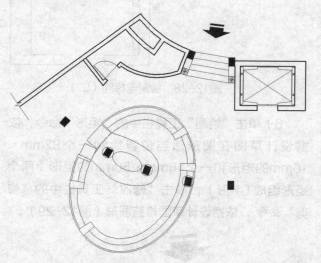

图12-35　绘制自助餐取餐台（五）

13）单击"绘图"工具栏中的"图案填充"命令，打开"图案填充和渐变色"对话框。单击"图案"选项后面的按钮，打开"填充图案选项板"对话框，选择"ANST"选项卡中的ANSI34图案类型，单击"确定"按钮后退出（图12-36）。

14）单击"图案填充和渐变色"对话框右侧的

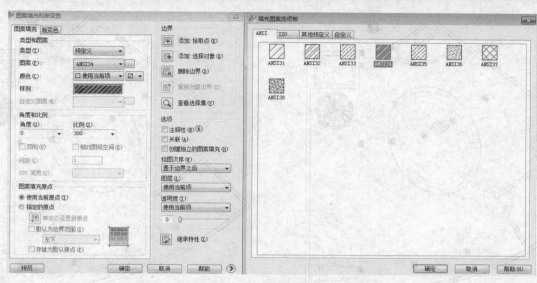

图12-36 选择椭圆内填充图案

"添加：拾取点"命令，依据设计草图选择步骤10）中绘制的圆为填充区域后单击"确定"按钮，系统将会回到"图案填充和渐变色"对话框，设置填充比例为300，然后单击"确定"按钮完成图案填充，并将其定义为块，块名为"自助餐取餐台"（图12-37）。

15）单击"绘图"工具栏中的"插入块"命令，弹出"插入"对话框，依据设计草图选择"拼花瓷砖"插入到图中，单击"确定"按钮（图12-38）。

16）单击"修改"工具栏中的"偏移"命令，依据设计草图将竖直内墙线向左进行连续偏移，偏移距离依次为150mm、500mm、200mm、

1300mm、200mm、500mm、150mm，将其水平内墙线向上进行连续偏移，偏移距离依次为150mm、500mm、200mm、730mm，单击"修改"工具栏中的"修剪"命令，依据设计草图修整图形（图12-39）。

17）单击"修改"工具栏中的"圆角"命令，依据设计草图将直线各边角进行圆角处理，圆角半径为90mm，将其定义为块，块名为"卡座"，依据同样方式绘制其他卡座（图12-40）。

18）单击"绘图"工具栏中的"插入块"命令，弹出"插入"对话框，依据设计草图选择所需插入到图中，单击"确定"按钮，并依据设计草图进行补充和整理（图12-41）。

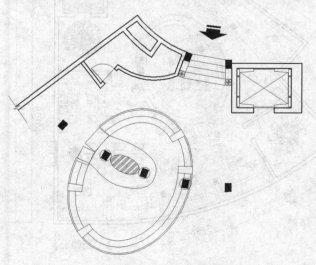

图13-37 绘制自助餐取餐台完成

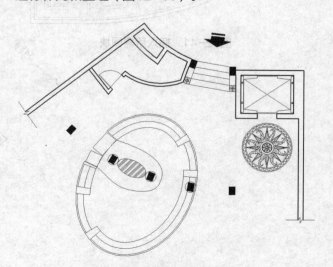

图12-38 插入拼花瓷砖

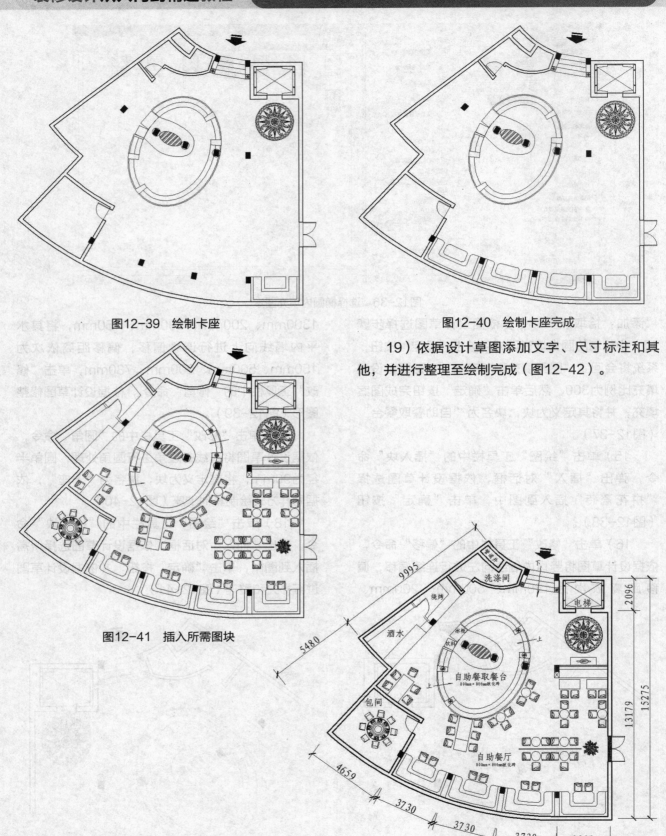

图12-39 绘制卡座

图12-40 绘制卡座完成

19）依据设计草图添加文字、尺寸标注和其他，并进行整理至绘制完成（图12-42）。

图12-41 插入所需图块

图12-42 自助餐厅装饰平面图绘制完成

第13章 娱乐场所装饰平面图绘制

操作难度★★★★★

本章介绍

娱乐场所是人们进行消费、娱乐玩耍的地方，更多的会讲究设计的趣味性，在设计时要添加更多的时尚元素，与时代接轨。设计的舒适度也尤为重要，在绘制娱乐场所的装饰平面图时，绘制者需要明确地了解其绘制的具体顺序，才能更好更快地绘制完成。本章将以KTV和公共浴场为例讲解其装饰平面图的绘制。

13.1 KTV装饰平面图绘制

下面以图13-1所示图形为例介绍KTV装饰平面图的具体绘制步骤。

13.1.1 绘图前准备

1）单击"标准"工具栏中的"打开"命令，弹出"打开文件"对话框，选择"KTV建筑平面图"文件，单击"打开"按钮，打开之前绘制好的KTV建筑平面图。

2）选择"文件"／"另存为"命令，将打开的"KTV建筑平面图"另存为"KTV装饰平面图"并进行整理（图13-2）。

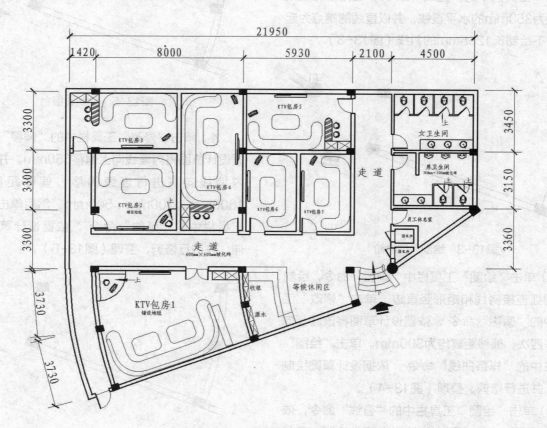

图13-1 KTV装饰平面图

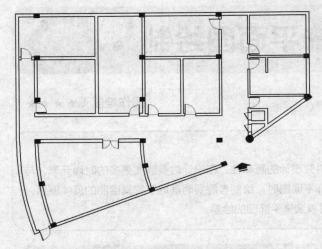

图13-2　整理KTV建筑平面图

13.1.2　绘制内容

1）单击"绘图"工具栏中的"圆弧"命令，绘制两段圆弧连接入口处的方柱，单击"绘图"工具栏中的"矩形"命令，依据设计草图在入口处圆柱旁绘制一个1100mm×300mm的矩形。然后单击"绘图"工具栏中的"直线"命令，在方柱旁绘制一条长为350mm的水平直线，并以直线的端点为起点，向下绘制长1255mm的斜线（图13-3）。

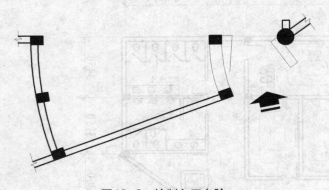

图13-3　绘制入口台阶

2）单击"绘图"工具栏中"圆弧"命令，绘制一条圆弧连接斜线和矩形竖直边，单击"修改"工具栏中的"偏移"命令，依据设计草图将该圆弧向上偏移四次，偏移距离均为300mm。单击"绘图"工具栏中的"样条曲线"命令，依据设计草图绘制曲线，并进行修剪、整理（图13-4）。

3）单击"绘图"工具栏中的"直线"命令，依据设计草图以方柱水平边的端点为起点绘制一条长

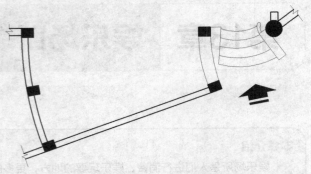

图13-4　绘制入口台阶完成

为2200mm的水平直线，单击"修改"工具栏中的"偏移"命令，将直线向下进行连续偏移，偏移距离依次为300mm、500mm。单击"绘图"工具栏中的"矩形"命令，依据设计草图在适当位置绘制一个822mm×300mm的矩形，并进行复制（图13-5）。

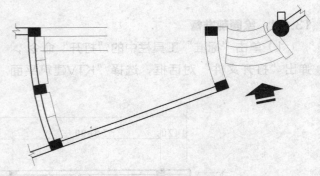

图13-5　绘制收银台

4）单击"修改"工具栏中的"偏移"命令，依据设计草图将内墙线向上偏移650mm，并将方柱旁内墙线向右进行连续偏移，偏移距离依次为1600mm、300mm、500mm。然后单击"修改"工具栏中的"延伸"命令，依据设计草图进行延伸，并进行修剪、整理（图13-6）。

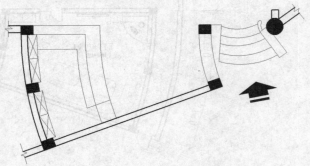

图13-6　绘制收银台完成

5）单击"绘图"工具栏中的"矩形"命令，在图形空白位置绘制一个2360mm×400mm的矩形，单击"修改"工具栏中的"分解"命令，分解矩形。单击"绘图"工具栏中的"直线"命令，以矩形水平边的左端点为起点绘制一条长为6000mm的直线（图13-7）。

图13-7 绘制包间沙发（一）

6）单击"修改"工具栏中的"偏移"命令，将步骤5）中矩形的竖直边向左进行连续偏移，偏移距离依次为200mm、600mm、450mm、1500m、500mm、1500mm、450mm、600mm、200mm，将其水平边向上进行连续偏移，偏移距离依次为200mm、600mm、300mm、1000mm、480mm、350mm，并依据设计草图进行整理（图13-8）。

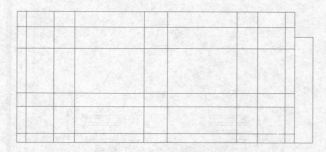

图13-8 绘制包间沙发（二）

7）单击"修改"工具栏中"圆角"命令，依据设计草图将步骤6）中偏移直线进行圆角处理，并进行修剪、整理（图13-9）。

8）单击"绘图"工具栏中的"块／创建块"命令，系统弹出"块定义"对话框。选择步骤7）中绘制好的沙发为定义对象，选择任意点为基点，并将图形定义为块，块名为"沙发"，最后单击"确定"按钮，并依据设计草图放置于恰当的位置（图13-10）。

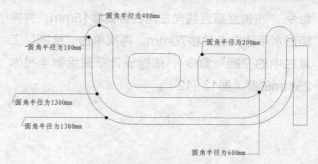

图13-9 绘制包间沙发（三）

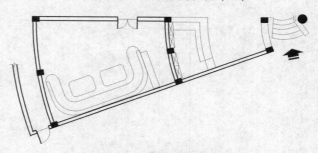

图13-10 绘制包间沙发完成

9）单击"绘图"工具栏中的"插入块"命令，系统弹出"插入"对话框，依据设计草图选择所需的沙发插入到图中，单击"确定"按钮，并依据设计草图进行整理（图13-11）。

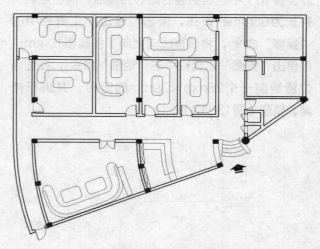

图13-11 插入其他包间沙发

10）单击"绘图"工具栏中的"矩形"命令，在图形空白位置绘制一个10mm×50mm的矩形，单击"修改"工具栏中的"分解"命令，分解矩形。然后单击"绘图"工具栏中的"直线"命令，以矩形水平边的中心为起点，绘制一条长为75mm的直线，单击"修改"工具栏中的"偏移"

命令，将该竖直直线向左向右各偏移15mm，并将矩形水平边向上偏移70mm。再次单击"绘图"工具栏中的"圆"命令，依据设计草图绘制半径为25mm的圆（图13-12）。

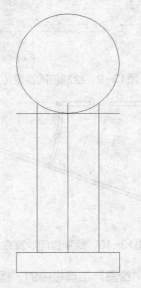

图13-12　绘制蹲便器（一）

11）单击"绘图"工具栏中的"直线"命令，以步骤10）中绘制的圆的圆心为起点，向左绘制一条长为65mm的直线，单击"修改"工具栏中的"偏移"命令，将该直线向上向下各偏移10mm，并单击"绘图"工具栏中的"矩形"命令，在适当位置绘制一个25mm×30mm的矩形，并进行修剪、整理（图13-13）。

图13-13　绘制蹲便器（二）

12）单击"绘图"工具栏中的"直线"命令，依据设计草图绘制多段直线作为蹲便器的外部轮廓，单击"修改"工具栏中"圆角"命令，依据设计草图对直线进行圆角处理。然后单击"绘图"工具栏中的"样条曲线"命令，绘制蹲便器的内部轮廓。再单击"绘图"工具栏中"圆弧"命令，在图形适当位置绘制两段圆弧（图13-14）。

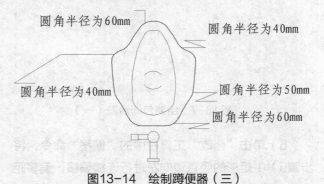

图13-14　绘制蹲便器（三）

13）单击"绘图"工具栏中的"多段线"命令，依据设计草图绘制蹲便器的内部轮廓，单击"修改"工具栏中的"复制"命令，依据需要进行复制。然后单击"修改"工具栏中的"镜像"命令，对图形进行镜像（图13-15）。

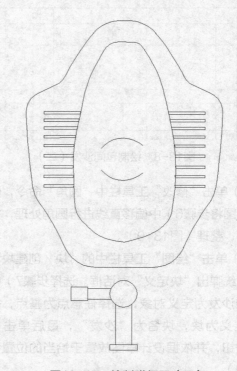

图13-15　绘制蹲便器（四）

14）单击"绘图"工具栏中的"图案填充"命令，打开"图案填充和渐变色"对话框。单击"图案"选项后面的按钮，打开"填充图案选项板"对话框，选择"其他预定义"选项卡中的SOLID图案类型，单击"确定"按钮后退出（图13-16）。

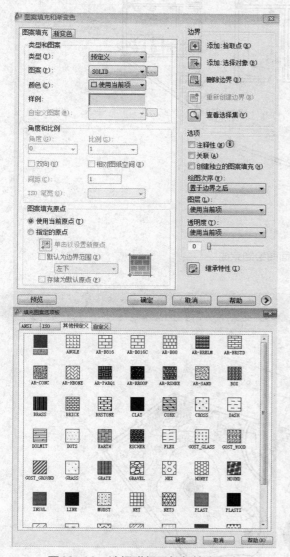

图13-16 选择蹲便器细部填充图案

15）单击"图案填充和渐变色"对话框右侧的"添加：拾取点"命令，依据设计草图选择步骤10）中绘制的圆为填充区域后单击"确定"按钮，系统将会回到"图案填充和渐变色"对话框，设置填充比例为1，然后单击"确定"按钮完成图案填充，并将其定义为块，块名为"蹲便器"（图13-17）。

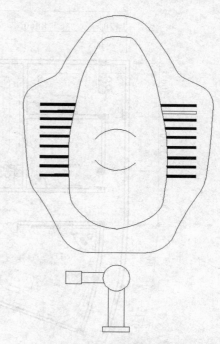

图13-17 蹲便器绘制完成

16）单击"绘图"工具栏中的"插入块"命令，弹出"插入"对话框，依据设计草图选择所需的蹲便器、盥洗台和其他插入到图中，单击"确定"按钮，并依据设计草图进行整理（图13-18）。

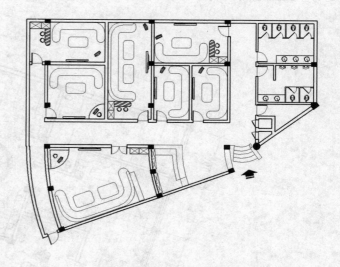

图13-18 插入其他所需图形

17）依据设计草图添加文字、尺寸标注和其他，并进行整理至绘制完成（图13-19）。

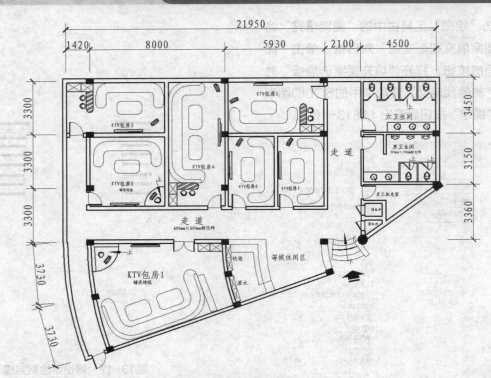

图13-19   KTV装饰平面图绘制完成

13.2   公共浴场装饰平面图绘制

下面以图13-20所示图形为例介绍公共浴场装饰平面图的具体绘制步骤。

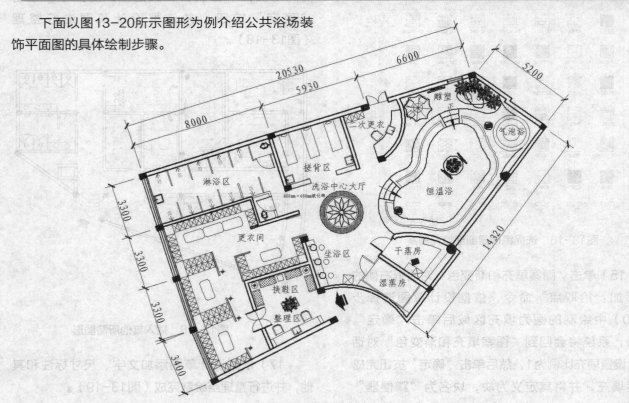

图13-20   公共浴场装饰平面图

13.2.1　绘图前准备

1）单击"标准"工具栏中的"打开"命令，弹出"打开文件"对话框，选择"公共浴场建筑平面图"文件，单击"打开"按钮，打开之前绘制好的公共浴场建筑平面图。

2）选择"文件"／"另存为"命令，将打开的"公共浴场建筑平面图"另存为"公共浴场装饰平面图"并进行整理（图13-21）。

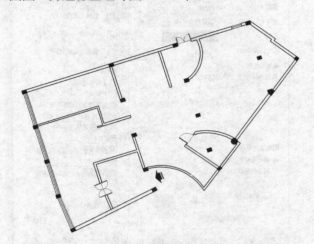

图13-21　整理公共浴场建筑平面图

13.2.2　绘制内容

1）单击"绘图"工具栏中的"矩形"命令，依据设计草图在图形空白处绘制一个3360mm×500mm的矩形。单击"修改"工具栏中的"分解"命令，分解矩形。然后单击"修改"工具栏中的"偏移"命令，将矩形的竖直边向左进行连续偏移，偏移距离依次为200mm、1230mm、50mm、400mm、50mm、1230mm,将其水平边向上进行连续偏移，偏移距离依次为100mm、50mm、400mm（图13-22）。

2）单击"绘图"工具栏中"矩形"命令，依据设计草图在图形适当位置绘制一个24mm×136mm的矩形和一个21mm×36mm的矩形，依据设计草图进行放置。单击"绘图"工具栏中的"圆"命令，在图形适当位置绘制一个半径为20mm的圆，并依据需要进行复制，依据设计草图修剪图形（图13-23）。

3）单击"绘图"工具栏中的"矩形"命令，在

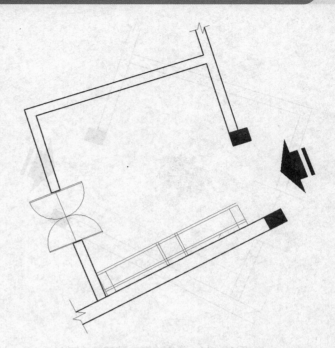

图13-22　绘制换鞋、整理区（一）

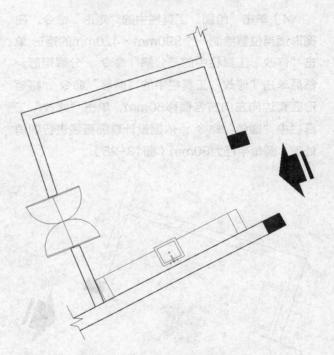

图13-23　绘制换鞋、整理区（二）

图形适当位置绘制一个960mm×560mm的矩形，单击"修改"工具栏中的"偏移"命令，将矩形向内偏移40mm，单击"绘图"工具栏中的"插入块"命令，系统弹出"插入"对话框，依据设计草图选择植物并插入图中，单击"确定"按钮，并依据设计草图进行整理（图13-24）。

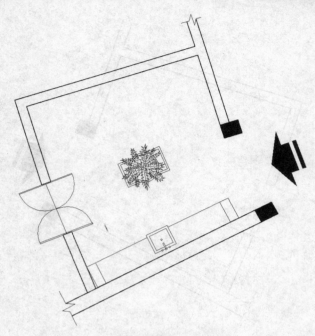

图13-24　绘制换鞋、整理区（三）

4）单击"绘图"工具栏中的"矩形"命令，在图形适当位置绘制一个890mm×420mm的矩形,单击"修改"工具栏中的"分解"命令，分解矩形。然后单击"修改"工具栏中的"偏移"命令，将矩形竖直边向左向右各偏移60mm，单击"修改"工具栏中"圆角"命令，依据设计草图直线进行圆角处理，圆角半径为80mm（图13-25）。

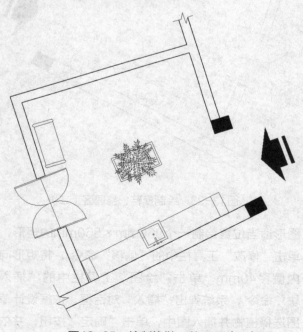

图13-25　绘制换鞋、整理区（四）

5）单击"绘图"工具栏中的"图案填充"命令，打开"图案填充和渐变色"对话框。单击"图案"选项后面的按钮，打开"填充图案选项板"对话框，选择"其他预定义"选项卡中的CROSS图案类型，单击"确定"按钮后退出（图13-26）。

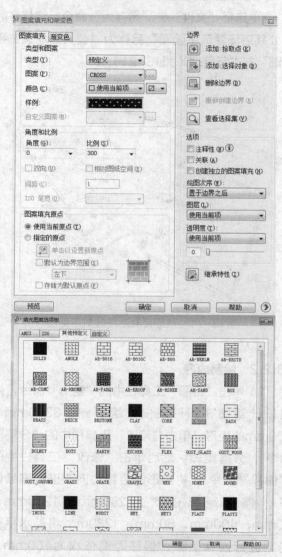

图13-26　选择沙发填充图案

6）单击"图案填充和渐变色"对话框右侧的"添加：拾取点"命令，依据设计草图选择步骤2）中绘制的圆为填充区域后单击"确定"按钮，系统将会回到"图案填充和渐变色"对话框，设置填充比例为300，然后单击"确定"按钮完成图案填充,并定义为块，块名为"沙发椅"（图13-27）。

7）单击"绘图"工具栏中的"插入块"命令，

500mm的矩形，在该矩形的右侧绘制一个500mm×350mm的矩形，并依据设计草图进行横向复制，同时在第一个绘制矩形的上侧进行纵向复制，依据设计草图在其纵向复制的矩形上方绘制一个1000mm×500mm的矩形，并在该矩形的上方纵向复制小矩形，单击"绘图"工具栏中的"直线"命令，绘制矩形的交叉线（图13-29）。

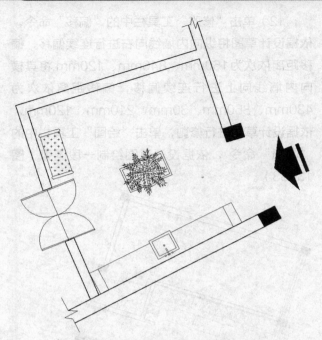

图13-27 绘制换鞋、整理区（五）

系统弹出"插入"对话框，依据设计草图选择所需的"沙发椅""灯""椅子"插入到图中，单击"确定"按钮，并依据设计草图进行整理（图13-28）。

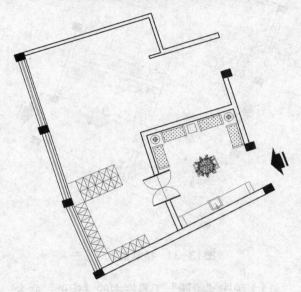

图13-29 绘制更衣间（一）

9）单击"修改"工具栏中的"复制"命令，依据设计草图复制步骤8）中绘制的矩形（图13-30）。

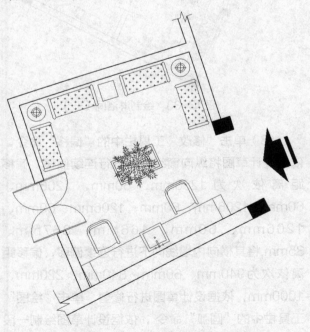

图13-28 换鞋、整理区绘制完成

8）单击"绘图"工具栏中的"矩形"命令，依据设计草图在图形适当位置绘制一个500mm×

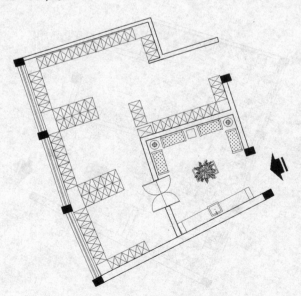

图13-30 绘制更衣间（二）

10）单击"绘图"工具栏中的"矩形"命令，依据设计草图在图形适当位置绘制一个1200mm×600mm的矩形，单击"修改"工具栏中的"圆角"命令，依据设计草图直线进行圆角处理，圆角半径为80mm，并依据需要复制（图13-31）。

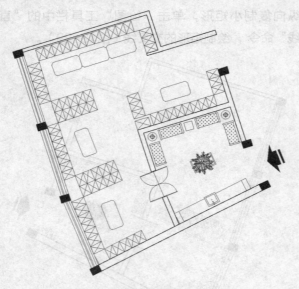

图13-31　绘制更衣间（三）

11）单击"绘图"工具栏中的"矩形"命令，在步骤10）中第一次横向复制的矩形旁绘制一个770mm×100mm的矩形，然后单击"修改"工具栏中的"偏移"命令，将矩形竖直边向左偏移50mm，最后插入其他所需图形（图13-32）。

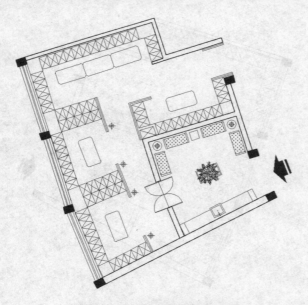

图13-32　更衣间绘制完成

12）单击"修改"工具栏中的"偏移"命令，依据设计草图将纵向内墙线向右进行连续偏移，偏移距离依次为160mm、840mm、120mm,将其横向内墙线向上进行连续偏移，偏移距离依次为430mm、860mm、30mm、210mm、120mm，依据设计草图进行修剪，单击"绘图"工具栏中的"圆弧"命令，依据设计草图绘制一段圆弧（图13-33）。

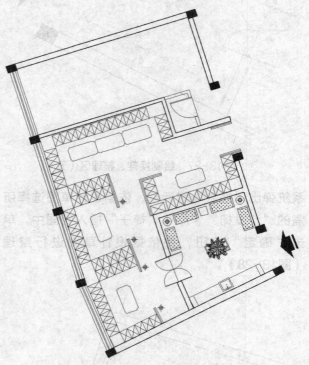

图13-33　绘制淋浴间（一）

13）单击"修改"工具栏中的"偏移"命令，依据设计草图将纵向窗线向右进行连续偏移，偏移距离依次为1236mm、60mm、1206mm、60mm、1206mm、60mm、1206mm、60mm、1206mm、60mm、166mm、867mm、35mm,将其横向内墙线向下进行连续偏移，偏移距离依次为940mm、60mm、840mm、220mm、1000mm，依据设计草图进行修剪，单击"绘图"工具栏中的"圆弧"命令，依据设计草图绘制一段圆弧进行修剪（图13-34）。

14）单击"绘图"工具栏中的"圆"命令，依据设计草图绘制半径为25mm的圆，单击"绘图"工具栏中的"直线"命令，在适当位置绘制三条不

15）单击"绘图"工具栏中的"圆"命令，依据设计草图绘制半径为25mm的圆，单击"修改"工具栏中的"阵列"/"矩形阵列"命令，依据设计草图进行阵列并进行复制整理（图13-36）。

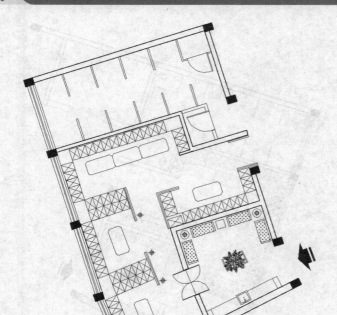

图13-34　绘制淋浴间（二）

平行直线，并依据设计草图进行复制、整理（图13-35）。

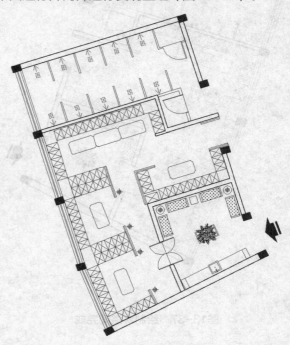

图13-36　绘制淋浴间（四）

16）单击"绘图"工具栏中的"插入块"命令，弹出"插入"对话框，依据设计草图选择所需的"蹲便器"插入到图中，单击"确定"按钮，并依据设计草图进行整理（图13-37）。

17）单击"绘图"工具栏中的"矩形"命令，依据设计草图在方柱旁绘制一个1228mm×300mm的矩形，单击"修改"工具栏中的"偏移"命令，将矩形向内偏移20mm，并依据设计草图进行复制（图13-38）。

18）单击"绘图"工具栏中的"矩形"命令，依据设计草图在图形适当位置绘制一个1896mm×600mm的矩形，并依据设计草图进行复制。单击"绘图"工具栏中的"椭圆"命令，依据设计草图在矩形中绘制适当大小的椭圆（图13-39）。

19）单击"绘图"工具栏中的"插入块"命令，弹出"插入"对话框，依据设计草图选择所需的"洗面台"插入图中，单击"确定"按钮，并依据设计草图进行整理（图13-40）。

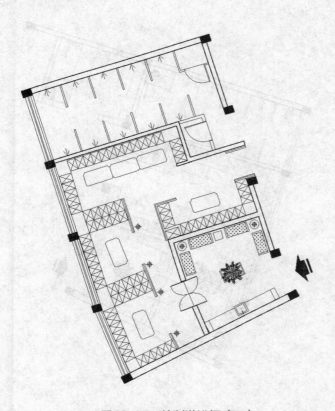

图13-35　绘制淋浴间（三）

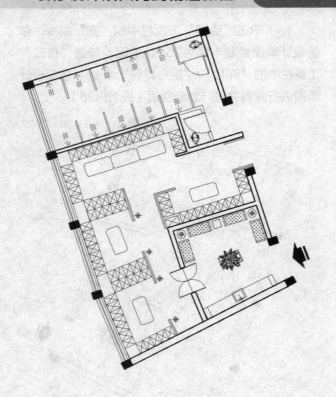

图13-37　绘制淋浴间完成

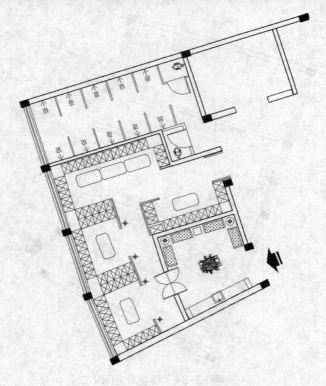

图13-38　绘制搓背区（一）

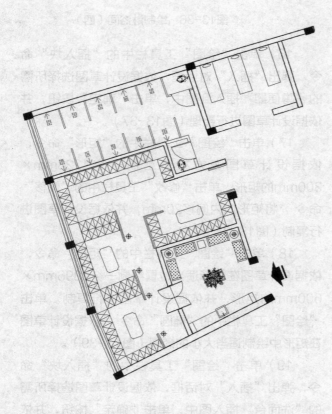

图13-39　绘制搓背区（二）

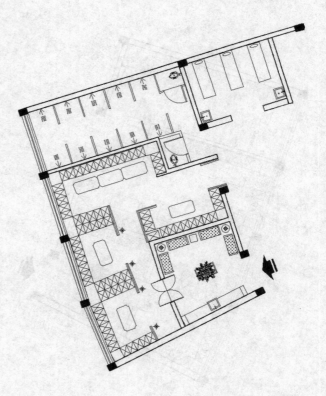

图13-40　搓背区绘制完成

20）单击"绘图"工具栏中的"直线"命令，依据设计草图在图形适当位置绘制两条直线，单击"绘图"工具栏中的"圆弧"命令，绘制一段圆弧连接两条直线，单击"绘图"工具栏中的"矩形"命令，依据设计草图在图形适当位置绘制一个1200mm×500mm的矩形，并分解矩形。然后单击"修改"工具栏中的"偏移"命令，将矩形竖直边向右进行连续偏移3次，偏移距离均为400mm，并依据设计草图进行补充与整理（图13-41）。

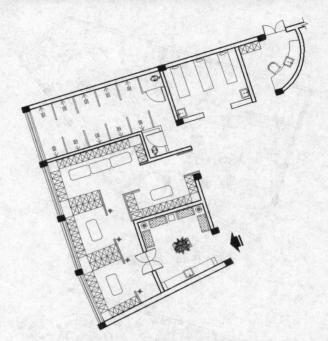

图13-42 二次更衣区绘制完成

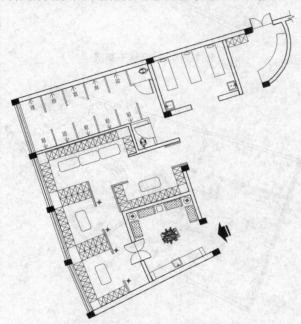

图13-41 绘制二次更衣区

21）单击"绘图"工具栏中的"插入块"命令，弹出"插入"对话框，依据设计草图选择所需的"洗面台""椅子"插入到图中，单击"确定"按钮，并依据设计草图进行整理（图14-42）。

22）单击"绘图"工具栏中的"圆"命令，依据设计草图在图形适当位置绘制半径为500mm的圆，单击"修改"工具栏中的"偏移"命令，将圆向外进行连续偏移，偏移距离依次为400mm、200mm，单击"绘图"工具栏中的"样条曲线"命令，依据设计草图绘制几段曲线，并进行补充整理（图13-43）。

23）单击"修改"工具栏中的"偏移"命令，依据设计草图将斜横向内墙线向上进行连续偏移，偏移距离依次为487mm、60mm、2940mm、

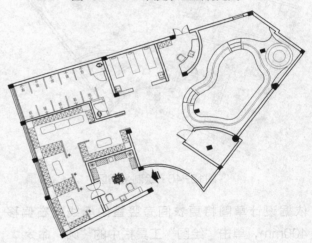

图13-43 绘制恒温与气泡浴区域

60mm、840mm，将其竖向内墙线向左进行连续偏移，偏移距离依次为60mm、435mm、60mm、831mm、354mm、60mm，依据设计草图进行修剪（图13-44）。

24）单击"修改"工具栏中的"偏移"命令，依据设计草图将水平内墙线向上进行连续偏移，偏移距离依次为400mm、400mm、550mm、530mm，将斜竖向内墙线向右偏移520mm，将竖向圆弧内墙线向左偏移400mm依据设计草图进行修剪（图13-45）。

25）单击"修改"工具栏中的"偏移"命令，

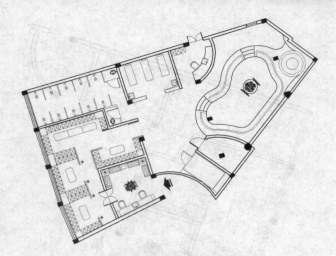

图13-44 绘制湿蒸房

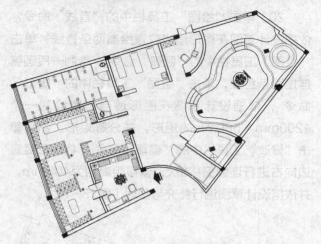

图13-45 绘制干蒸房

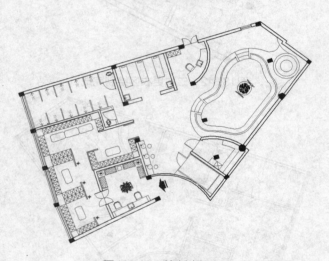

图13-46 绘制坐浴区

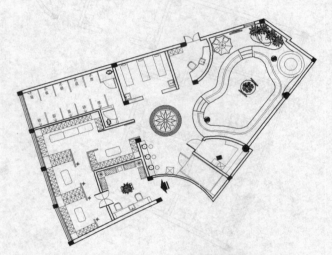

图13-47 插入其他所需图形

依据设计草图将更衣间旁竖直内墙线向右偏移400mm，单击"绘图"工具栏中的"圆"命令，依据设计草图在图形适当位置绘制半径为180mm的圆，并依据设计草图进行复制，单击"绘图"工具栏中的"插入块"命令，系统弹出"插入"对话框，依据设计草图选择所需的"洗面台"插入到图中，单击"确定"按钮，并依据设计草图进行修剪、整理（图13-46）。

26）单击"绘图"工具栏中的"插入块"命令，系统弹出"插入"对话框，依据设计草图选择所需图形插入到图中，单击"确定"按钮，并依据设计草图进行补充、整理（图13-47）。

27）依据设计草图添加文字、尺寸标注和其他，并进行整理至绘制完成（图13-48）。

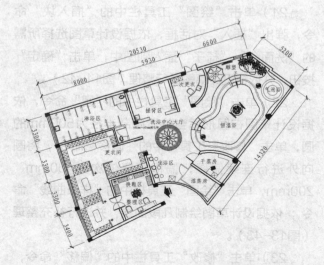

图13-48 公共浴场装饰平面图绘制完成

第14章 办公空间装饰平面图绘制

操作难度 ★★★★★

本章介绍

办公空间设计是指对办公空间的布局、格局、空间的物理和心理分割。办公空间室内设计的最大目标就是要为工作人员创造一个舒适、方便、卫生、安全、高效的工作环境，以便更大限度地提高员工的工作效率。这一目标在当前商业竞争日益激烈的情况下显得更加重要，它是办公空间设计的基础，是办公空间设计的首要目标。办公空间具有不同于普通住宅的特点，它由办公、会议、走廊三个区域来构成内部空间使用功能，因此在绘制其装饰平面图时更应该注意。本章将以装饰公司装饰平面图的绘制来具体讲解。

14.1 装饰公司一层装饰平面图绘制

下面以图14-1所示图形为例介绍装饰公司一层装饰平面图的具体绘制步骤。

14.1.1 绘图前准备

1）单击"标准"工具栏中的"打开"命令，弹出"打开文件"对话框，选择"装饰公司一层建筑平面图"文件，单击"打开"按钮，打开之前绘制好的"装饰公司一层建筑平面图"。

2）选择"文件"/"另存为"命令，将打开的"装饰公司一层建筑平面图"另存为"装饰公司一层装饰平面图"并进行整理（图14-2）。

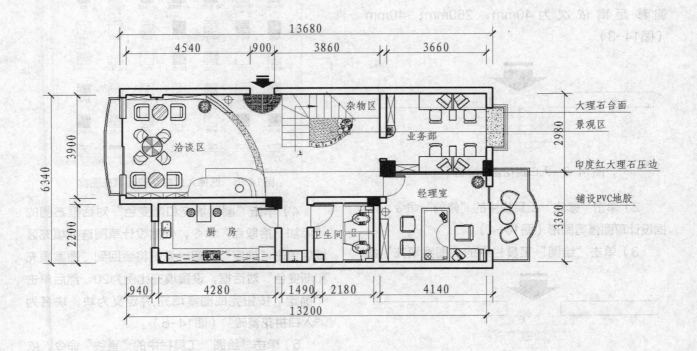

图14-1 装饰公司一层装饰平面图

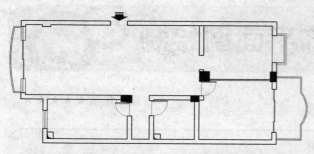

图14-2　整理装饰公司一层装饰平面图

14.1.2　绘制内容

1）单击"绘图"工具栏中的"直线"命令，依据设计草图在入口处绘制一条长为1440mm的水平直线和一条长为720mm的竖直线（水平线中点为竖直线起点，且两线垂直），单击"修改"工具栏中的"偏移"命令，将水平直线进行连续偏移，偏移距离依次为30mm、120mm、15mm、120mm、15mm、120mm、15mm、120mm、15mm，再将竖直线向左连续偏移，偏移距离依次为20mm、150mm、20mm、150mm、20mm、150mm、20mm，向右侧偏移距离一样。单击"绘图"工具栏中的"圆"命令，以直线的中点为圆心，绘制半径为720mm的圆，并将圆向内进行连续偏移，偏移距离依次为40mm、260mm、40mm（图14-3）。

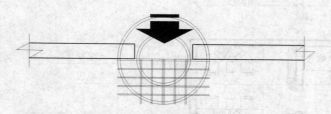

图14-3　入口拼花瓷砖绘制（一）

2）单击"修改"工具栏中的"修剪"命令，依据设计草图修剪图形（图14-4）。

3）单击"绘图"工具栏中的"图案填充"命

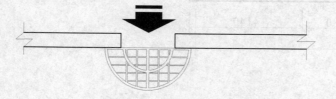

图14-4　入口拼花瓷砖绘制（二）

令，打开"图案填充和渐变色"对话框。单击"图案"选项后面的按钮，打开"填充图案选项板"对话框，选择"其他预定义"选项卡中的AR-SAND图案类型，单击"确定"按钮后退出（图14-5）。

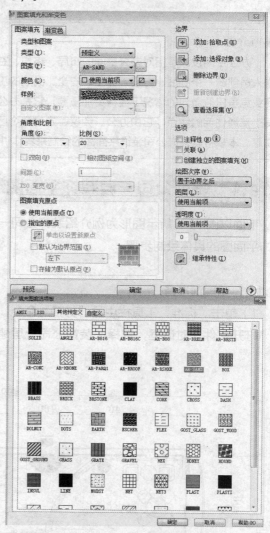

图14-5　选择入口拼花瓷砖填充图案

4）单击"图案填充和渐变色"对话框右侧的"添加：拾取点"命令，依据设计草图选择填充区域后单击"确定"按钮，系统将会回到"图案填充和渐变色"对话框，设置填充比例为20，然后单击"确定"按钮完成图案填充，并定义为块，块名为"入口拼花瓷砖"（图14-6）。

5）单击"绘图"工具栏中的"直线"命令，依据设计草图以步骤4）中直线的右端点为起点向下绘制一条长为1980mm的垂线（垂足为步骤4）中直

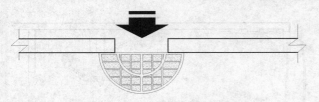

图14-6 入口拼花瓷砖绘制完成

线的右端点）。单击"修改"工具栏中的"偏移"命令，将垂线向右进行连续偏移，偏移距离依次为1000mm、270mm、270mm、270mm、270mm、270mm、270mm，再将水平内墙线向下连续偏移，偏移距离依次为900mm、270mm、270mm、270mm、270mm，并依据设计草图进行修剪（图14-7）。

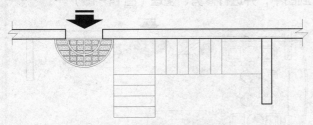

图14-7 楼梯区域绘制

6）单击"绘图"工具栏中的"直线"命令，依据设计草图绘制两条相交的直线，且与原始竖直线和水平线交点为一点，并绘制一条折断线来表示楼梯的分界（图14-8）。

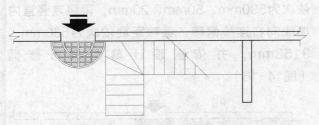

图14-8 楼梯区域绘制完成

7）单击"绘图"工具栏中的"圆弧"命令，依据设计草图在图形适当位置绘制两段平行的圆弧。单击"绘图"工具栏中的"椭圆"命令，在圆弧偏移区域内绘制大小适宜的椭圆，并进行复制（图14-9）。

8）单击"绘图"工具栏中的"插入块"命令，系统弹出"插入"对话框，依据设计草图选择景观植物插入到图中，并进行修剪、整理（图14-10）。

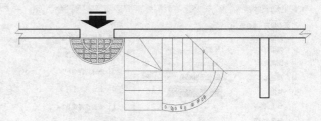

图14-9 景观区绘制（一）

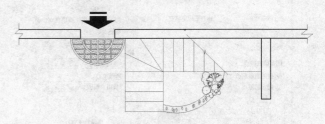

图14-10 景观区绘制（二）

9）单击"绘图"工具栏中的"图案填充"命令，打开"图案填充和渐变色"对话框。单击"图案"选项后面的按钮，打开"填充图案选项板"对话框，选择其他预定义中的AR-SAND图案类型，单击"确定"按钮后退出（图14-11）。

10）单击"图案填充和渐变色"对话框右侧的"添加：拾取点"命令，依据设计草图选择步骤8）中绘制的圆为填充区域后单击"确定"按钮，系统将会回到"图案填充和渐变色"对话框，设置填充比例为40（图14-12）。

11）单击"修改"工具栏中的"偏移"命令，将水平内墙线向下进行连续偏移，偏移距离依次为180mm、3520mm，将竖直内墙线向右连续偏移，偏移距离依次为452mm、452mm、452mm、452mm、452mm、680mm，并依据设计草图进行修剪（图14-13）。

12）单击"修改"工具栏中的"偏移"命令，将水平内墙线向上进行连续偏移，偏移距离依次为750mm、350mm，再将竖直内墙线向右连续偏移，偏移距离依次为2260mm、660mm、1670mm、156mm、350mm，并依据设计草图进行修剪，单击"修改"工具栏中"圆角"命令，依据设计草图进行圆角处理，圆角半径为500mm,单击"绘图"工具栏中的"圆"命令，在适当位置绘制半径为142mm的圆，并向外偏移18mm（图14-14）。

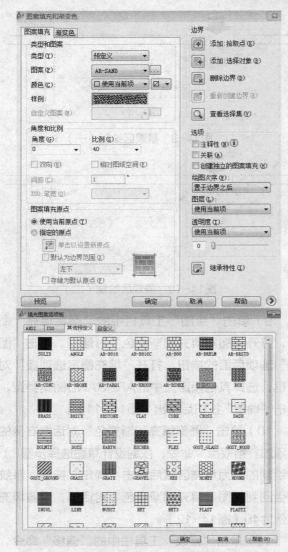

图14-11　选择景观区填充图案

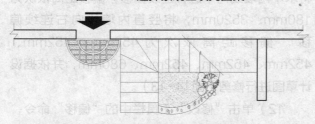

图14-12　景观区绘制完成

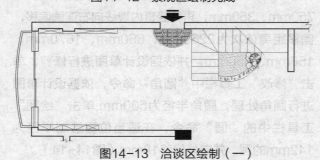

图14-13　洽谈区绘制（一）

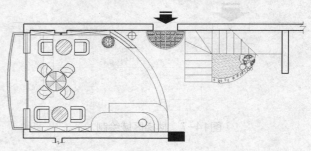

图14-14　洽谈区绘制（二）

13）单击"绘图"工具栏中的"圆弧"命令，依据设计草图在图形适当位置绘制几段圆弧。单击"绘图"工具栏中的"插入块"命令，系统弹出"插入"对话框，依据设计草图选择所需图形插入到图中，并进行修剪、整理（图14-15）。

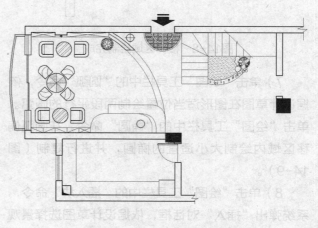

图14-15　洽谈区绘制完成

14）单击"修改"工具栏中的"偏移"命令，将厨房水平内墙线向上进行连续偏移，偏移距离依次为530mm、50mm、20mm，再将其竖直内墙线向右连续偏移，偏移距离依次为530mm、3153mm，并依据设计草图进行修剪（图14-16）。

图14-16　厨房内部绘制

15）单击"绘图"工具栏中的"插入块"命令，系统弹出"插入"对话框，依据设计草图选择所需图形插入到图中，并进行修剪、整理（图14-17）。

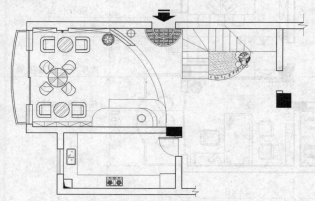

图14-17 厨房内部绘制完成

16）单击"修改"工具栏中的"偏移"命令，将卫生间水平内墙线向下进行连续偏移，偏移距离依次为50mm、50mm、600mm、368mm、60mm、370mm、600mm、50mm，将其竖直内墙线向左连续偏移，偏移距离依次为430mm、620mm、60mm，并依据设计草图进行修剪（图14-18）。

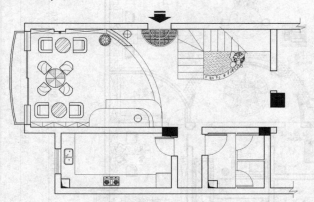

图14-18 卫生间内部绘制（一）

17）单击"绘图"工具栏中的"矩形"命令，依据设计草图在图形适当位置绘制一个100mm×120mm的矩形，在步骤16）中分割出的两个空间中分别绘制一个150mm×300mm的矩形，单击"修改"工具栏中的"偏移"命令，将该矩形向内偏移15mm（图14-19）。

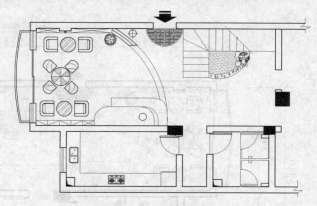

图14-19 卫生间内部绘制（二）

18）单击"绘图"工具栏中的"插入块"命令，系统弹出"插入"对话框，依据设计草图选择所需图形插入到图中，并进行修剪、整理（图14-20）。

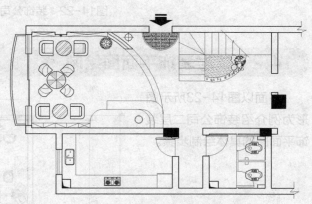

图14-20 卫生间内部绘制完成

19）依据上述方法完成其他空间的内部绘制（图14-21）。

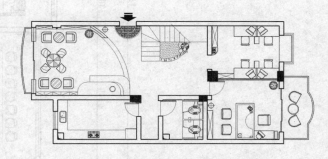

图14-21 其他空间内部绘制完成

20）依据设计草图添加文字、尺寸标注和其他，并进行整理至绘制完成（图14-22）。

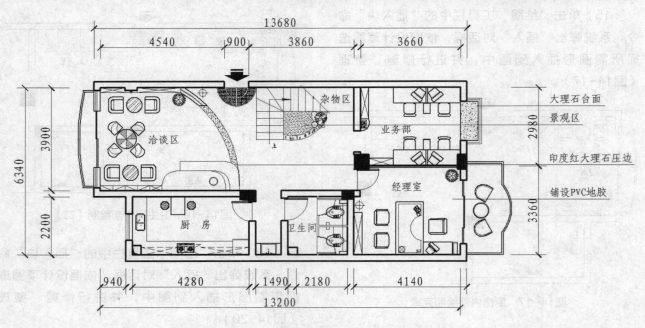

图14-22   装饰公司一层装饰平面图绘制完成

14.2   二层装饰平面图绘制

下面以图14-23所示图
形为例介绍装饰公司二层装
饰平面图的具体绘制步骤。

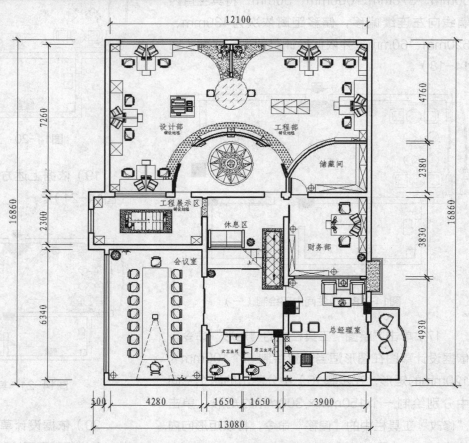

图14-23   装饰公司二层装饰平面图

14.2.1　绘图前准备

1）单击"标准"工具栏中的"打开"命令，系统弹出"打开文件"对话框，选择"装饰公司二层建筑平面图"文件，单击"打开"按钮，打开之前绘制好的装饰公司二层建筑平面图。

2）选择"文件"/"另存为"命令，将打开的"装饰公司二层建筑平面图"另存为"装饰公司二层装饰平面图"并进行整理（图14-24）。

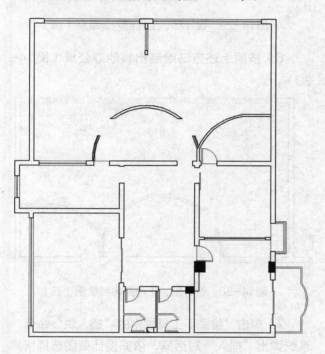

图14-24　整理装饰公司二层建筑平面图

14.2.2　绘制内容

1）单击"修改"工具栏中的"偏移"命令，依据设计草图将水平窗线向下进行连续偏移，偏移距离依次为300mm、50mm、250mm、700mm、10mm、230mm、10mm，将其竖直内墙线向左连续偏移，偏移距离依次为480mm、800mm、230mm、10mm、160mm、60mm、160mm、10mm、230mm、800mm、1200mm、50mm、100mm、2844mm、100mm、50mm、856mm、800mm、230mm、10mm、160mm、60mm、160mm、10mm、230mm、1900mm（图14-25）。

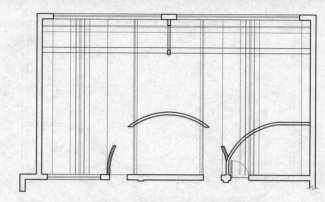

图14-25　设计部、工程部内部绘制（一）

2）单击"绘图"工具栏中的"圆"命令，依据设计草图在步骤1）中绘制图形适当位置绘制半径为1600mm的圆，单击"修改"工具栏中的"偏移"命令，将圆向外偏移100mm，单击"修改"工具栏中的"镜像"命令，以方形柱的中心为镜像中心镜像圆。再依据设计草图绘制一个半径为800mm的圆，将圆向内偏移15mm，并使圆与方柱相切（图14-26）。

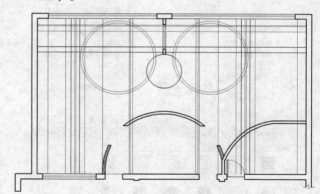

图14-26　设计部、工程部内部绘制（二）

3）单击"修改"工具栏中的"修剪"命令，依据设计草图对步骤2）中的图形进行修剪、整理（图14-27）。

4）单击"绘图"工具栏中的"图案填充"命令，打开"图案填充和渐变色"对话框。单击"图案"选项后面的按钮，打开"填充图案选项板"对话框，选择"其他预定义"选项卡中的DASH图案类型，单击"确定"按钮后退出（图14-28）。

5）单击"图案填充和渐变色"对话框右侧的"添加：拾取点"命令，依据设计草图选择步骤4）

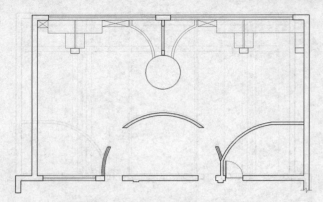

图14-27 设计部、工程部内部绘制（三）

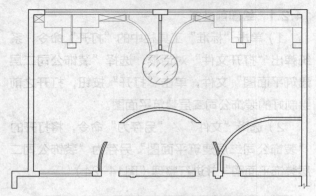

图14-29 设计部、工程部内部绘制（四）

6）按照上述方法绘制出其他办公桌（图14-30）。

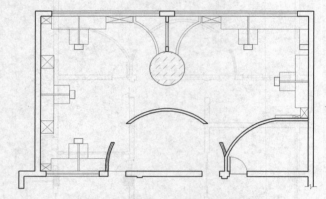

图14-30 设计部、工程部内部绘制（五）

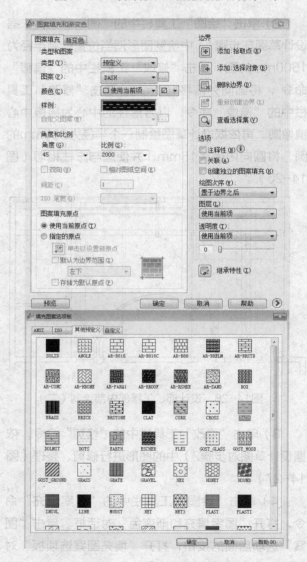

图14-28 选择圆内填充图案

中绘制的圆为填充区域后单击"确定"按钮，系统将会回到"图案填充和渐变色"对话框，设置角度为45°，填充比例为2000（图14-29）。

7）单击"绘图"工具栏中的"插入块"命令，系统弹出"插入"对话框，依据设计草图选择所需图形插入到图中，并进行修剪、整理（图14-31）。

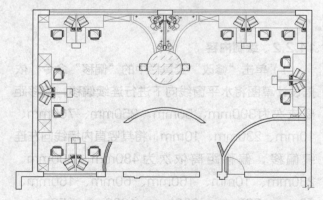

图14-31 设计部、工程部内部绘制（六）

8）单击"绘图"工具栏中的"图案填充"命令，打开"图案填充和渐变色"对话框。单击"图案"选项后面的按钮，打开"填充图案选项板"对话框，选择"其他预定义"选项卡中的AR-

SAND图案类型，单击"确定"按钮后退出（图
14-32）。

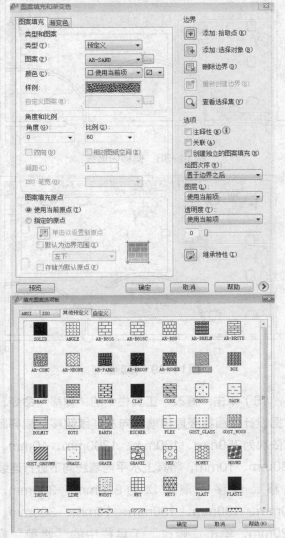

图14-32　选择图形内填充图案

9）单击"图案填充和渐变色"对话框右侧的
"添加：拾取点"命令，依据设计草图选择步骤8）
中绘制的圆为填充区域后单击"确定"按钮，系统
将会回到"图案填充和渐变色"对话框，填充比例
为60（图14-33）。

10）单击"绘图"工具栏中的"矩形"命令，
依据设计草图在图形适当位置绘制一个1137mm×
1037mm的矩形，并分解矩形，单击"修改"工具
栏中的"偏移"命令，将矩形的水平边向下连续偏
移，偏移距离依次为60mm、477mm、477mm。
在图形另一边适当位置再绘制一个1800mm×

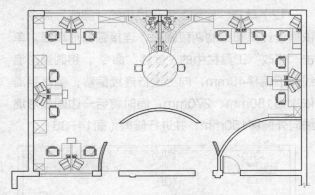

图14-33　设计部、工程部内部绘制（七）

700mm的矩形，并分解矩形，单击"修改"工具栏
中的"偏移"命令，将矩形的水平边向下偏移
350mm，将矩形的竖直边向右偏移两次，偏移距离
均为600mm，并依据设计草图进行修剪和补充（图
14-34）。

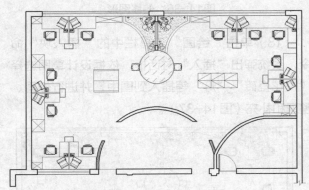

图14-34　设计部、工程部内部绘制（八）

11）单击"绘图"工具栏中的"插入块"命
令，系统弹出"插入"对话框，依据设计草图选择
所需图形插入到图中，并进行修剪、整理和补充
（图14-35）。

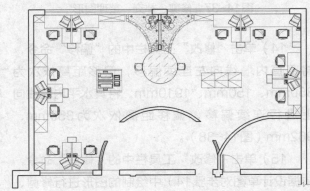

图14-35　设计部、工程部内部绘制完成

12）单击"绘图"工具栏中的"圆弧"命令，依据设计草图绘制两段圆弧，连接圆弧形墙线。单击"修改"工具栏中的"偏移"命令，将圆弧形墙线向下偏移40mm，向上进行连续偏移，偏移距离依次为180mm、270mm，同时将另一边圆弧形墙线向外偏移150mm，并进行修剪（图14-36）。

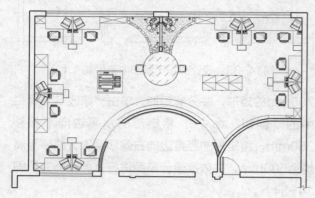

图14-36　偏移图形

13）单击"绘图"工具栏中的"插入块"命令，系统弹出"插入"对话框，依据设计草图选择"拼花瓷砖""灯"等插入到图中，并进行修剪、整理和补充（图14-37）。

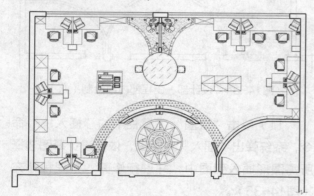

图14-37　修剪、补充、整理图形

14）单击"修改"工具栏中的"偏移"命令，将竖直内墙线向左连续偏移，偏移距离依次为350mm、150mm、1910mm，将其水平内墙线向上进行连续偏移，偏移距离依次为350mm、962mm（图14-38）。

15）单击"修改"工具栏中的"修剪"命令，依据设计草图对步骤14）中绘制的图形进行修剪、整理（图14-39）。

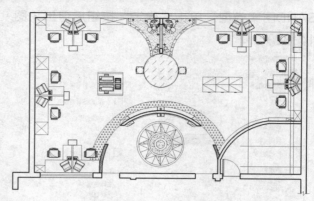

图14-38　偏移内墙线

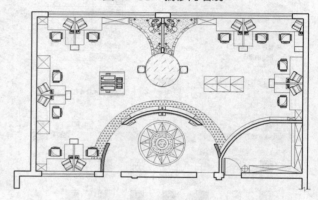

图14-39　修剪图形

16）单击"修改"工具栏中的"偏移"命令，依据设计草图将竖直内墙线向左连续偏移，偏移距离依次为250mm、100mm、1300mm、10mm、230mm、10mm，将其上水平内墙线向下进行连续偏移，偏移距离依次为820mm、300mm、10mm、190mm、190mm、10mm、300mm、820mm，单击"修改"工具栏中的"修剪"命令，依据设计草图对图形进行修剪、整理（图14-40）。

17）单击"绘图"工具栏中的"矩形"命令，依据设计草图在步骤16）区域适当位置绘制一个300mm×2000mm的矩形，在其垂直方向绘制一个1600mm×300mm的矩形，并分解矩形。单击"绘图"工具栏中的"直线"命令，依据设计草图绘制矩形的交叉线，并进行调整（图14-41）。

18）单击"绘图"工具栏中的"插入块"命令，系统弹出"插入"对话框，依据设计草图选择所需图形插入到图中，并进行修剪、整理和补充（图14-42）。

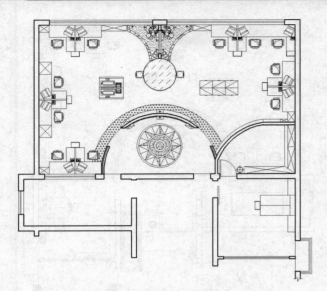

图14-40 财务部绘制（一）

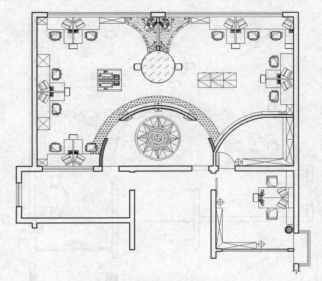

图14-42 财务部内部绘制完成

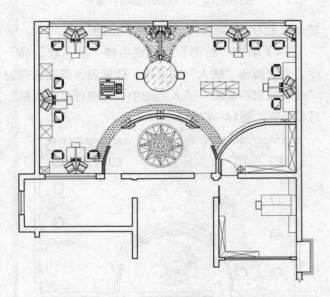

图14-41 财务部内部绘制（二）

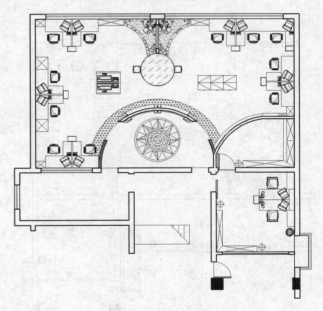

图14-43 二层楼梯绘制

19）单击"修改"工具栏中的"偏移"命令，依据设计草图将竖直内墙线向左连续偏移，偏移距离依次为1700mm、120mm、260mm、260mm、260mm，将其上水平内墙线向下进行连续偏移，偏移距离依次为1600mm、900mm，单击"绘图"工具栏中的"直线"命令，依据设计草图绘制一条斜线以及折断线，并依据设计草图对图形进行修剪、整理（图14-43）。

20）单击"绘图"工具栏中的"直线"命令，依据设计草图在图形适当位置绘制两条长度为735mm的平行直线（直线间距为20mm），单击"绘图"工具栏中的"圆"命令，在直线两端各绘制一个半径为30mm的圆。并依据需要复制直线和圆（图14-44）。

21）单击"绘图"工具栏中的"插入块"命令，系统弹出"插入"对话框，依据设计草图选择所需图形插入到图中，并进行修剪、整理和补充（图14-45）。

22）单击"绘图"工具栏中的"矩形"命令，依据设计草图在工程展示区中心位置绘制一个

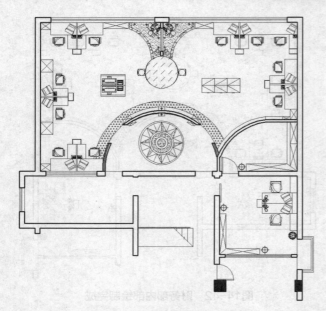

图14-44　绘制并复制图形

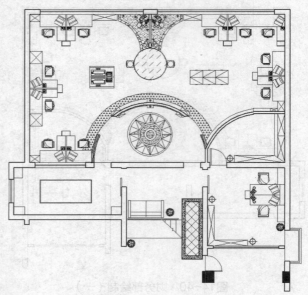

图14-46　工程展示区内部绘制

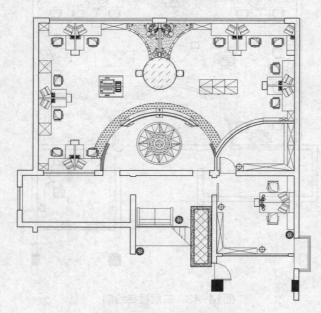

图14-45　插入所需图形

2450mm×1140mm的矩形，并将该矩形向内偏移25mm，然后在该区域的三个角落各绘制一个500mm×400mm的矩形，在其入口处绘制一个55mm×888mm的矩形，并依据设计草图进行修整（图14-46）。

23）单击"标准"工具栏中的"打开"命令，弹出"打开文件"对话框，选择"装饰公司二层建筑平面图"文件，单击"打开"按钮，打开之前绘制好的装饰公司二层建筑平面图，并将其定义为

块，块名为"装饰公司二层建筑平面图"。

24）单击"绘图"工具栏中的"插入块"命令，系统弹出"插入"对话框，依据设计草图选择"住宅建筑平面图"插入到图中，并进行修剪、整理和补充（图14-47）。

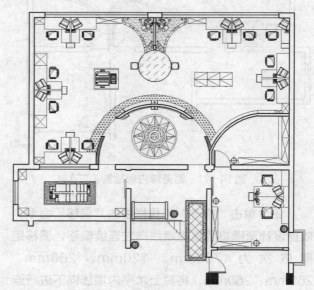

图14-47　工程展示区内部绘制完成

25）单击"绘图"工具栏中的"矩形"命令，依据设计草图在会议室中心位置绘制一个1200mm×4480mm的矩形，然后在该区域的下水平内墙线中点处绘制一个50mm×1800mm的矩形

（该矩形水平边的中点与会议室水平内墙线的中点一致），单击"绘图"工具栏中的"圆"命令，在图形适当位置绘制一个半径为120mm的圆，并将其向内进行偏移，偏移距离依次为66mm、36mm。最后依据设计草图进行修整（图14-48）。

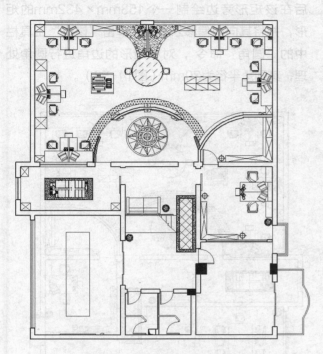

图14-48 会议室内部绘制

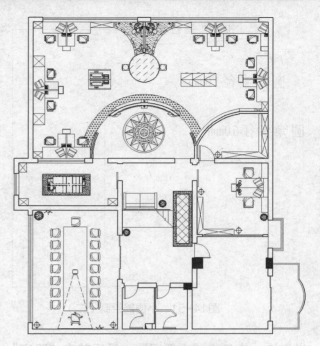

图14-49 会议室内部绘制完成

26）单击"绘图"工具栏中的"样条曲线"命令，依据设计草图在圆上绘制曲线。单击"绘图"工具栏中的"插入块"命令，系统弹出"插入"对话框，依据设计草图选择所需图形插入到图中，并进行修剪、整理和补充（图14-49）。

27）单击"绘图"工具栏中的"矩形"命令，在图形空白位置绘制一个175mm×450mm的矩形，并分解。单击"修改"工具栏中的"偏移"命令，依据设计草图将矩形的竖直边向左进行连续偏移，偏移距离依次为138mm、38mm、125mm，将其水平边向下进行连续偏移，偏移距离依次为50mm、350mm、50mm，单击"绘图"工具栏中的"直线"命令，依据设计草图绘制两条斜线（图14-50）。

28）单击"修改"工具栏中的"圆角"命令，依据设计草图对步骤27）中绘制的图形进行圆角处

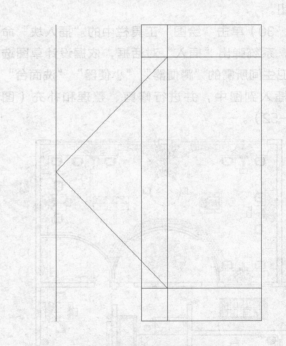

图14-50 小便器绘制（一）

理，单击"绘图"工具栏中的"圆"命令，在图形适当位置绘制一个半径为25mm的圆，并修剪（图14-51）。

29）单击"绘图"工具栏中的"块／创建块"命令，系统弹出"块定义"对话框。选择绘制好的图形为定义对象，选择任意点为基点，并将图形定

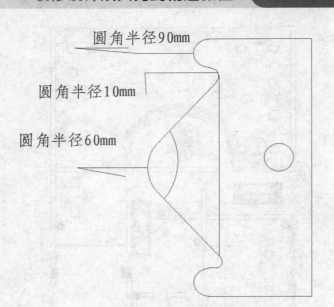

圆角半径90mm

圆角半径10mm

圆角半径60mm

图14-51 小便器绘制(二)

义为块,块名为"小便器",最后单击"确定"按钮。

30)单击"绘图"工具栏中的"插入块"命令,系统弹出"插入"对话框,依据设计草图选择卫生间所需的"蹲便器""小便器""洗面台"等插入到图中,并进行修剪、整理和补充(图14-52)。

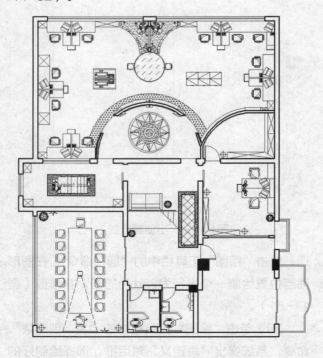

图14-52 插入所需图形

31)单击"绘图"工具栏中的"矩形"命令,依据设计草图在总经理办公室区域内绘制一个2000mm×900mm的矩形。单击"修改"工具栏中的"偏移"命令,将矩形向内偏移80mm,在其水平边向下绘制一个850mm×405mm的矩形,然后在该矩形旁边绘制一个153mm×432mm的矩形,并将其向内偏移27mm,单击"修改"工具栏中的"圆角"命令,对小矩形的边角进行圆角处理,其圆角半径为30mm(图14-53)。

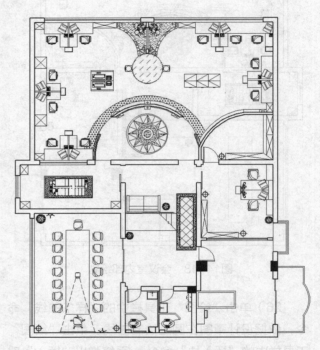

图14-53 总经理室内部绘制

32)单击"绘图"工具栏中的"插入块"命令,系统弹出"插入"对话框,依据设计草图选择总经理室所需图形插入到图中,并进行修剪、整理和补充(图14-54)。

33)单击"绘图"工具栏中的"插入块"命令,系统弹出"插入"对话框,依据设计草图选择其他所需图形插入到图中,并进行修剪、整理和补充(图14-55)。

34)依据设计草图添加文字、尺寸标注和其他,并进行整理(图14-56)。

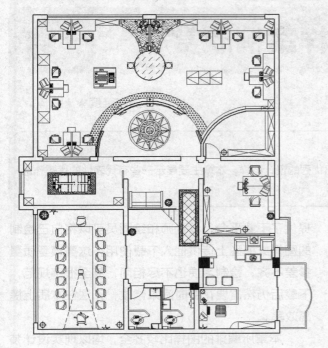

图14-54 总经理室内部绘制完成

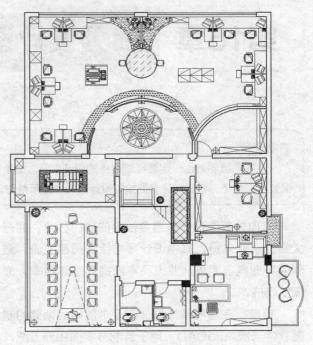

图14-55 补充其他

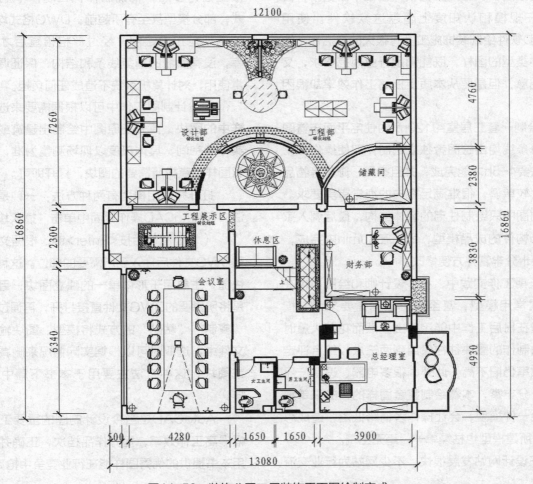

图14-56 装饰公司二层装饰平面图绘制完成

第15章　优秀设计图样案例欣赏

操作难度★★☆☆☆

本章介绍

　　再好的绘制者也一定要经过诸多的刻苦训练才能绘制出优秀的设计图样，本章主要展示一些有代表性的优秀作品供读者们参考，希望对读者们绘制设计图样会有所帮助。

　　室内外装饰设计是当今社会的热门行业，拥有大量的从业人员，其中设计师与绘图员是主流，激烈的行业竞争要求从业人员不断提高工作效率，降低工作成本。

　　目前，在国内装饰设计行业中使用最频繁的制图软件当属AutoCAD，用于绘制方案图和施工图，以黑色线条居多。虽然其他软件也在不断更新，但是很难在规模和认知度上超越这款软件。使用AutoCAD软件绘制装饰施工图有很大的灵活性，能完成各种类型的图样，既能满足行业规范要求，又能自主创意，但是要从本质上提高工作效率却很困难。

　　以绘制一套三居室约120m²的住宅平面布置图为例，每条线均由绘图者独立绘制，即使操作非常熟练也需要4~5h才能完成，并且家具、陈设等物品的形态比较单调，很难满足客户的视觉审美要求。如果在制图中只绘制住宅的墙体结构，最后调入家具和装饰构件的成品模型，即可在30min内完成，图面效果十分丰富并方便修改。

　　在长期工作实践中，很多设计师和绘图员也在不断积累常用模型，甚至自己根据需要来绘制模型，希望在日后工作中能用得上，然而花费大量时间和精力制作的图块往往只用到两三次，综合评定的工作效率仍旧不高。此外，很多电器、设备产品的细节十分丰富，本着绘制整套图样的目的来单独制作其中一件模型，会让操作者情绪低落，造成思维疲劳，所建模型也枯燥单一，毫无生气。

　　现在设计网站发展很快，不少网站为行业交流提供了下载平台，设计师和绘图员可以将自己绘制的图样或模型上传供他人下载使用，这类模型质量参差不齐，绘制习惯也不尽相同，甚至很不规范，下载后仍然需要花费时间来修改，无法在本质上提高效率。

　　本章所编排的图样比较齐全，均以现实设计装修工程为参照，精确制作，在制作中把握前沿样式，部分模型甚至有所超前。DWG格式均按照软件使用规范正确绘制，经过严格检查后才收入模型库，没有隐藏的重复线条和结构，保证调入后能正常使用，对计算机系统不造成任何负担。

　　在设计制图工作中可以根据需要来选用本章图样中的图块，首先在原图中绘制出建筑或构造的真实环境空间，具体尺度以现场测量为准，然后在本章图样中查找所需要的图块，打开即可。

　　打开并使用模型有两种方法：一种是插入块方法，在AutoCAD操作界面中单击"插入块"或输入"i"（快捷键）后按<Enter>键，根据文件名寻找到DWG文件后插入到所需要的部位。这种方法方便快捷，主要用于形体单一的独立图块；另一种方法是将所需要的DWG文件直接打开，再通过"选取""复制""粘贴"的方式将模型、图块输入到图样文件中，选取时可以根据实际情况来删减部分结构或图块，这种方法主要用于本书下篇中的实例图样。

　　AutoCAD是当今设计制图的重要工具，能大幅提高工作效率，提升作品档次，正确并合理地运用本书提供的优秀图样能在行业竞争中抢尽先机。

15.1 住宅空间设计图

15.1.1 128m²住宅设计图（图15-1~图15-5）

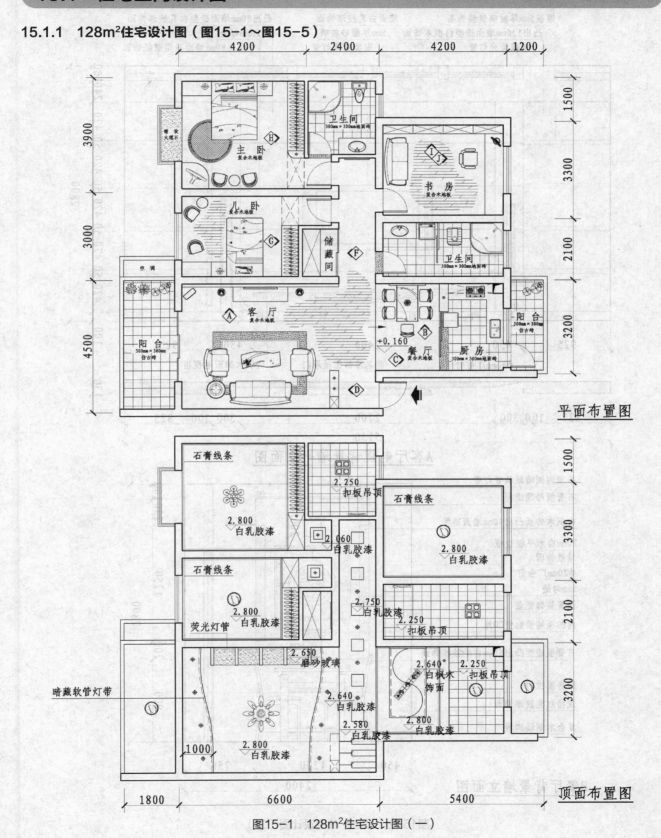

图15-1 128m²住宅设计图（一）

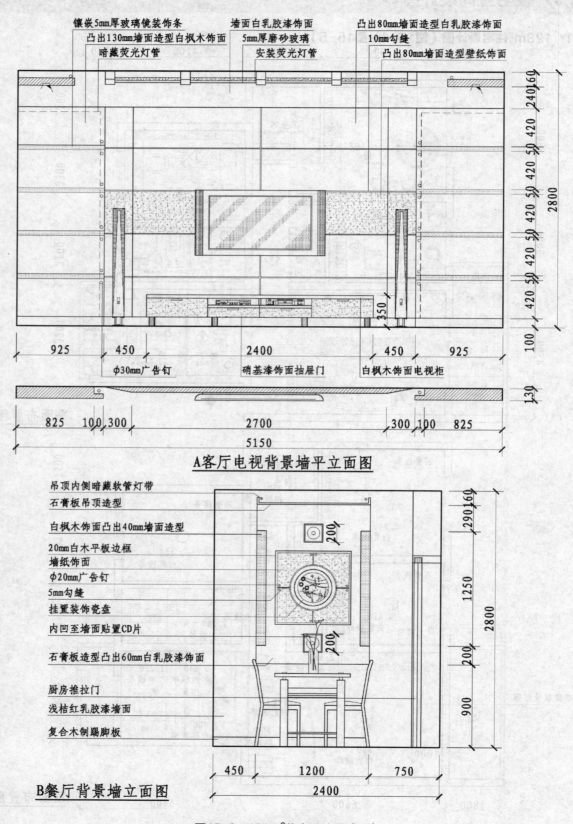

镶嵌5mm厚玻璃镜装饰条
凸出130mm墙面造型白枫木饰面
暗藏荧光灯管

墙面白乳胶漆饰面
5mm厚磨砂玻璃
安装荧光灯管

凸出80mm墙面造型白乳胶漆饰面
10mm勾缝
凸出80mm墙面造型壁纸饰面

φ30mm广告钉
硝基漆饰面抽屉门
白枫木饰面电视柜

A客厅电视背景墙平立面图

吊顶内侧暗藏软管灯带
石膏板吊顶造型
白枫木饰面凸出40mm墙面造型
20mm白木平板边框
墙纸饰面
φ20mm广告钉
5mm勾缝
挂置装饰瓷盘
内凹至墙面贴置CD片
石膏板造型凸出60mm白乳胶漆饰面

厨房推拉门
浅桔红乳胶漆墙面
复合木制踢脚板

B餐厅背景墙立面图

图15-2 128m²住宅设计图（二）

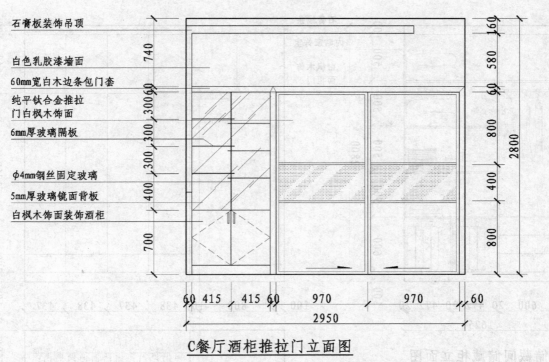

石膏板装饰吊顶

白色乳胶漆墙面

60mm宽白木边条包门套

纯平钛合金推拉门白枫木饰面

6mm厚玻璃隔板

φ4mm钢丝固定玻璃

5mm厚玻璃镜面背板

白枫木饰面装饰酒柜

C餐厅酒柜推拉门立面图

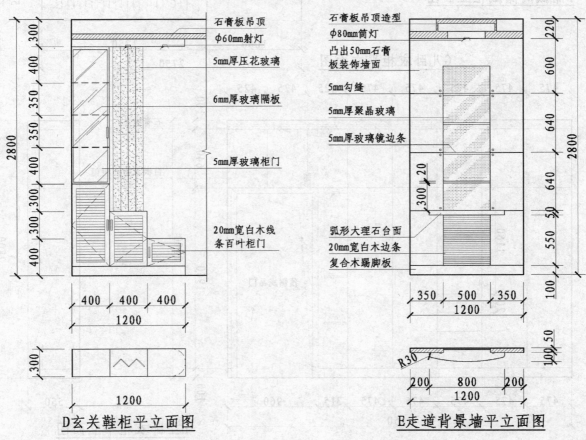

石膏板吊顶
φ60mm射灯

5mm厚压花玻璃

6mm厚玻璃隔板

5mm厚玻璃柜门

20mm宽白木线条百叶柜门

D玄关鞋柜平立面图

石膏板吊顶造型
φ80mm筒灯

凸出50mm石膏板装饰墙面

5mm勾缝

5mm厚聚晶玻璃

5mm厚玻璃镜边条

弧形大理石台面
20mm宽白木边条
复合木踢脚板

E走道背景墙平立面图

图15-3　128m² 住宅设计图（三）

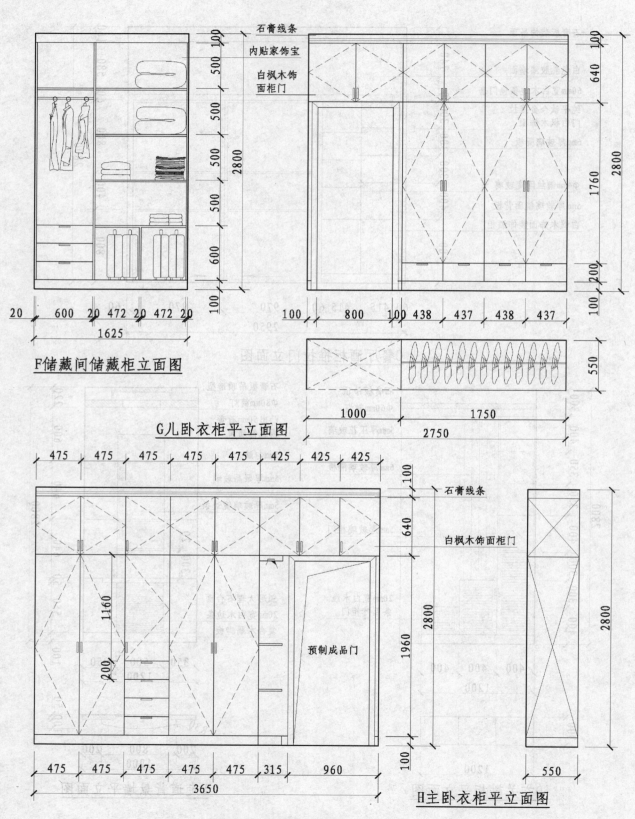

F储藏间储藏柜立面图

G儿卧衣柜平立面图

H主卧衣柜平立面图

图15-4 128m² 住宅设计图（四）

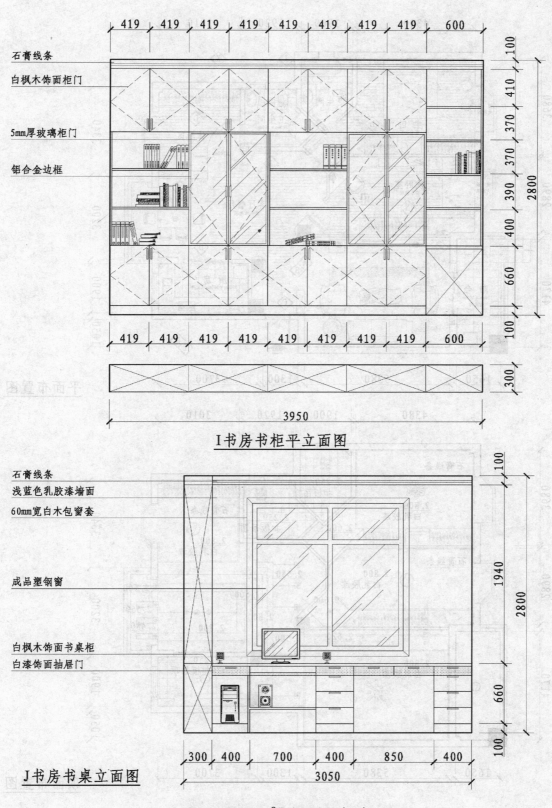

I书房书柜平立面图

J书房书桌立面图

图15-5 128m²住宅设计图（五）

15.1.2 138m²住宅设计图（图15-6～图15-12）

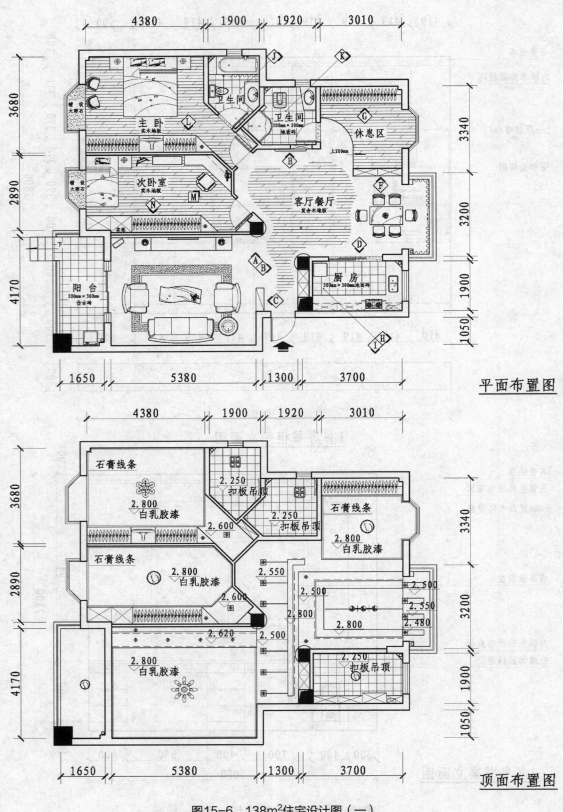

平面布置图

顶面布置图

图15-6 138m²住宅设计图（一）

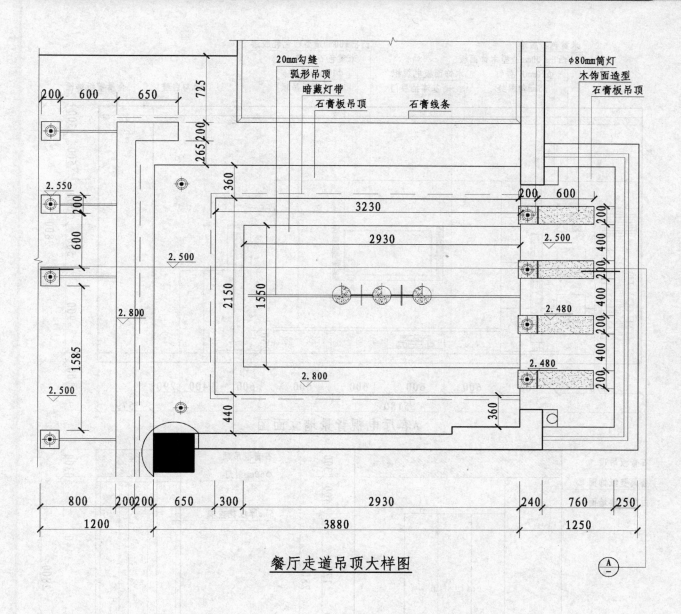

20mm勾缝
弧形吊顶
暗藏灯带
石膏板吊顶
石膏线条
φ80mm筒灯
木饰面造型
石膏板吊顶

餐厅走道吊顶大样图

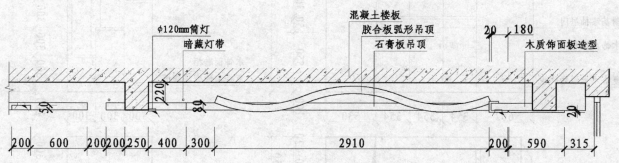

φ120mm筒灯
暗藏灯带
混凝土楼板
胶合板弧形吊顶
石膏板吊顶
木质饰面板造型

A剖面图

图15-7 138m² 住宅设计图（二）

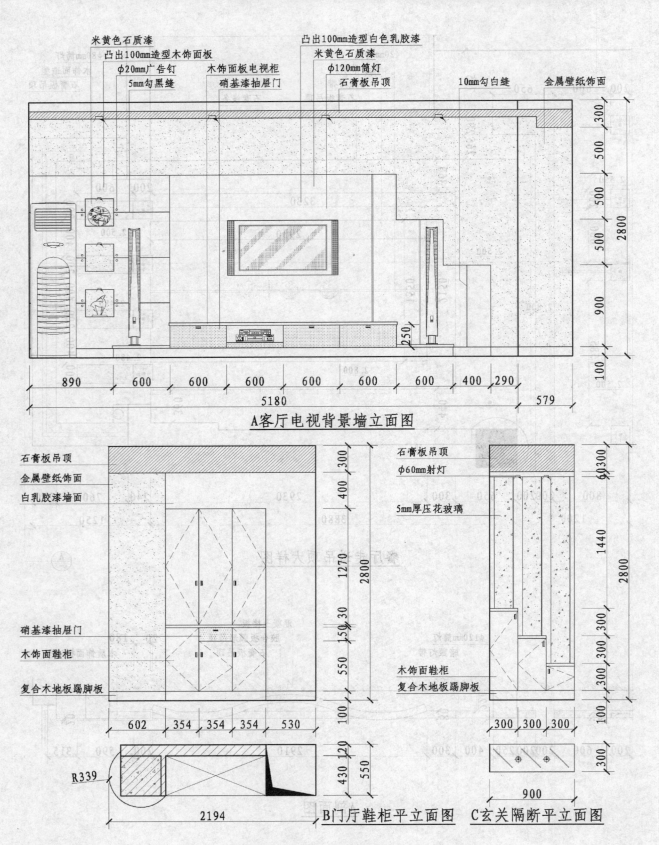

图15-8 138m²住宅设计图（三）

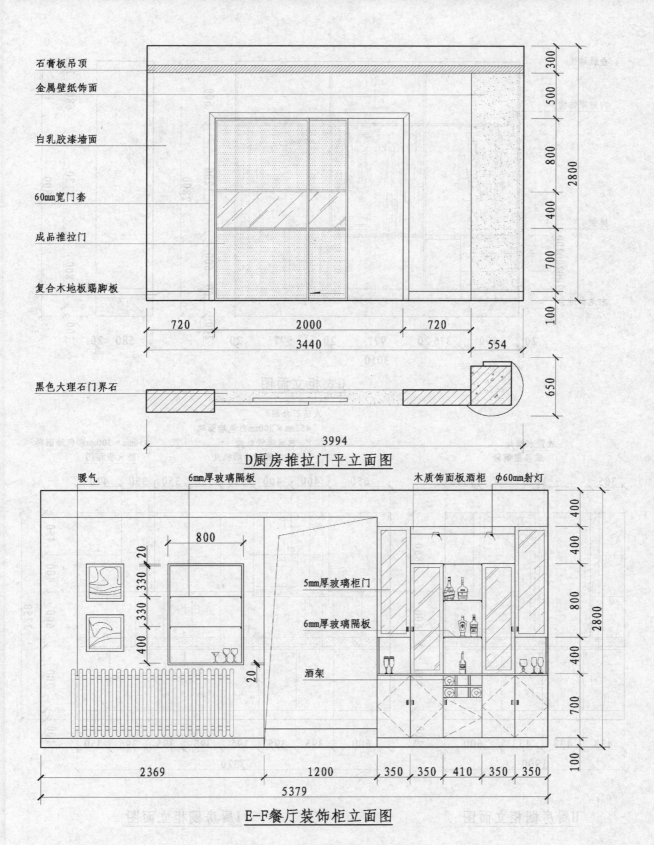

石膏板吊顶

金属壁纸饰面

白乳胶漆墙面

60mm宽门套

成品推拉门

复合木地板踢脚板

黑色大理石门界石

300
500
800
2800
400
700
100

720 2000 720
3440 554
3994
650

D厨房推拉门平立面图

暖气 6mm厚玻璃隔板 木质饰面板酒柜 φ60mm射灯

800
20
330
330
330
400
20

5mm厚玻璃柜门

6mm厚玻璃隔板

酒架

400
400
400
800
2800
400
700
100

2369 1200 350 350 410 350 350
5379

E-F餐厅装饰柜立面图

图15-9 138m²住宅设计图（四）

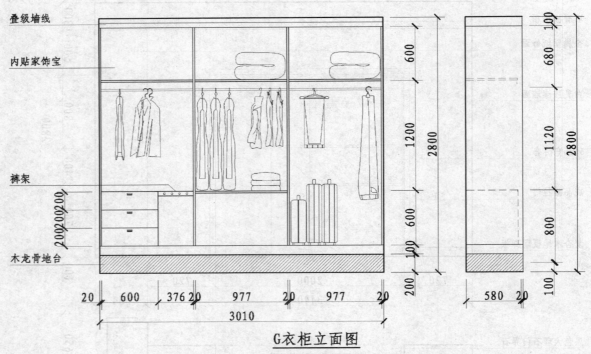

G衣柜立面图

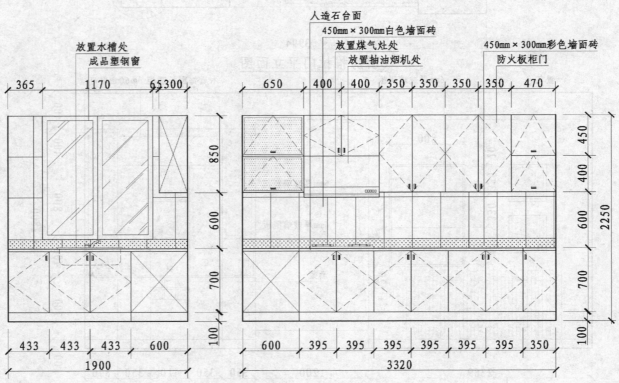

H厨房橱柜立面图　　　　　I厨房橱柜立面图

图15-10　138m²住宅设计图（五）

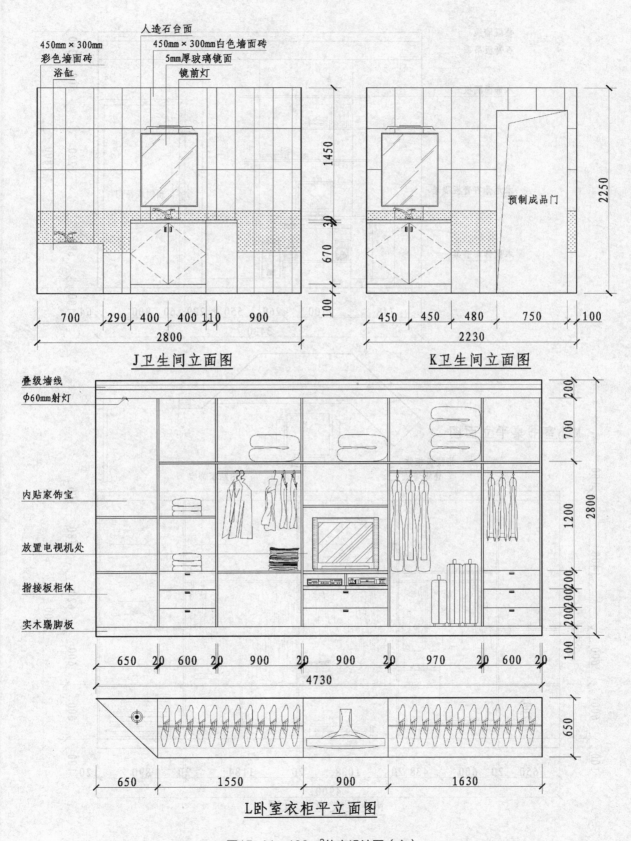

图15-11 138m²住宅设计图（六）

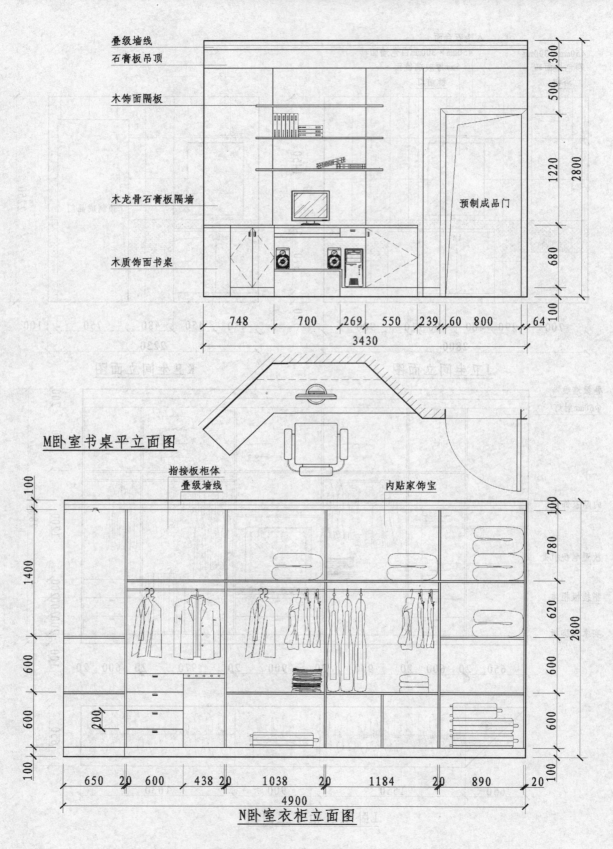

叠级墙线

石膏板吊顶

木饰面隔板

木龙骨石膏板隔墙

木质饰面书桌

预制成品门

748 700 269 550 239 60 800 64
3430

300 500 1220 2800 680 100

M卧室书桌平立面图

指接板柜体
叠级墙线
内贴家饰宝

1400 600 600 200 100

100 780 620 2800 600 600 100

650 20 600 438 20 1038 20 1184 20 890 20
4900

N卧室衣柜立面图

图15-12　138m²住宅设计图（七）

15.2 宾馆空间设计图

15.2.1 宾馆大厅设计图（图15-13～图15-17）

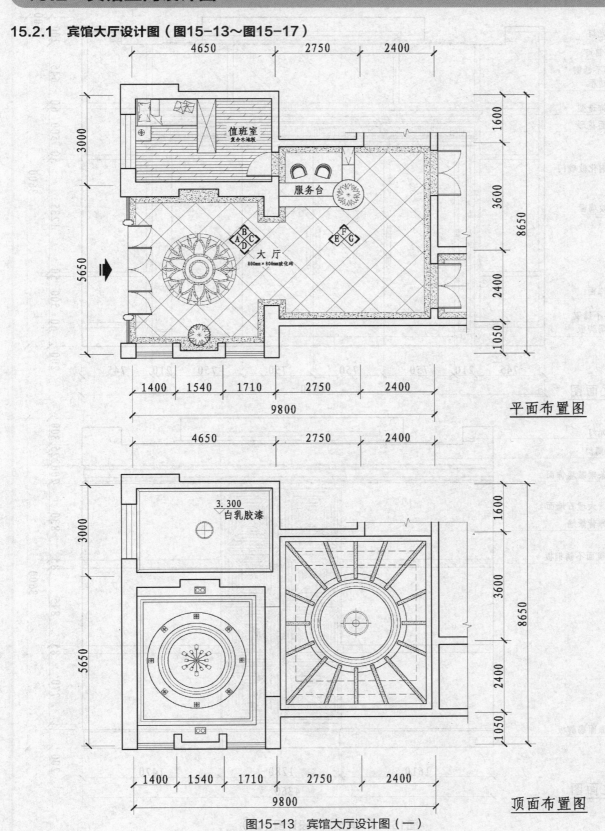

图15-13 宾馆大厅设计图（一）

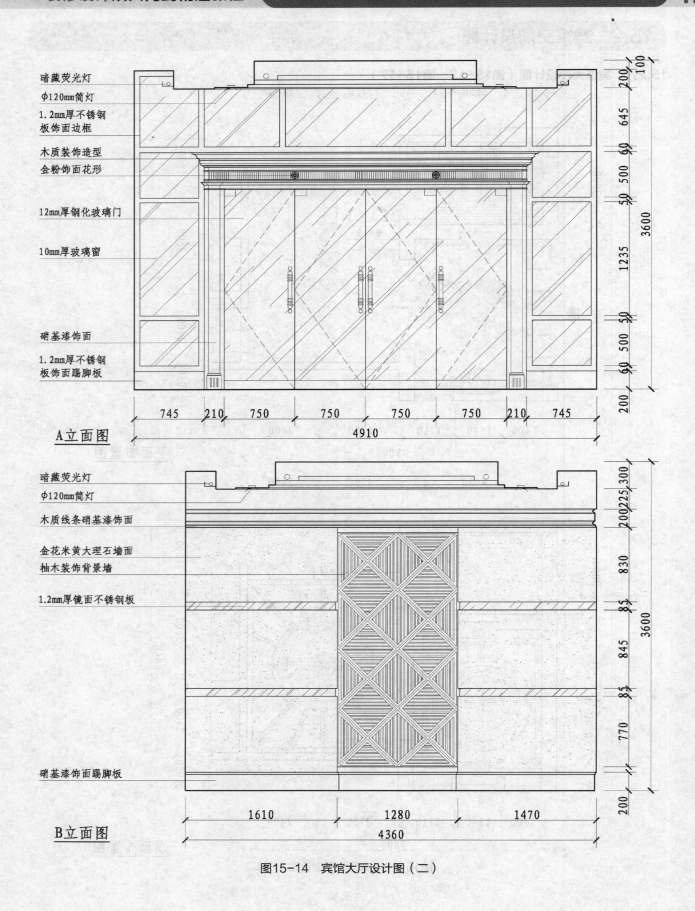

图15-14　宾馆大厅设计图（二）

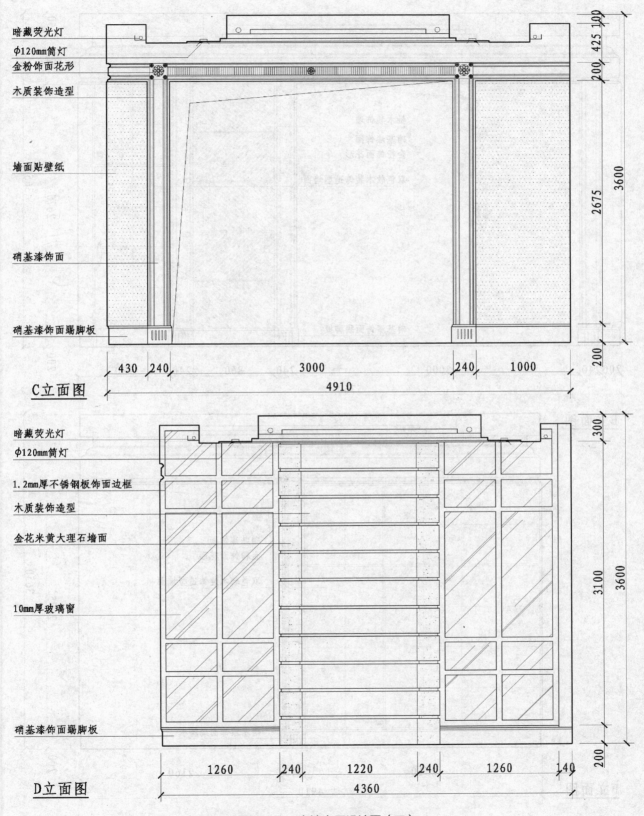

图15-15 宾馆大厅设计图（三）

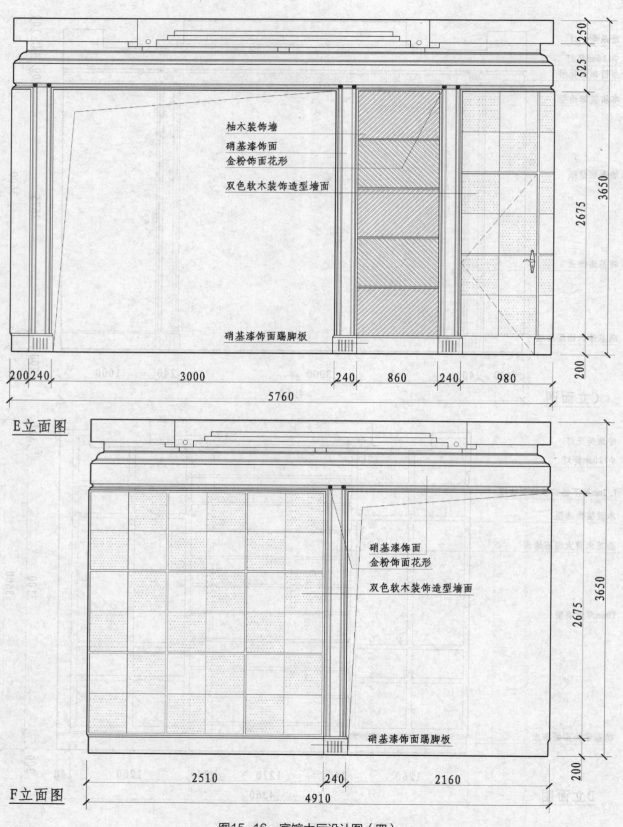

柚木装饰墙

硝基漆饰面

金粉饰面花形

双色软木装饰造型墙面

硝基漆饰面踢脚板

E立面图

250
525
3650
2675
200

200 240　3000　240　860　240　980
5760

硝基漆饰面
金粉饰面花形

双色软木装饰造型墙面

硝基漆饰面踢脚板

F立面图

3650
2675
200

2510　240　2160
4910

图15-16　宾馆大厅设计图（四）

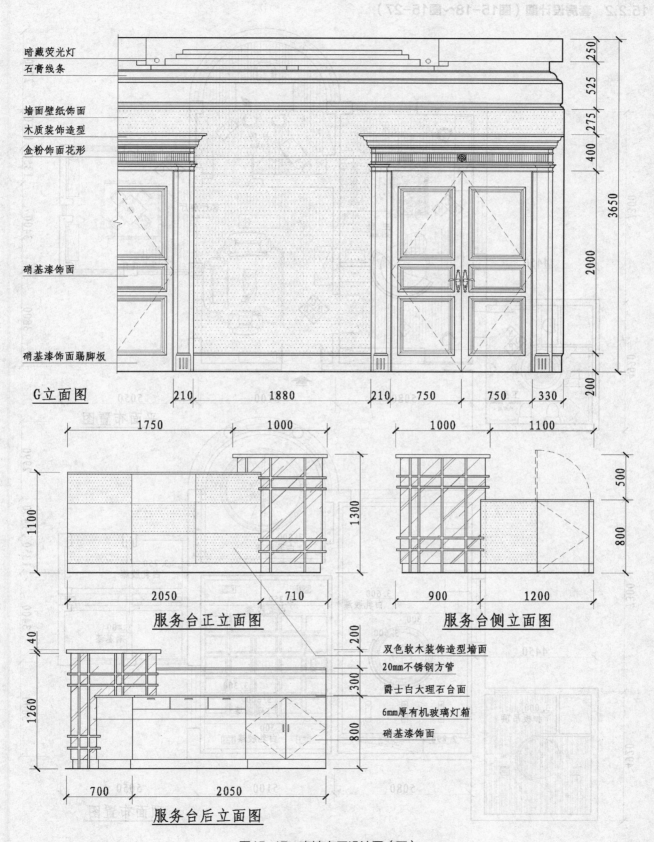

图15-17 宾馆大厅设计图（五）

15.2.2 套房设计图（图15-18～图15-27）

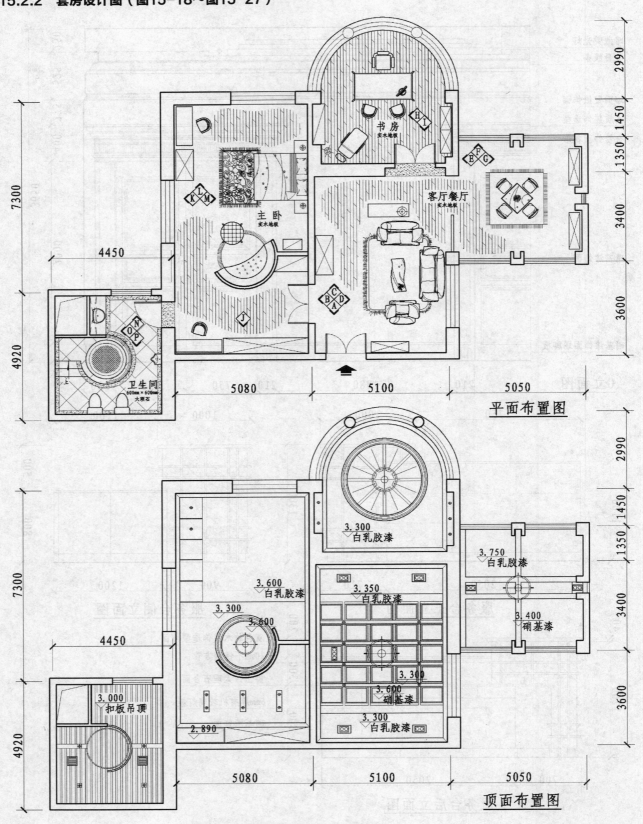

图15-18　套房设计图（一）

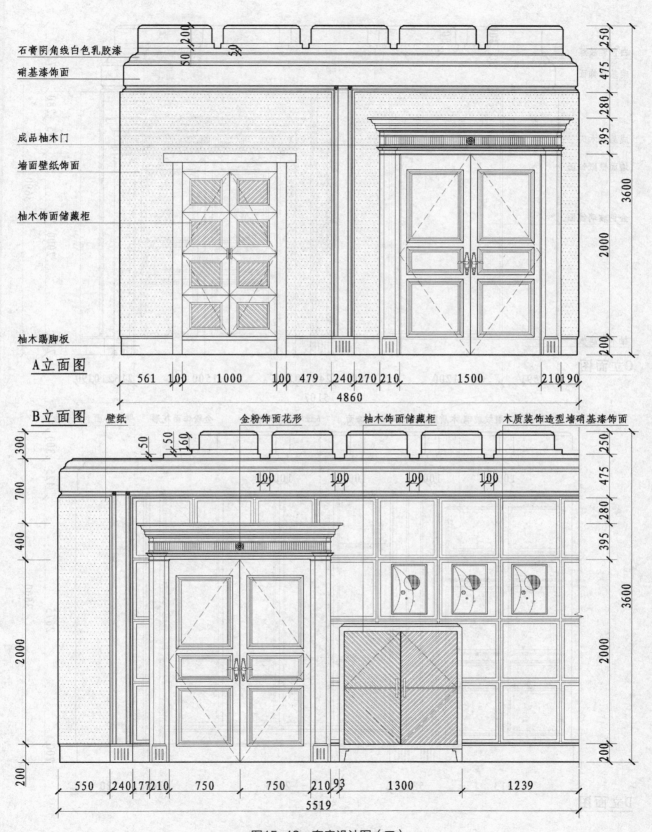

图15-19　套房设计图（二）

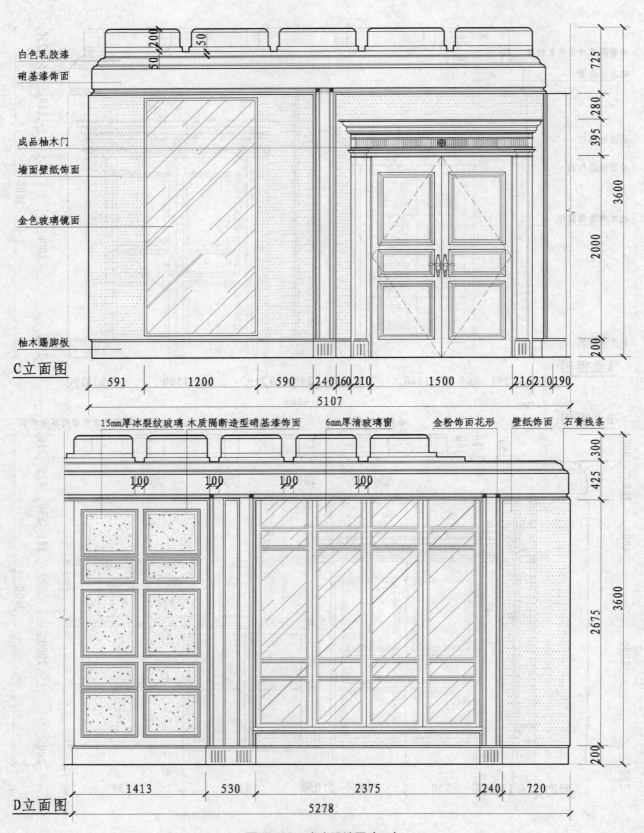

图15-20 套房设计图（三）

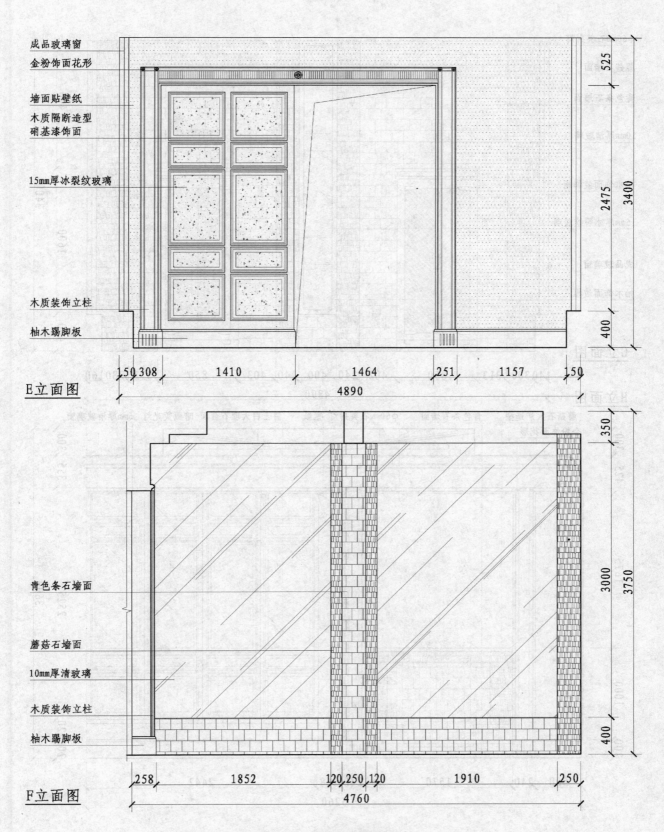

图15-21　套房设计图（四）

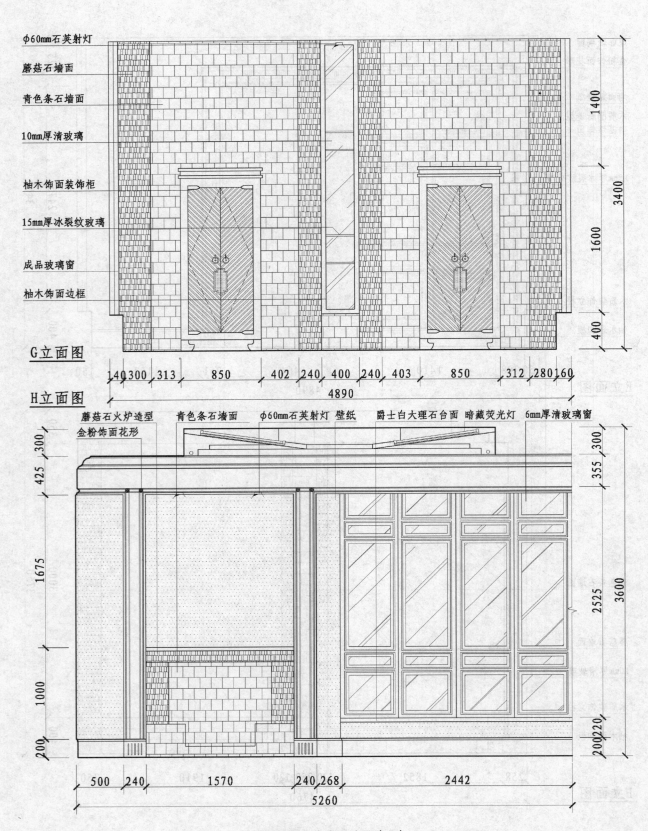

图15-22 套房设计图（五）

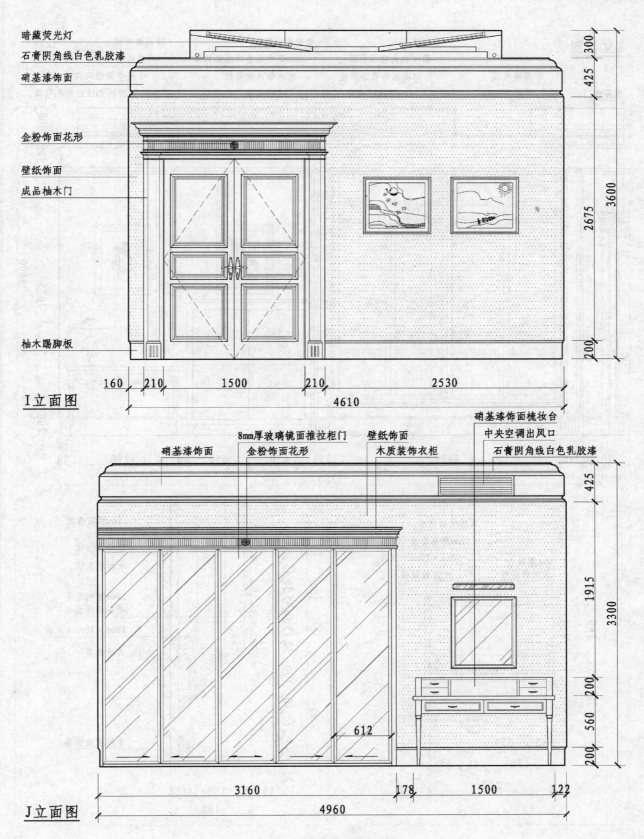

图15-23 套房设计图（六）

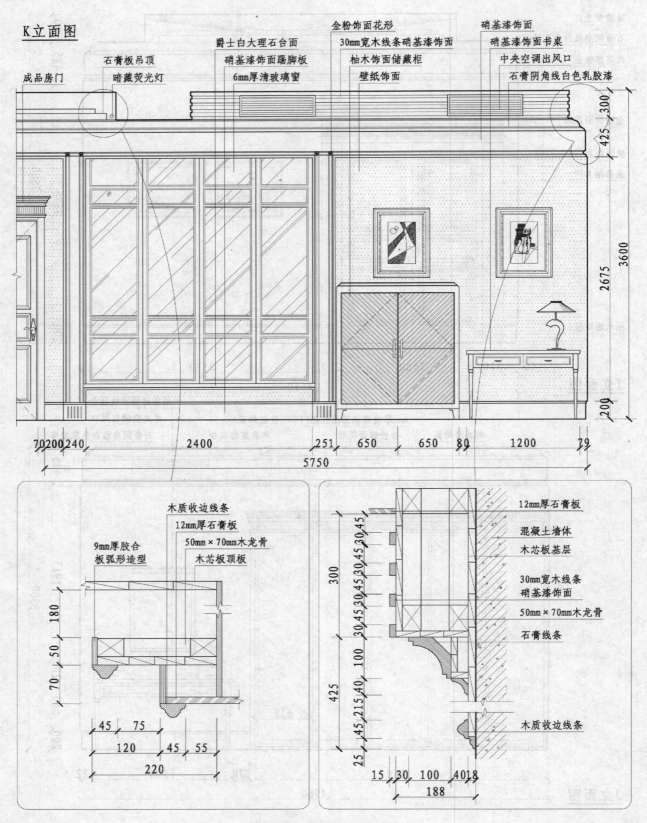

图15-24　套房设计图（七）

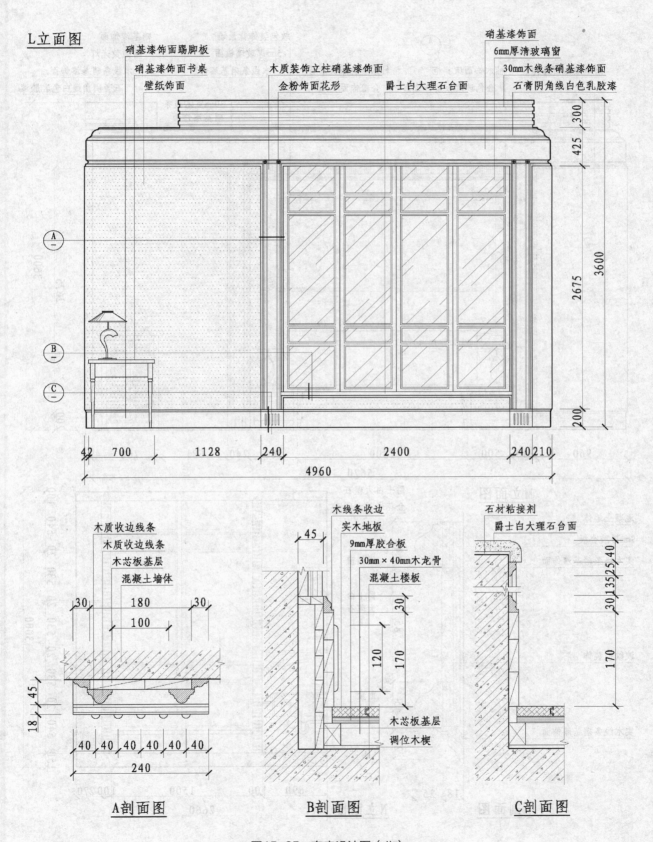

图15-25 套房设计图（八）

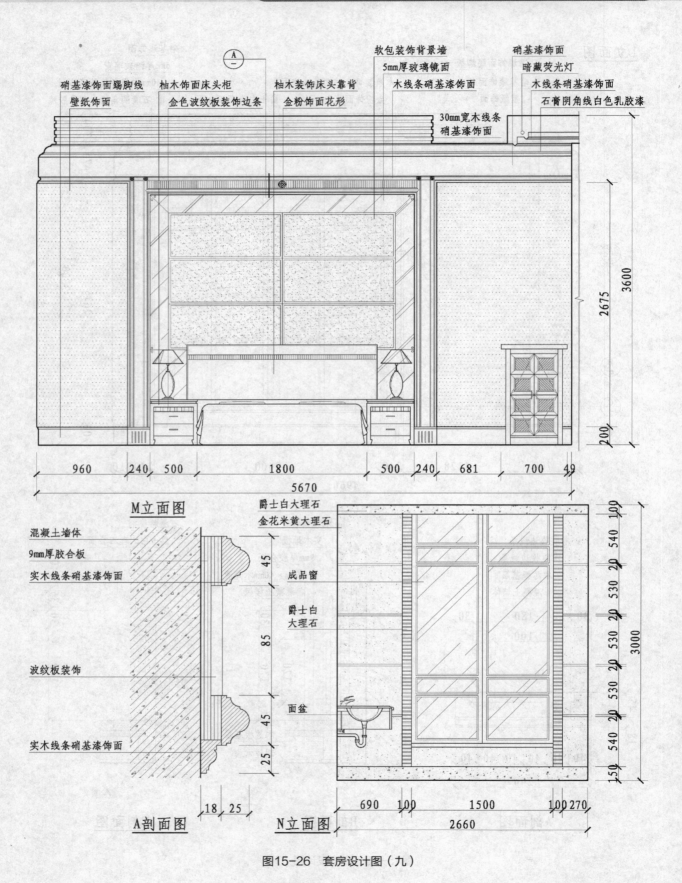

图15-26　套房设计图（九）

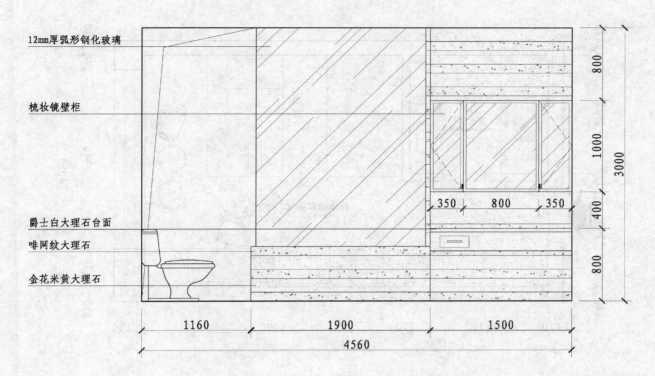

12mm厚弧形钢化玻璃

梳妆镜壁柜

爵士白大理石台面

啡网纹大理石

金花米黄大理石

O立面图

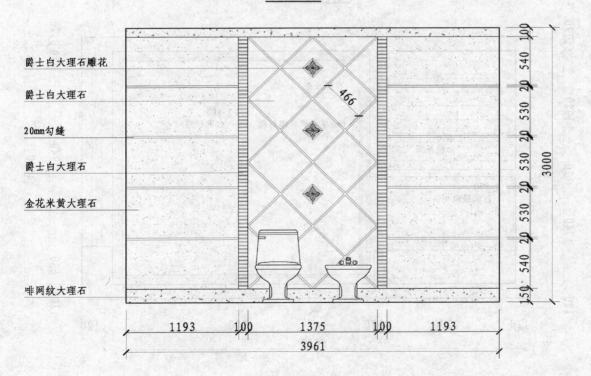

爵士白大理石雕花

爵士白大理石

20mm勾缝

爵士白大理石

金花米黄大理石

啡网纹大理石

P立面图

图15-27 套房设计图（十）

15.2.3 标准间设计图（图15-28～图15-30）

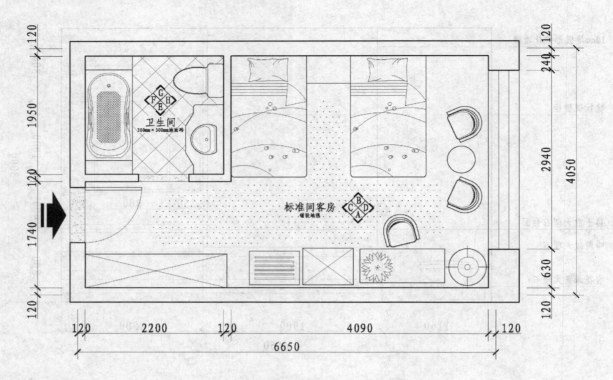

平面布置图

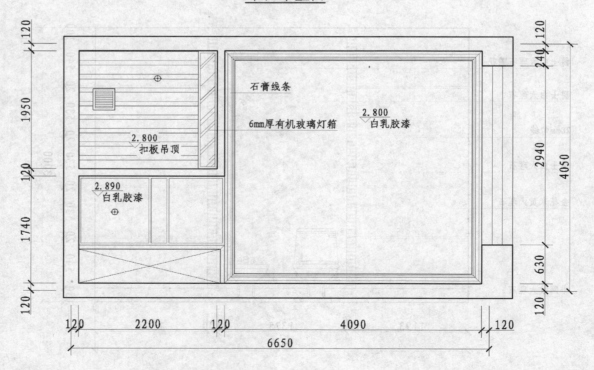

顶面布置图

图15-28 标准间设计图（一）

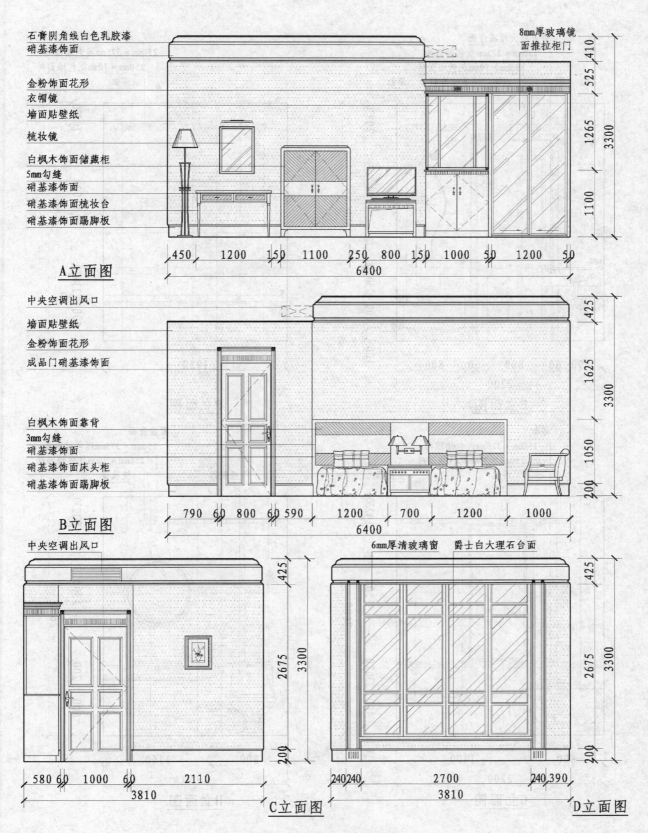

石膏阴角线白色乳胶漆
硝基漆饰面

金粉饰面花形
衣帽镜
墙面贴壁纸
梳妆镜
白枫木饰面储藏柜
5mm勾缝
硝基漆饰面
硝基漆饰面梳妆台
硝基漆饰面踢脚板

8mm厚玻璃镜面推拉柜门

410
525
1265
1100
3300

450　1200　150　1100　250　800　150　1000　50　1200　50
6400

A立面图

中央空调出风口
墙面贴壁纸
金粉饰面花形
成品门硝基漆饰面

白枫木饰面靠背
3mm勾缝
硝基漆饰面
硝基漆饰面床头柜
硝基漆饰面踢脚板

425
1625
1050
200
3300

790　60　800　60　590　1200　700　1200　1000
6400

B立面图

中央空调出风口

425
2675
200
3300

580　60　1000　60　2110
3810

C立面图

6mm厚清玻璃窗　爵士白大理石台面

425
2675
200
3300

240　240　2700　240　390
3810

D立面图

图15-29　标准间设计图（二）

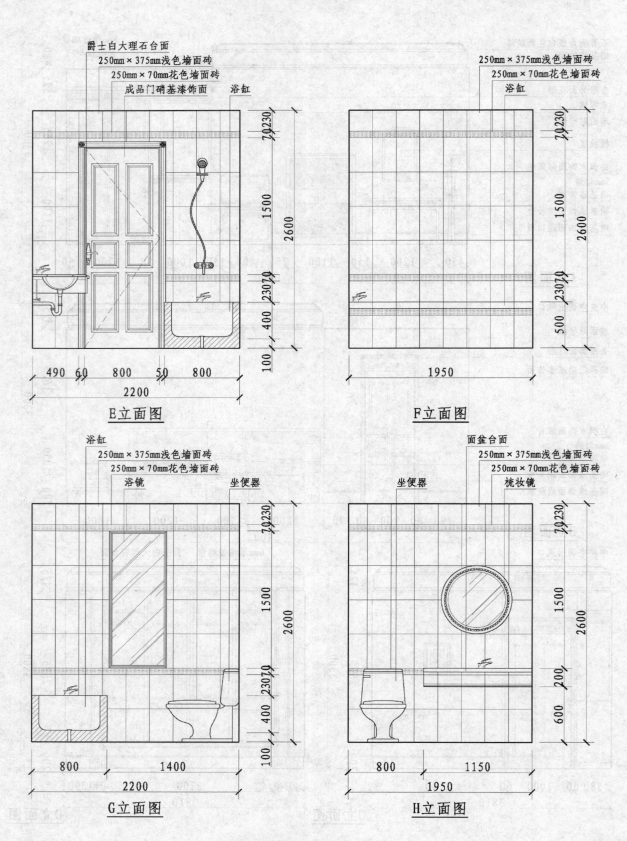

图15-30 标准间设计图（三）

15.3 餐饮空间设计图

15.3.1 酒吧设计图（图15-31～图15-33）

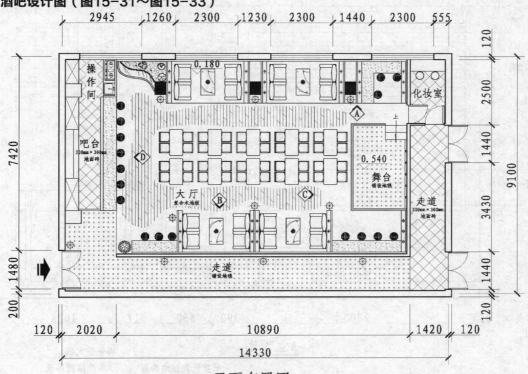

平面布置图

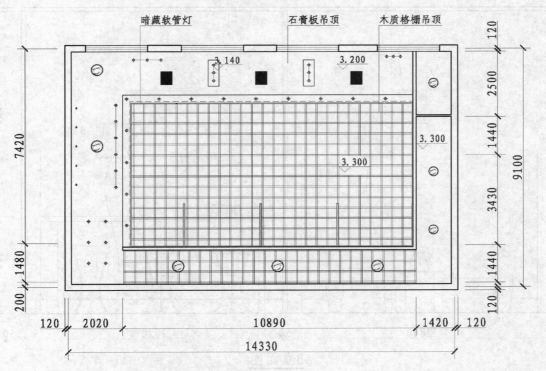

顶面布置图

图15-31 酒吧设计图（一）

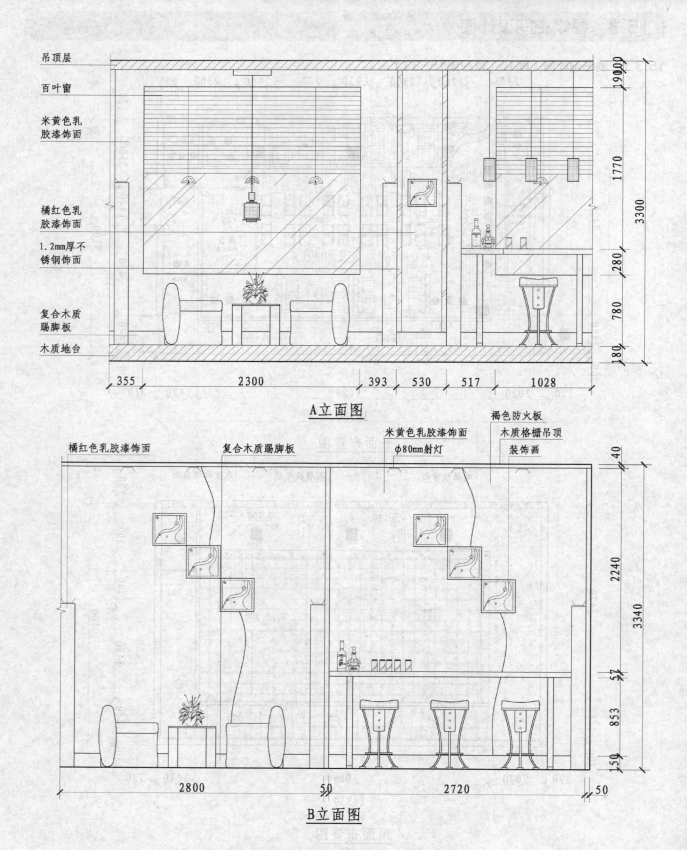

图15-32 酒吧设计图（二）

15.3.2　自动绘制立体图（图15-34~图15-39）

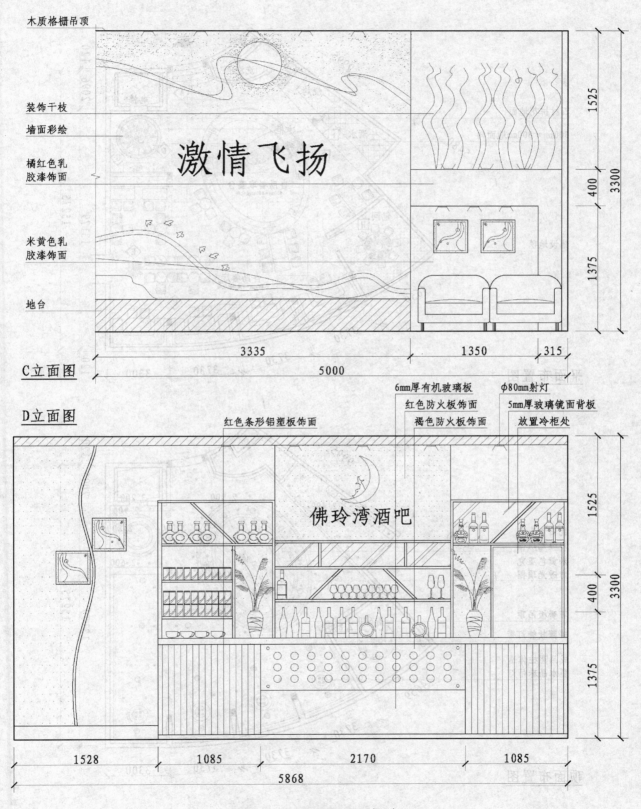

图15-33　酒吧设计图（三）

15.3.2　自助餐厅设计图（图15-34～图15-39）

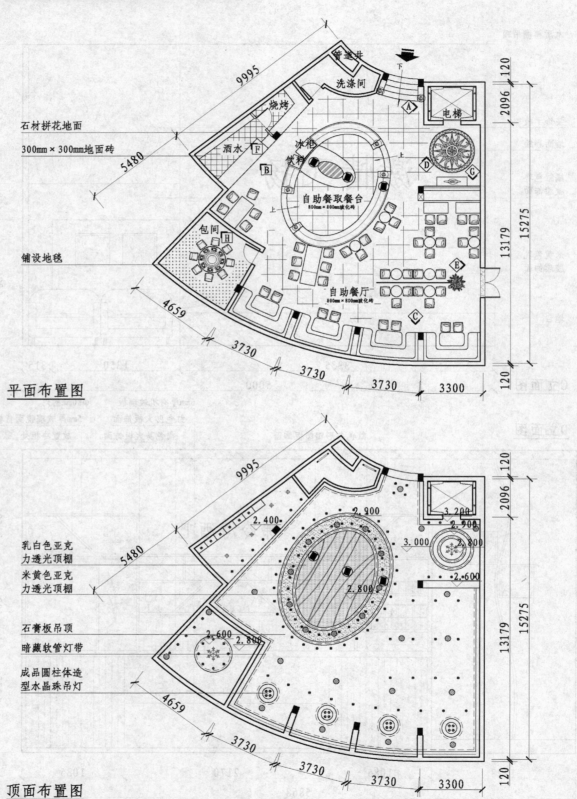

平面布置图

顶面布置图

图15-34　自助餐厅设计图（一）

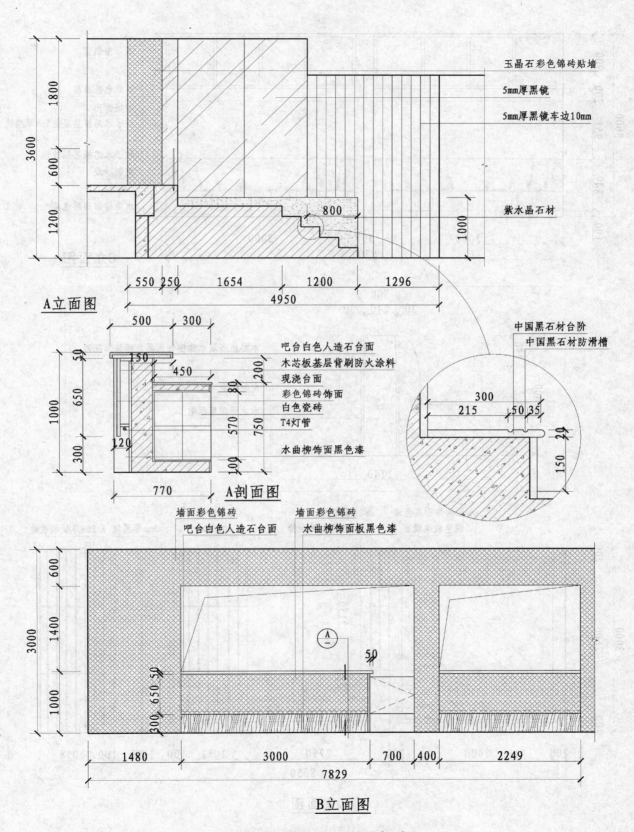

图15-35 自助餐厅设计图(二)

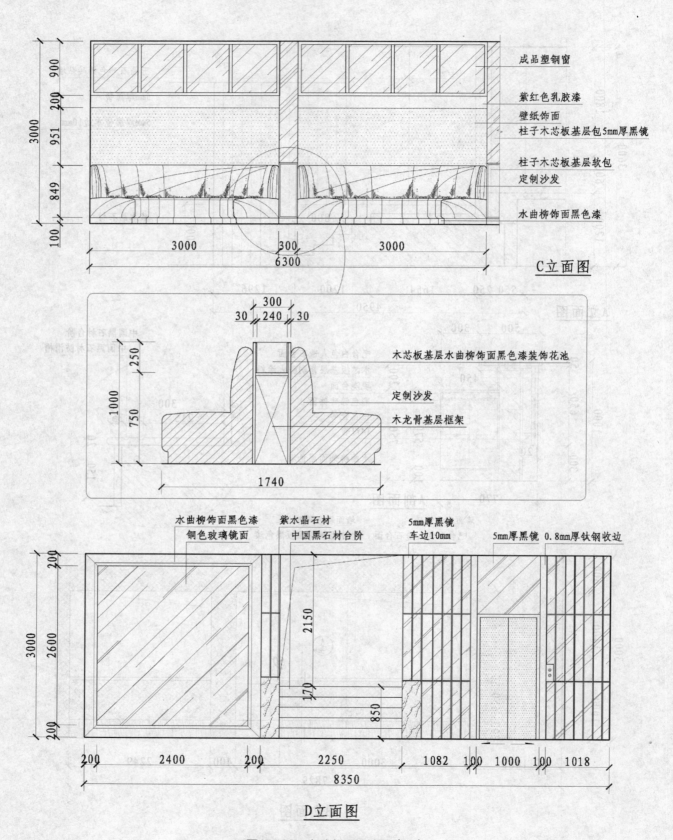

图15-36　自助餐厅设计图（三）

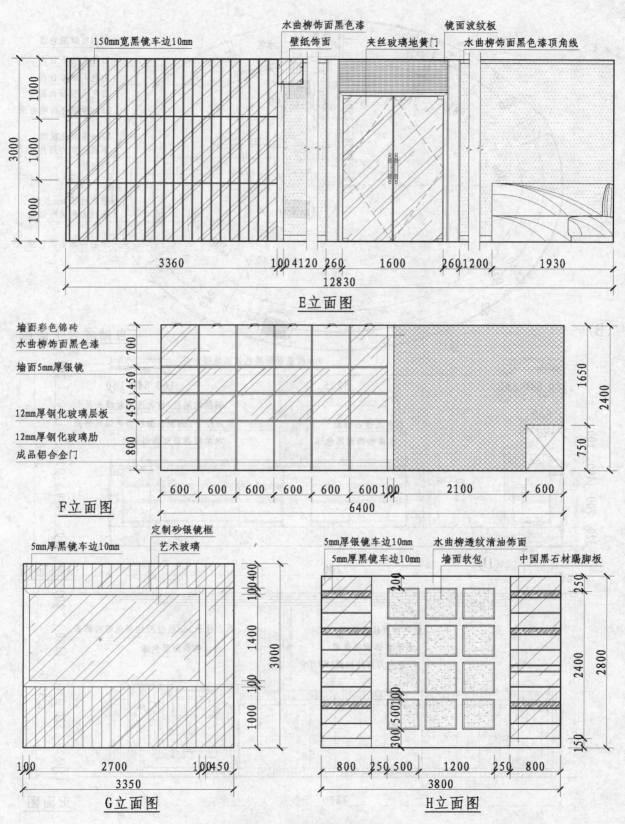

图15-37 自助餐厅设计图（四）

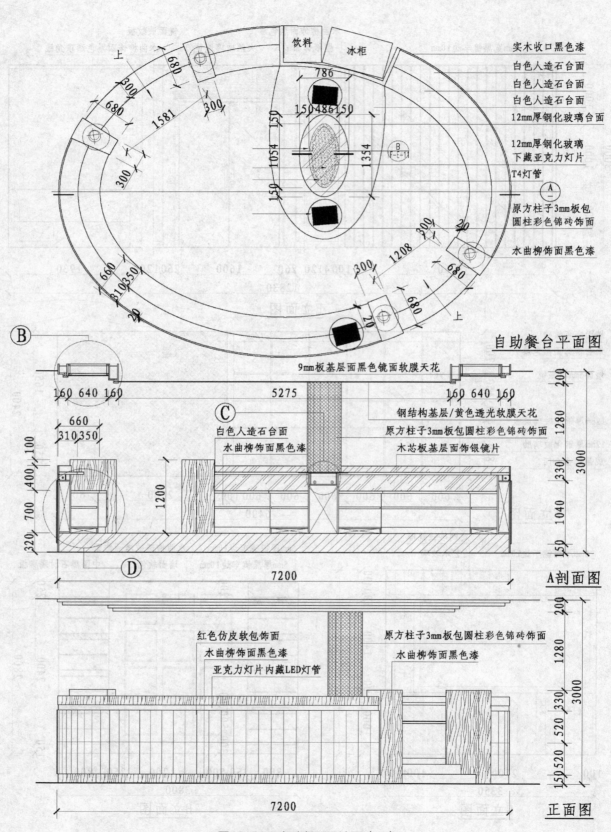

图15-38 自助餐厅设计图（五）

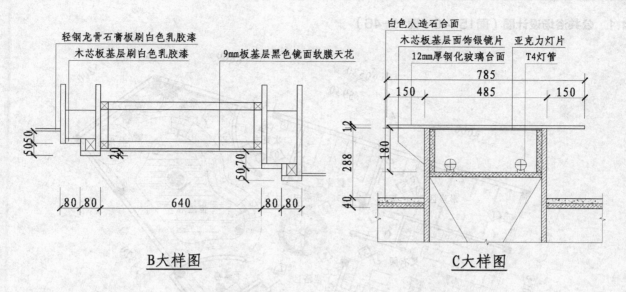

B大样图

C大样图

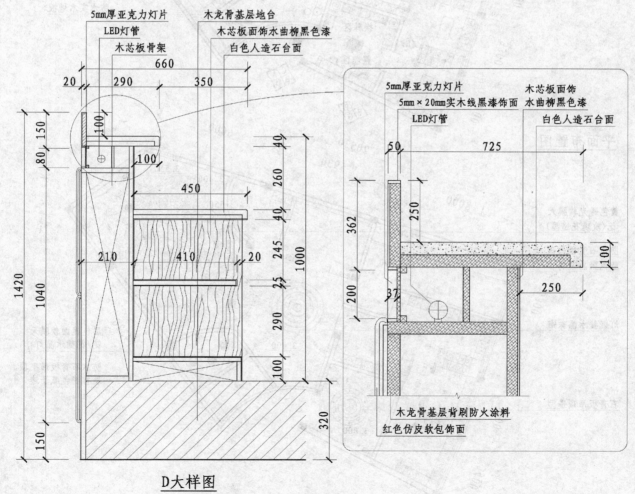

D大样图

图15-39 自助餐厅设计图（六）

15.4 娱乐空间设计图

15.4.1 公共浴场设计图（图15-40～图15-46）

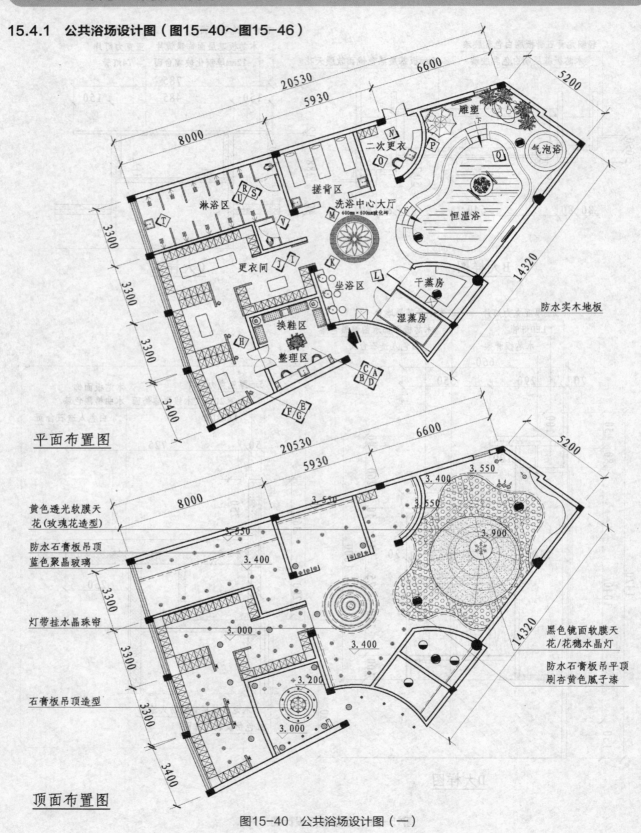

图15-40 公共浴场设计图（一）

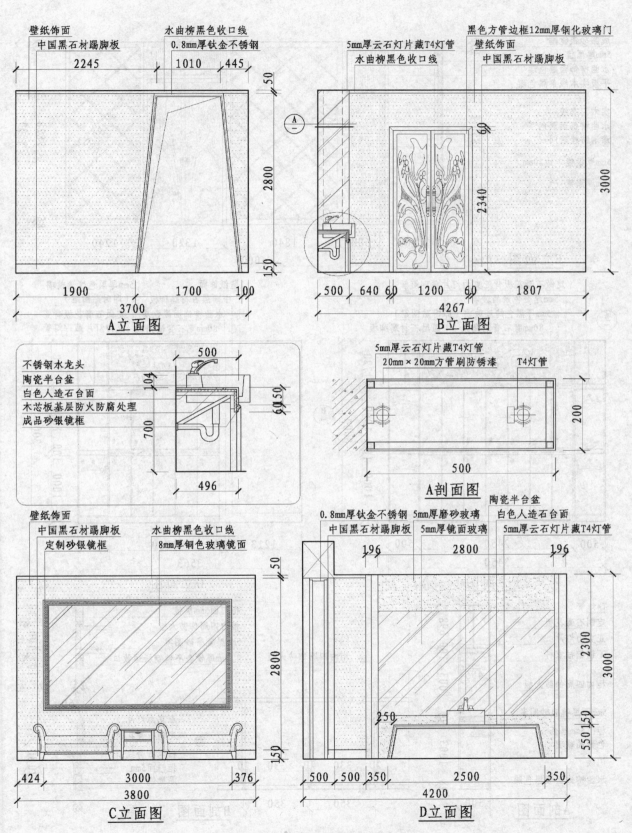

图15-41　公共浴场设计图（二）

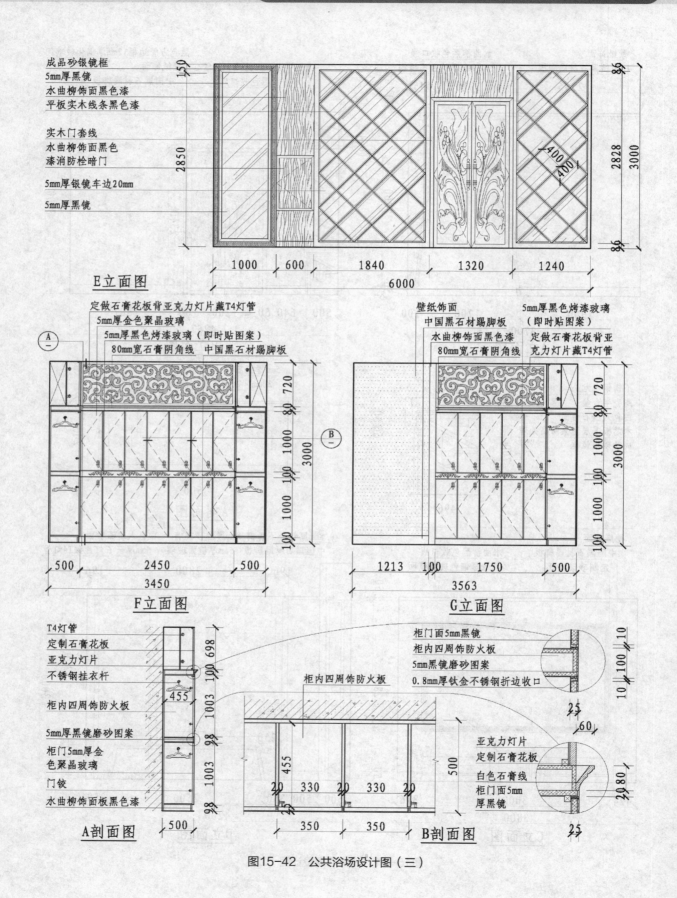

图15-42 公共浴场设计图（三）

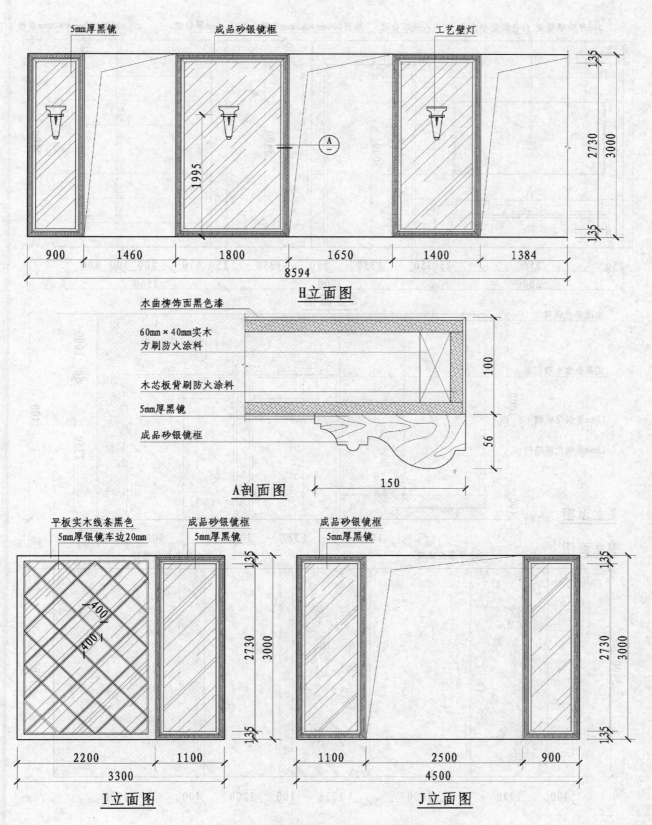

图15-43　公共浴场设计图（四）

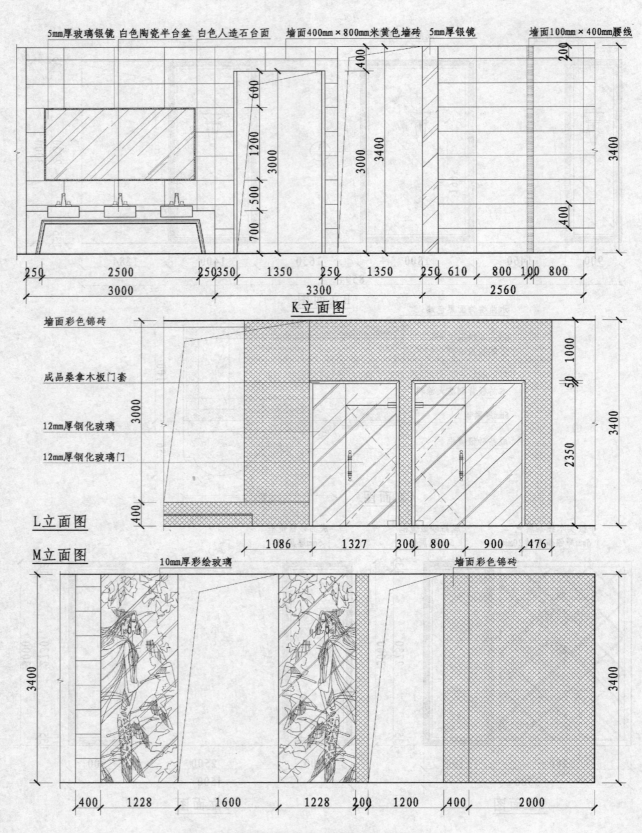

图15-44　公共浴场设计图（五）

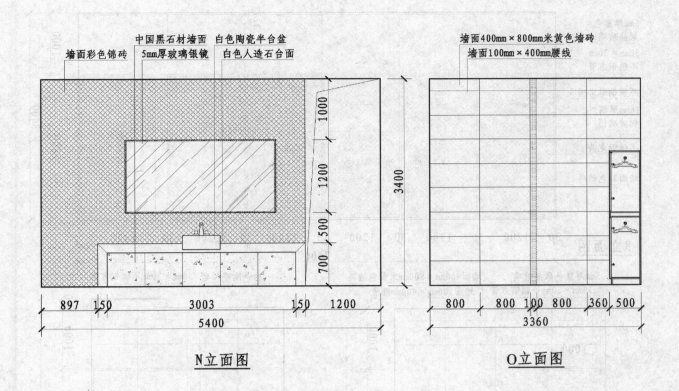

墙面彩色锦砖　中国黑石材墙面　白色陶瓷半台盆
5mm厚玻璃银镜　白色人造石台面

1000
1200
500
700
3400

897　150　　3003　　150　1200
5400

N立面图

墙面400mm×800mm米黄色墙砖
墙面100mm×400mm腰线

800　800　100　800　360　500
3360

O立面图

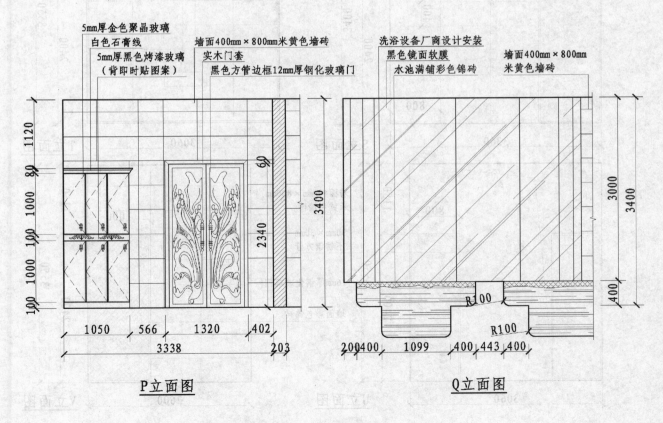

5mm厚金色聚晶玻璃
白色石膏线
5mm厚黑色烤漆玻璃
（背即时贴图案）

墙面400mm×800mm米黄色墙砖
实木门套
黑色方管边框12mm厚钢化玻璃门

1120
80
1000
100
1000
100
60
2340
3400

1050　566　1320　402
3338　203

P立面图

洗浴设备厂商设计安装
黑色镜面软膜
水池满铺彩色锦砖

墙面400mm×800mm
米黄色墙砖

3000
3400
400

R100
R100

200 400　1099　400 443 400

Q立面图

图15-45　公共浴场设计图（六）

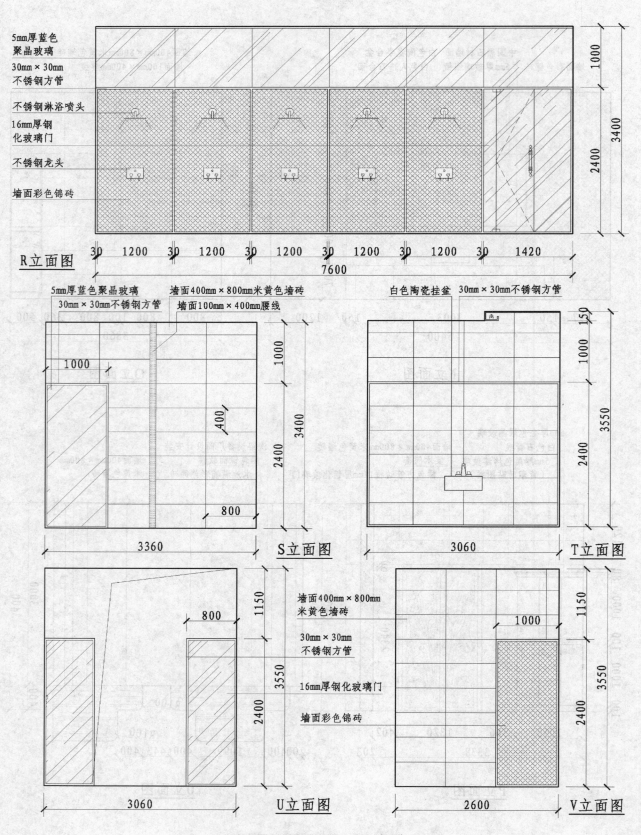

图15-46　公共浴场设计图（七）

15.4.2　KTV包房设计图（图15-47～图15-55）

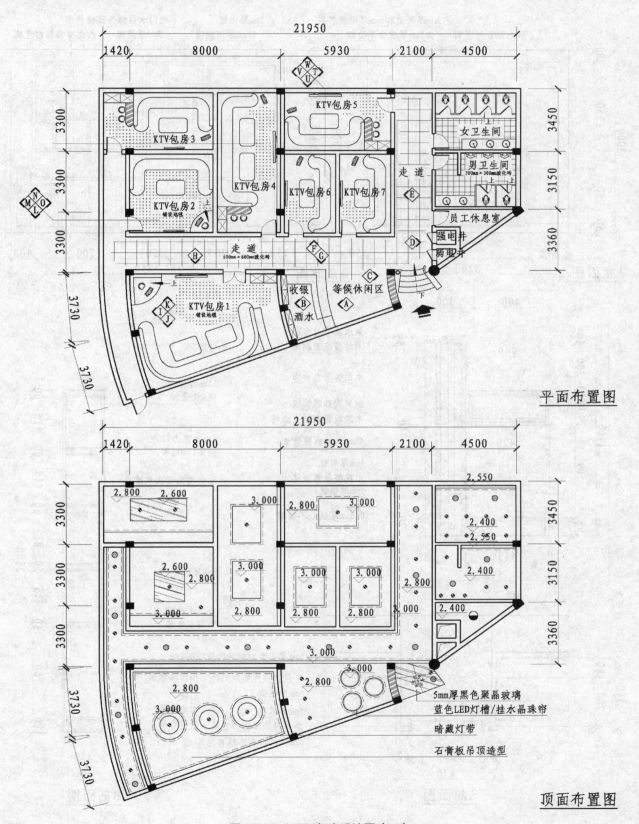

平面布置图

顶面布置图

图15-47　KTV包房设计图（一）

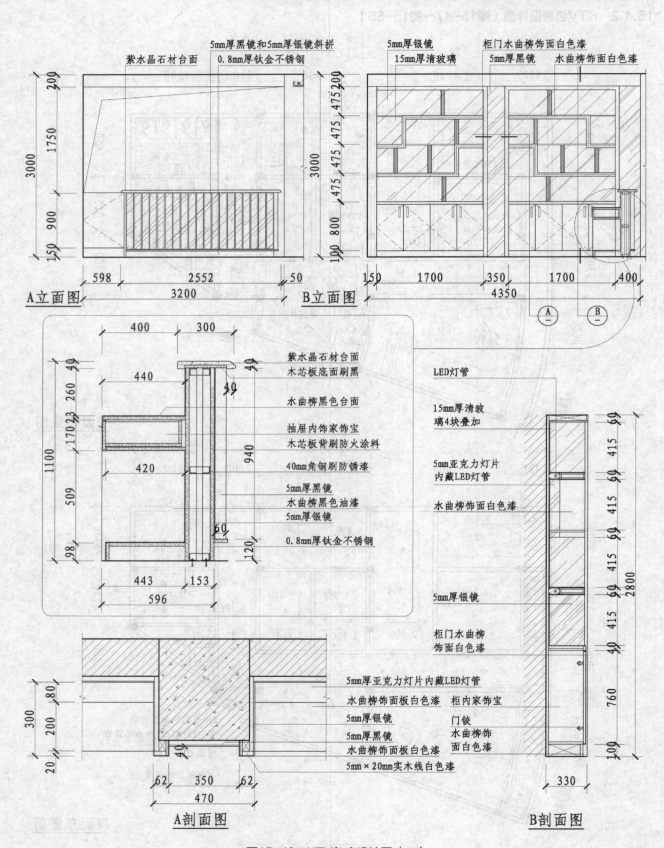

图15-48 KTV包房设计图（二）

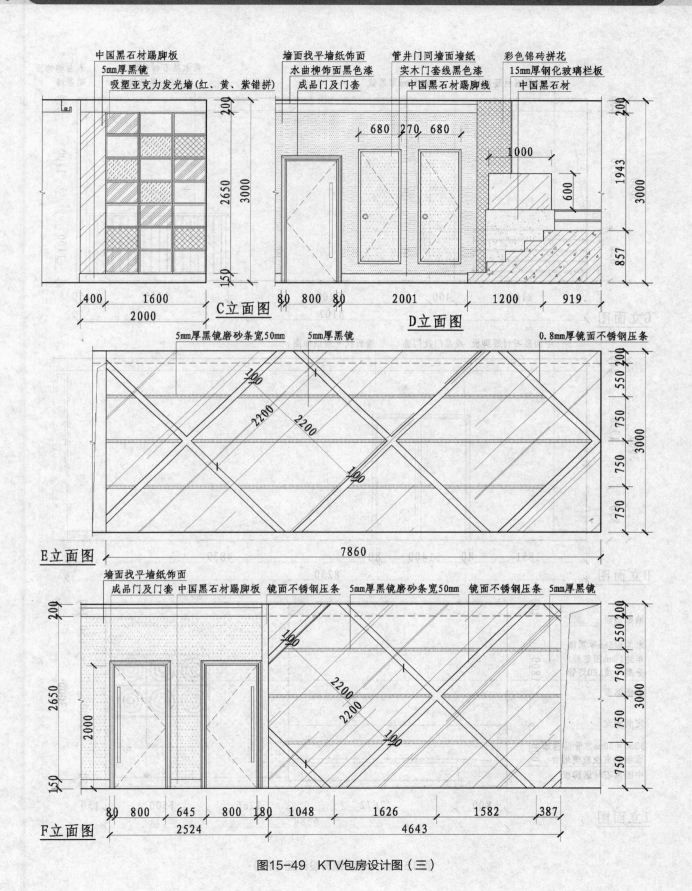

图15-49　KTV包房设计图（三）

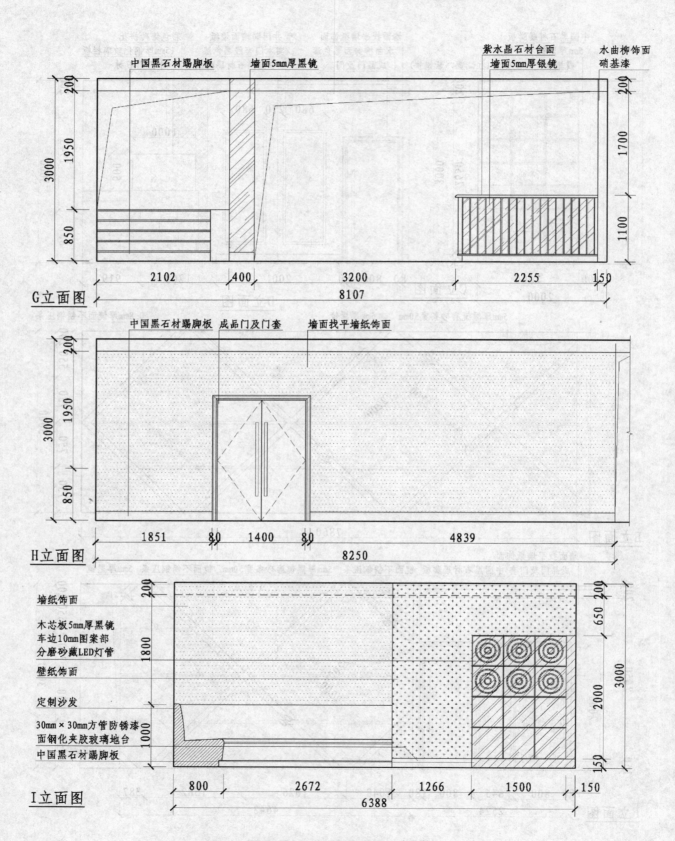

图15-50 KTV包房设计图（四）

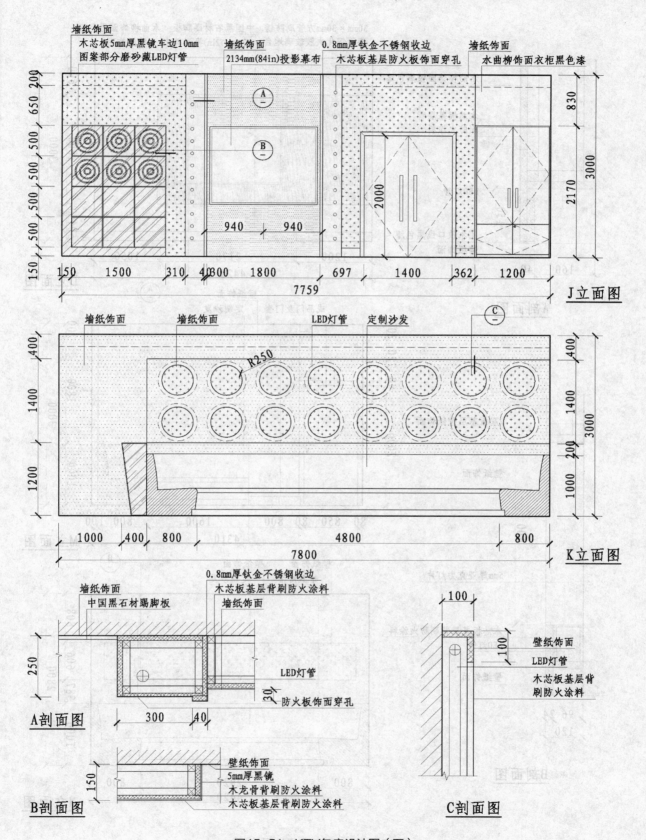

图15-51 KTV包房设计图（五）

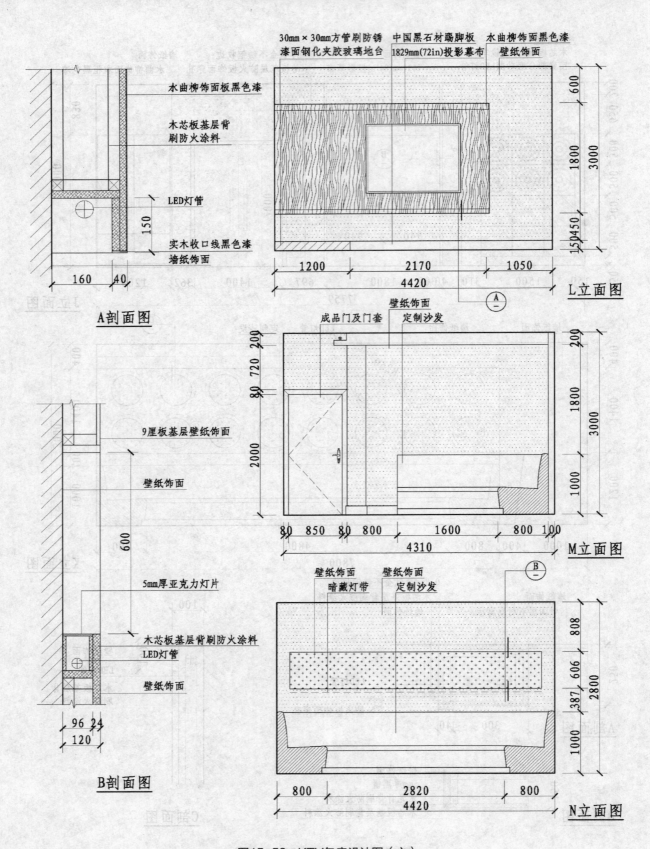

水曲柳饰面板黑色漆

木芯板基层背刷防火涂料

LED灯管

实木收口线黑色漆
墙纸饰面

160   40

A剖面图

9厘板基层壁纸饰面

壁纸饰面

600

5mm厚亚克力灯片

木芯板基层背刷防火涂料
LED灯管

壁纸饰面

96 24
120

B剖面图

30mm×30mm方管刷防锈   中国黑石材踢脚板   水曲柳饰面黑色漆
漆面钢化夹胶玻璃地台 1829mm(72in)投影幕布   壁纸饰面

600

3000

1800

150 450

1200   2170   1050
4420

L立面图

A

成品门及门套   壁纸饰面
定制沙发

200

720

80

2000

800

80 850 80 800   1600   800 100
4310

M立面图

1800

3000

1000

200

壁纸饰面   壁纸饰面
暗藏灯带   定制沙发

B

808

606

387

2800

1000

800   2820   800
4420

N立面图

图15-52 KTV包房设计图（六）

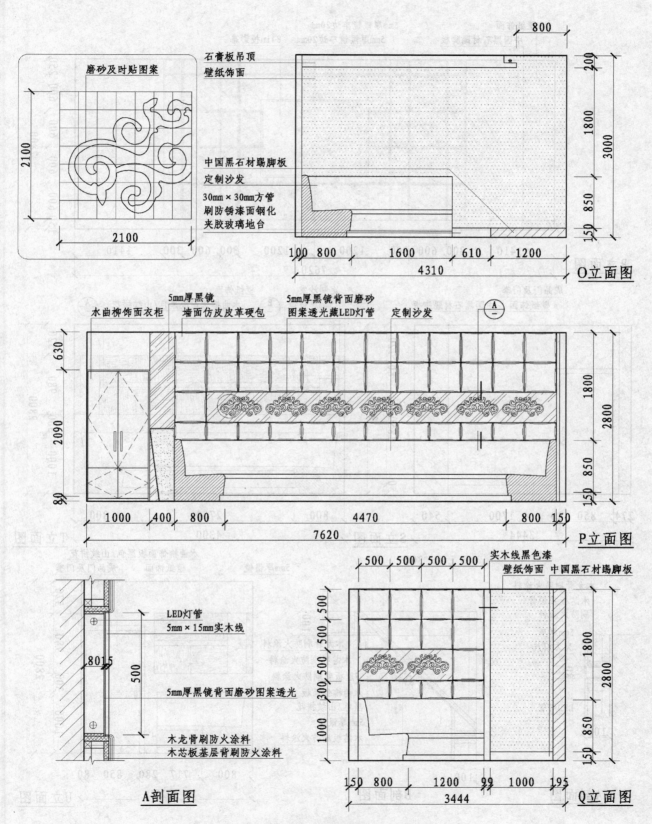

图15-53　KTV包房设计图（七）

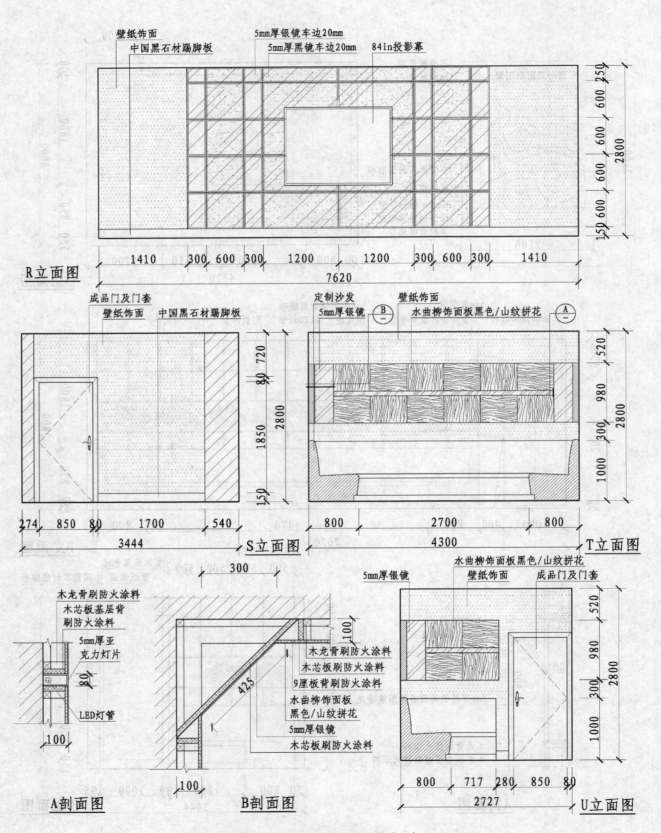

图15-54 KTV包房设计图（八）

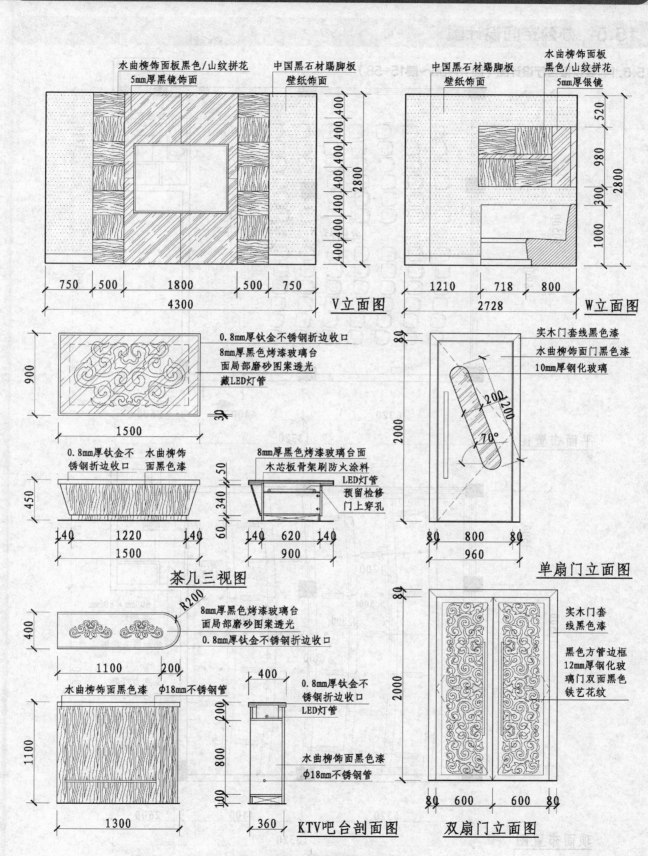

图15-55 KTV包房设计图（九）

15.5　办公空间设计图

15.5.1　会议报告厅设计图（图15-56～图15-58）

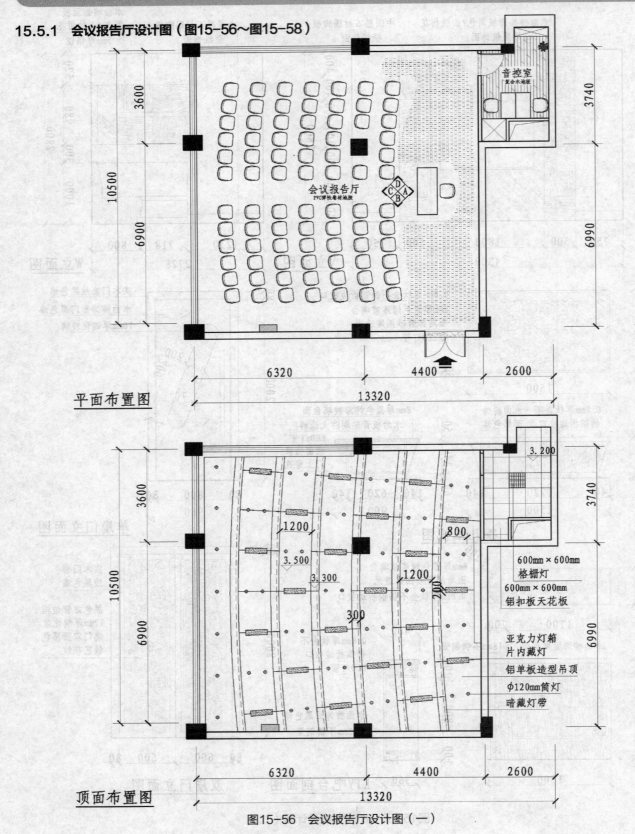

图15-56　会议报告厅设计图（一）

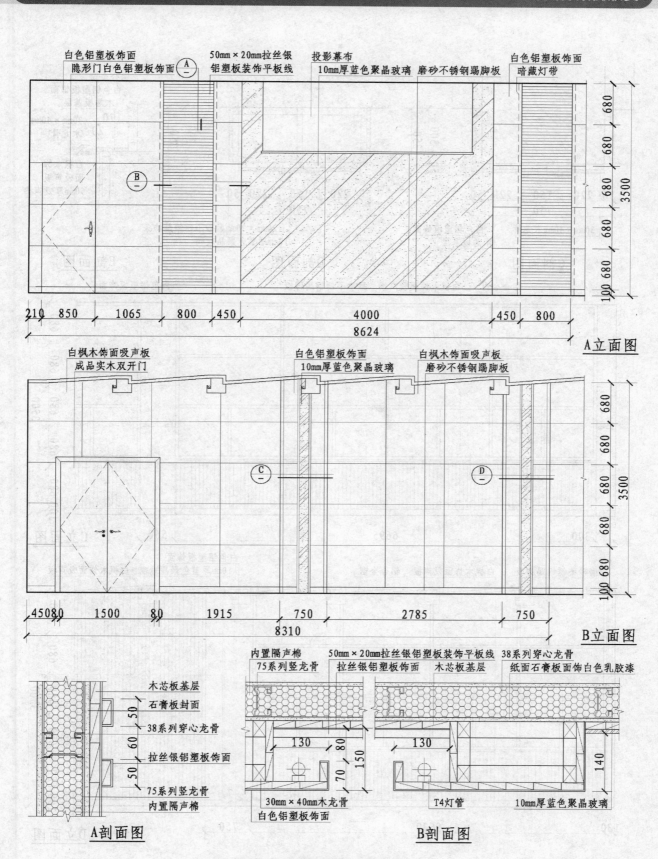

图15-57 会议报告厅设计图（二）

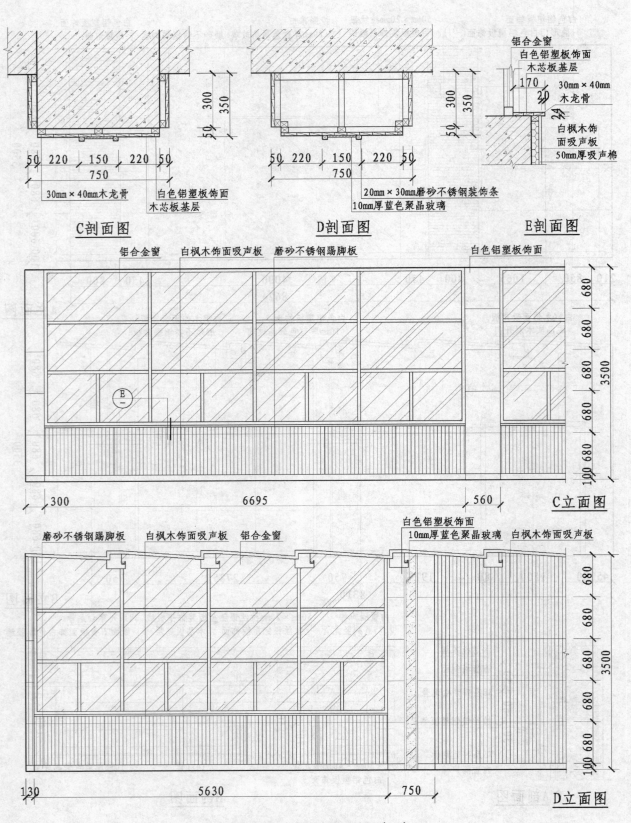

图15-58 会议报告厅设计图（三）

15.5.2 装饰公司设计图（图15-59～图15-63）

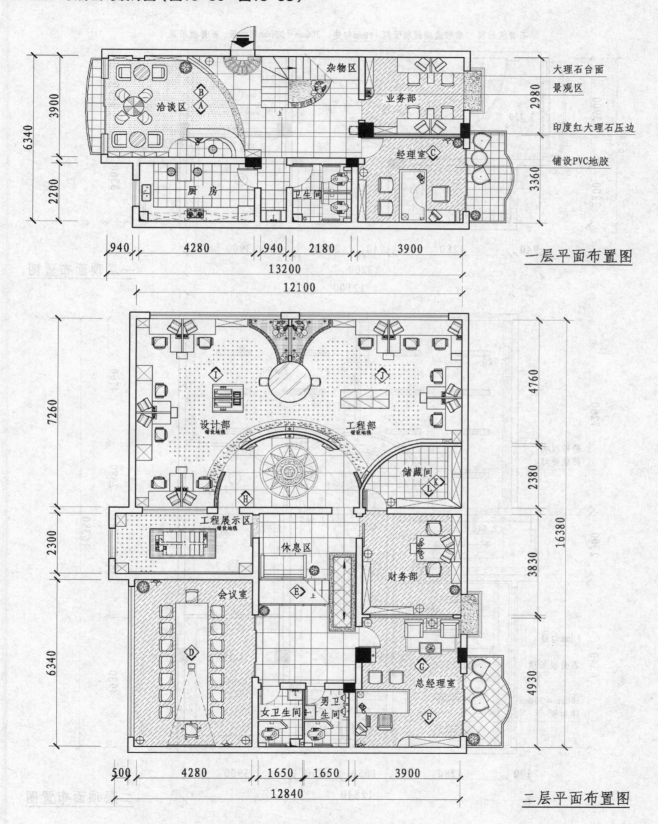

图15-59 装饰公司设计图（一）

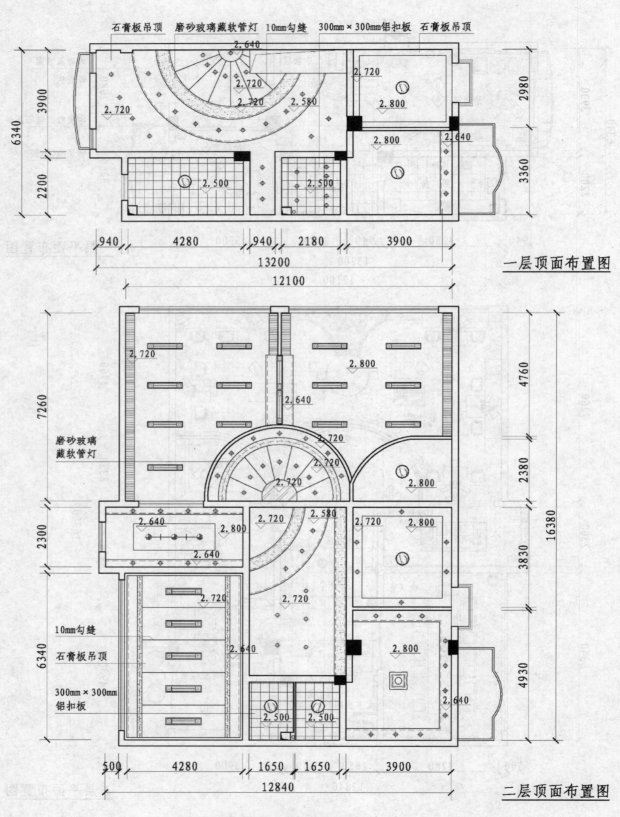

一层顶面布置图

二层顶面布置图

图15-60 装饰公司设计图（二）

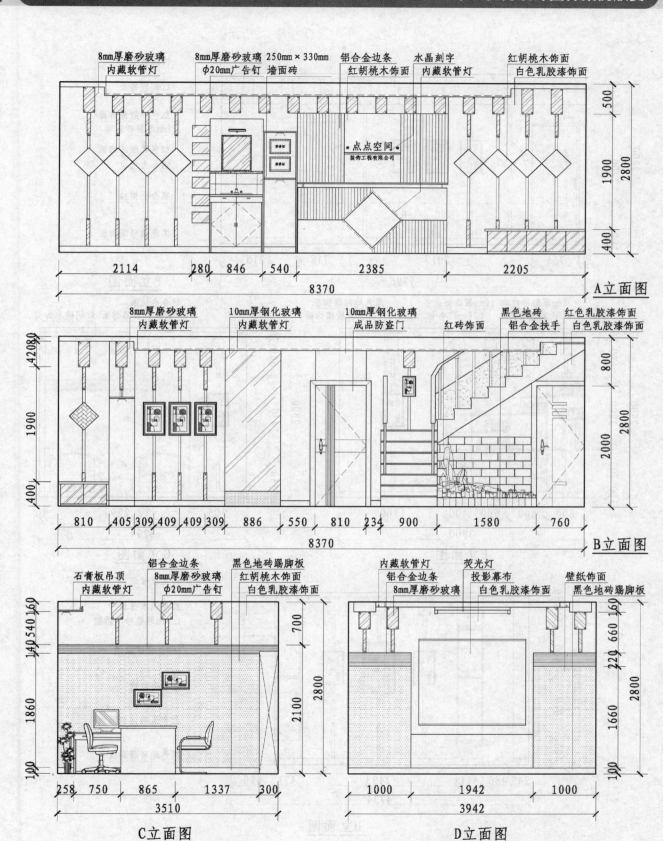

图15-61　装饰公司设计图（三）

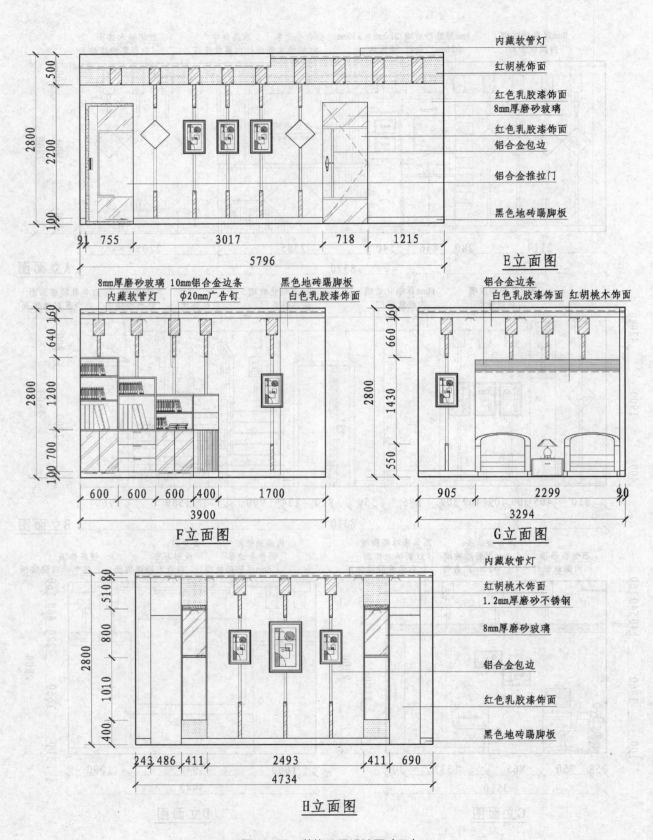

图15-62 装饰公司设计图（四）

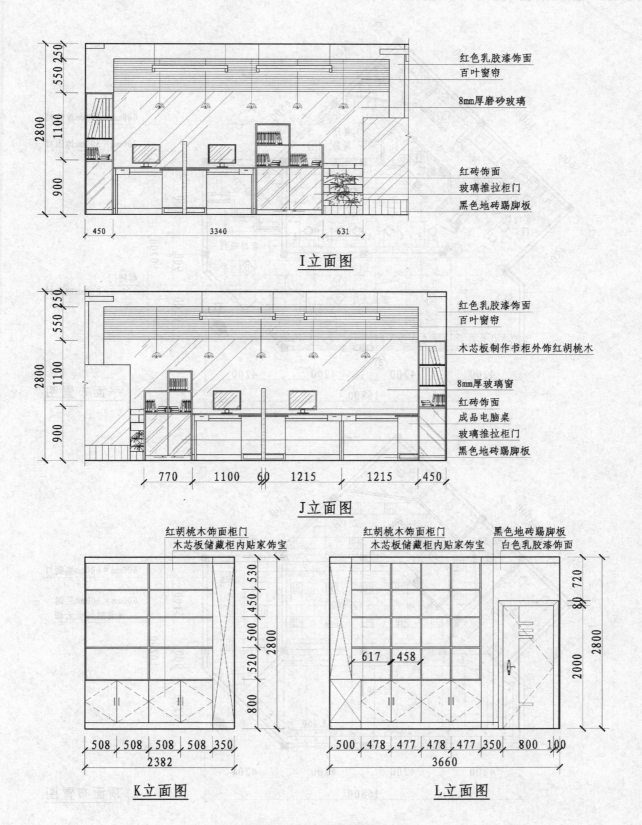

红色乳胶漆饰面
百叶窗帘

8mm厚磨砂玻璃

红砖饰面
玻璃推拉柜门
黑色地砖踢脚板

I立面图

红色乳胶漆饰面
百叶窗帘

木芯板制作书柜外饰红胡桃木

8mm厚玻璃窗
红砖饰面
成品电脑桌
玻璃推拉柜门
黑色地砖踢脚板

J立面图

红胡桃木饰面柜门
木芯板储藏柜内贴家饰宝

红胡桃木饰面柜门
木芯板储藏柜内贴家饰宝

黑色地砖踢脚板
白色乳胶漆饰面

K立面图

L立面图

图15-63　装饰公司设计图（五）

15.5.3　银行设计图（图15-64～图15-68）

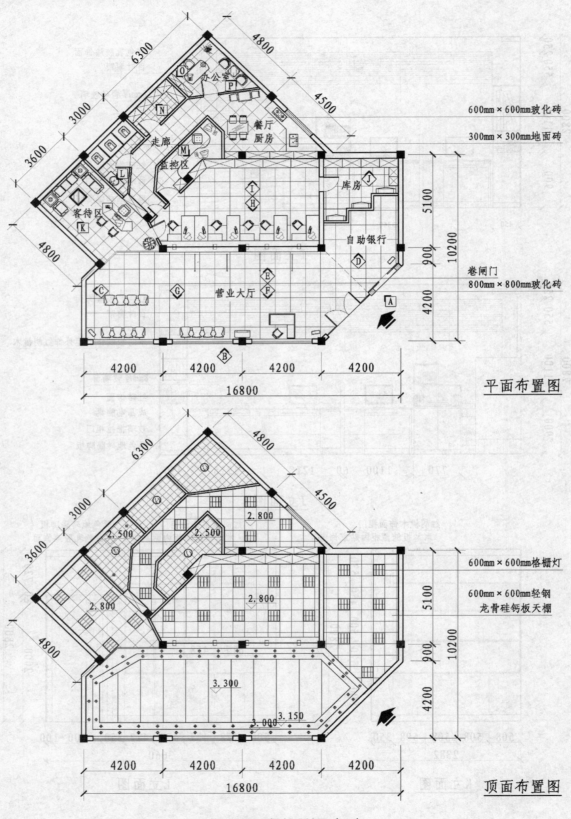

平面布置图

顶面布置图

图15-64　银行设计图（一）

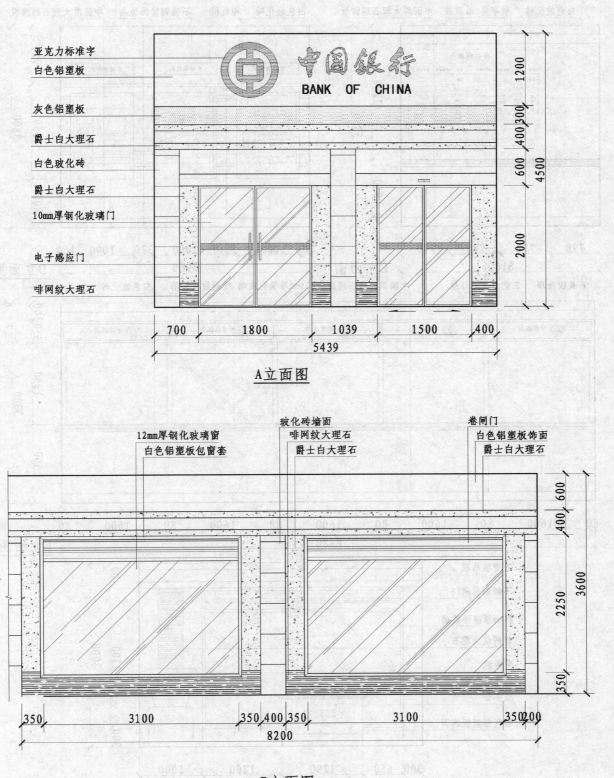

亚克力标准字
白色铝塑板

灰色铝塑板

爵士白大理石

白色玻化砖

爵士白大理石

10mm厚钢化玻璃门

电子感应门

啡网纹大理石

1200
400 300
600
4500
2000

700　1800　1039　1500　400
5439

A立面图

12mm厚钢化玻璃窗
白色铝塑板包窗套

玻化砖墙面
啡网纹大理石
爵士白大理石

卷闸门
白色铝塑板饰面
爵士白大理石

600
400
3600
2250
350

350　3100　350 400 350　3100　350 200
8200

B立面图

图15-65　银行设计图（二）

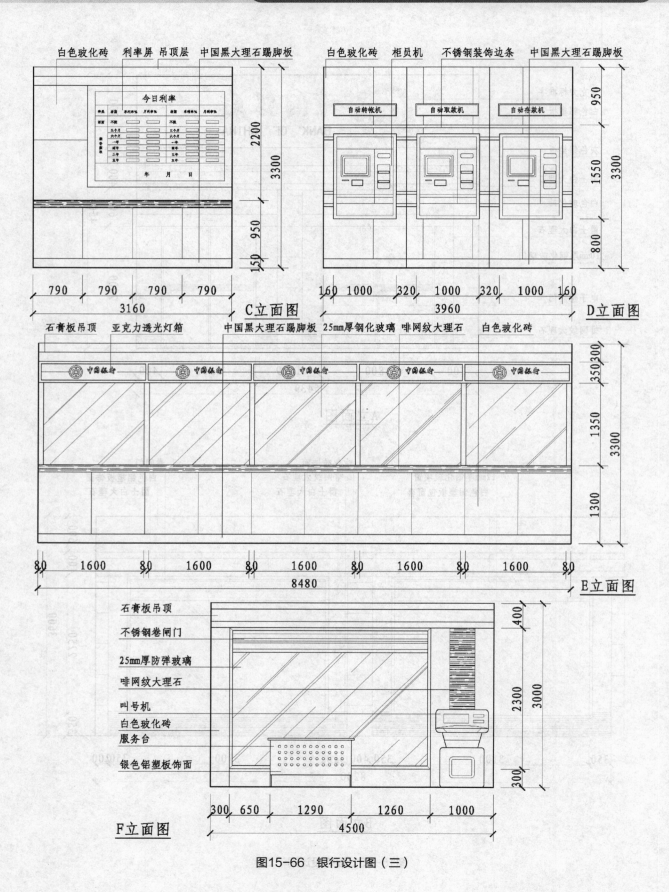

图15-66　银行设计图（三）

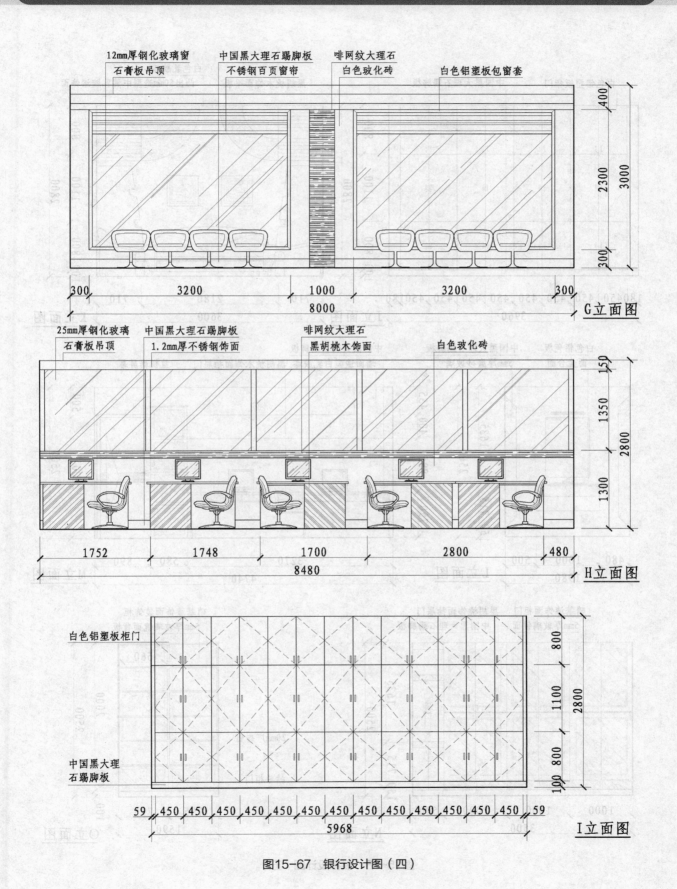

图15-67 银行设计图（四）

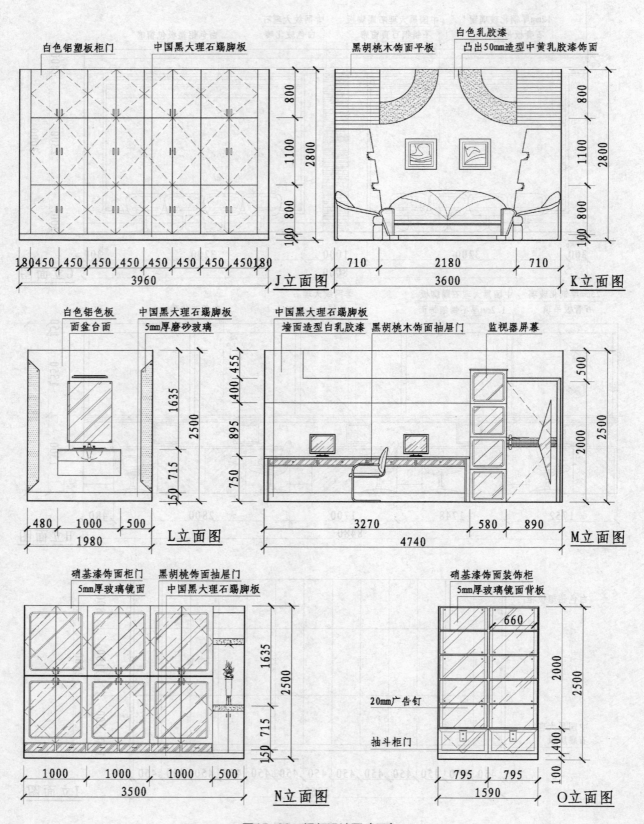

图15-68 银行设计图（五）

15.6 展示空间设计图

15.6.1 展厅大堂设计图（图15-69～图15-72）

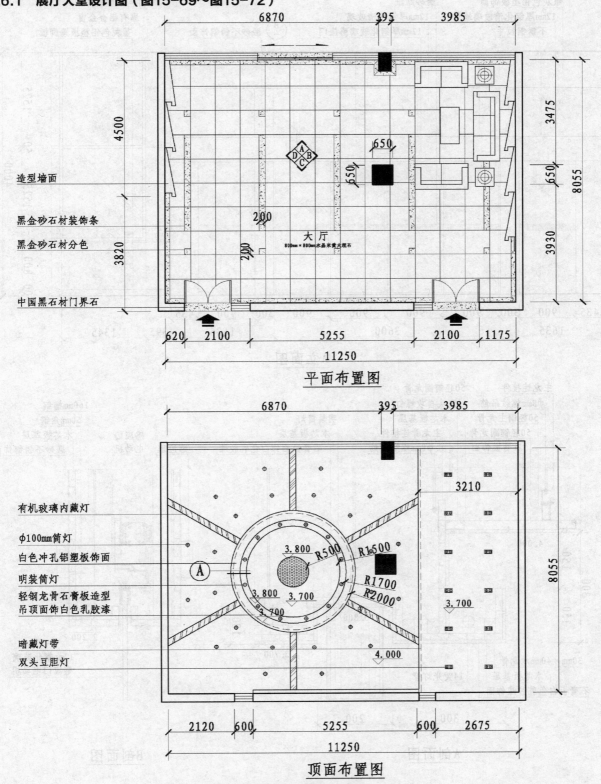

图15-69 展厅大堂设计图（一）

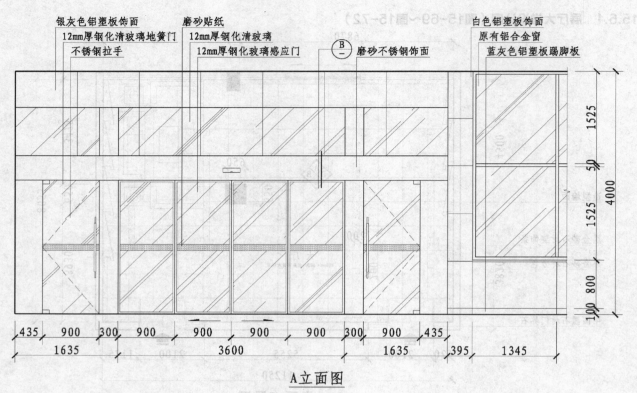

A立面图

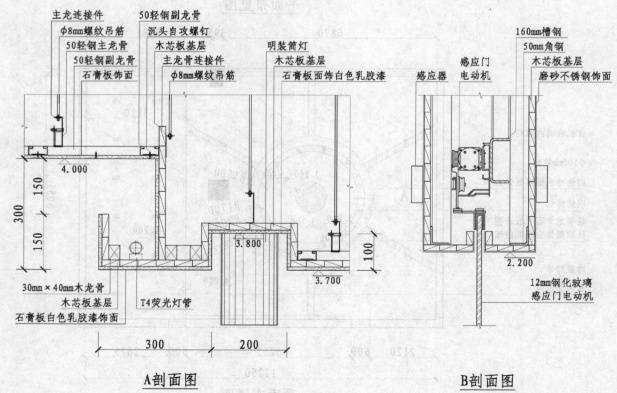

A剖面图　　　　　　　　　　　　　　　　　　　　**B剖面图**

图15-70　展厅大堂设计图（二）

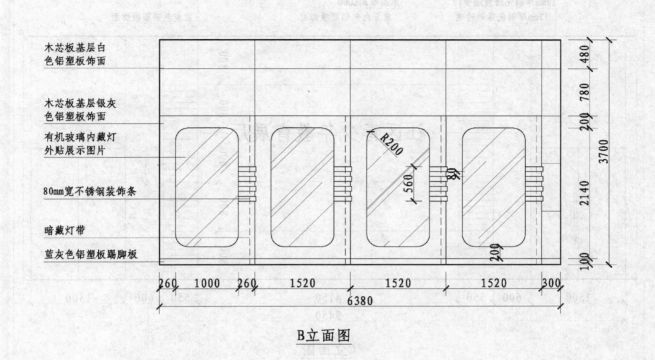

木芯板基层白
色铝塑板饰面

木芯板基层银灰
色铝塑板饰面

有机玻璃内藏灯
外贴展示图片

80mm宽不锈钢装饰条

暗藏灯带

蓝灰色铝塑板踢脚板

B立面图

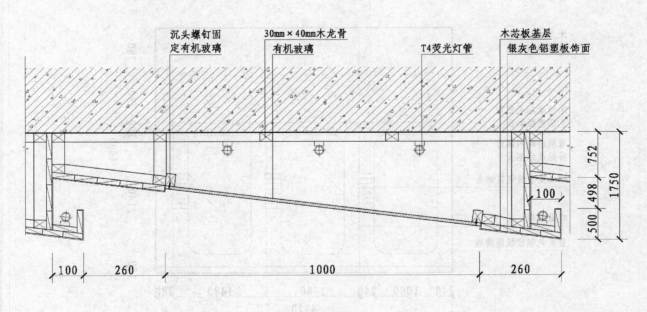

沉头螺钉固
定有机玻璃

30mm×40mm木龙骨
有机玻璃

T4荧光灯管

木芯板基层
银灰色铝塑板饰面

C剖面图

图15-71 展厅大堂设计图（三）

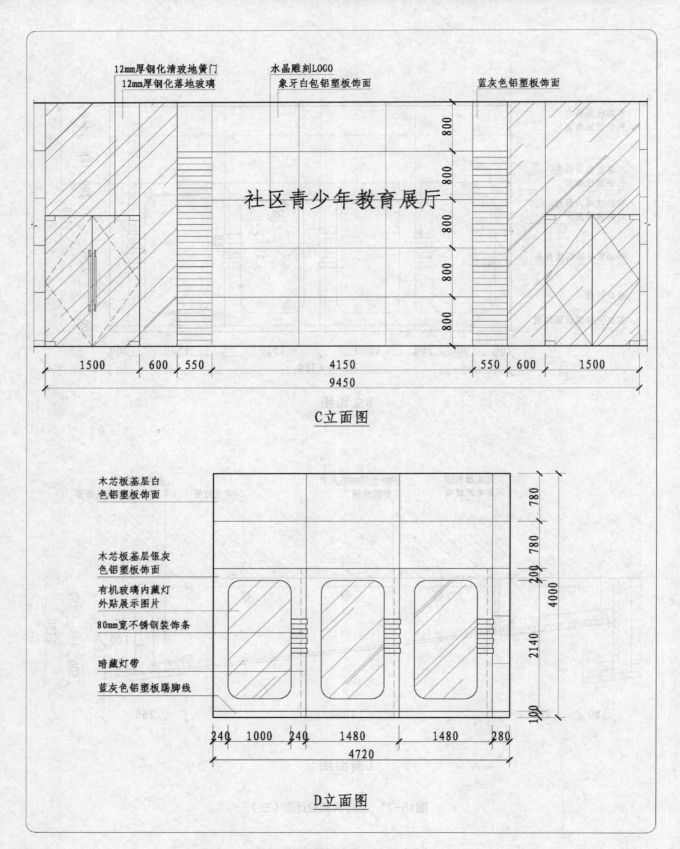

图15-72 展厅大堂设计图（四）

15.6.2 模型主题展厅设计图（图15-73～图15-76）

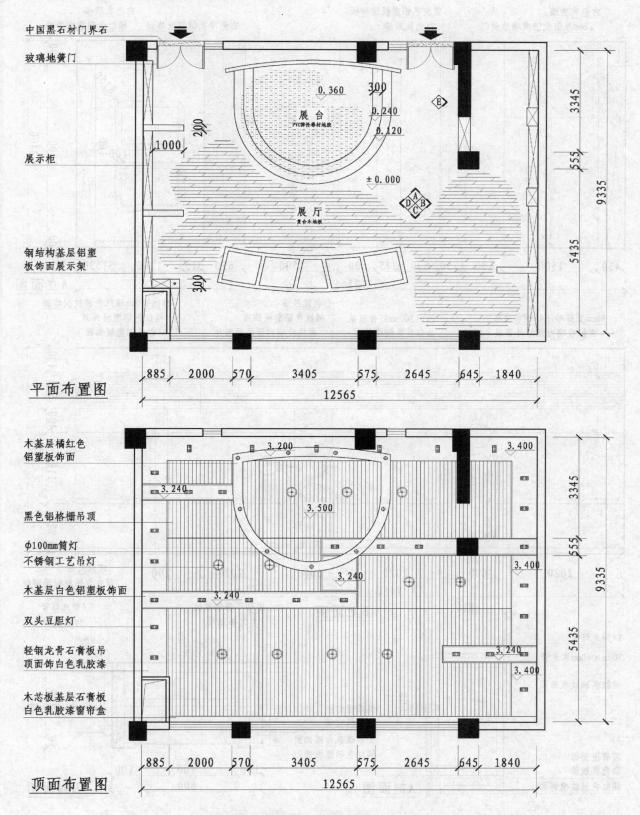

图15-73 模型主题展厅设计图（一）

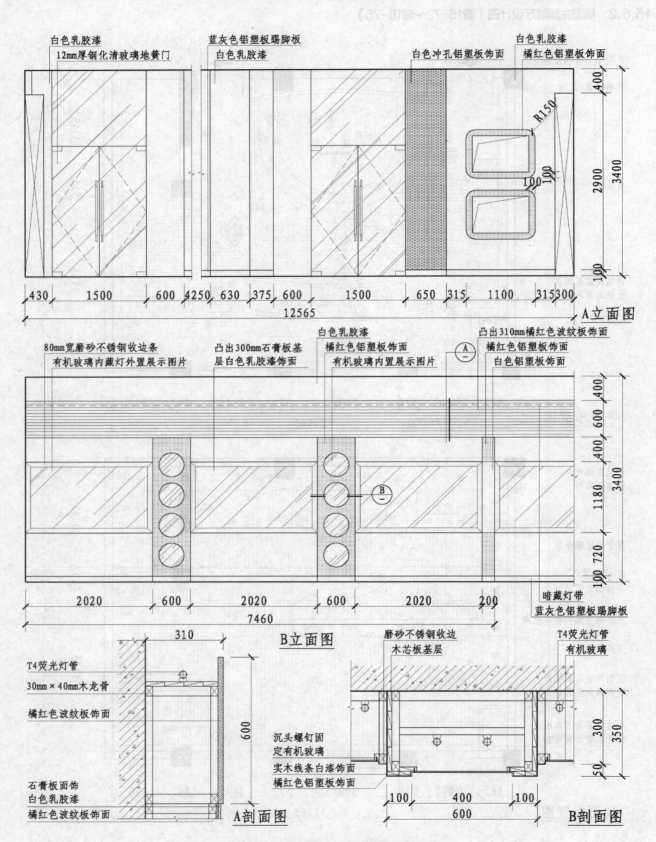

图15-74 模型主题展厅设计图（二）

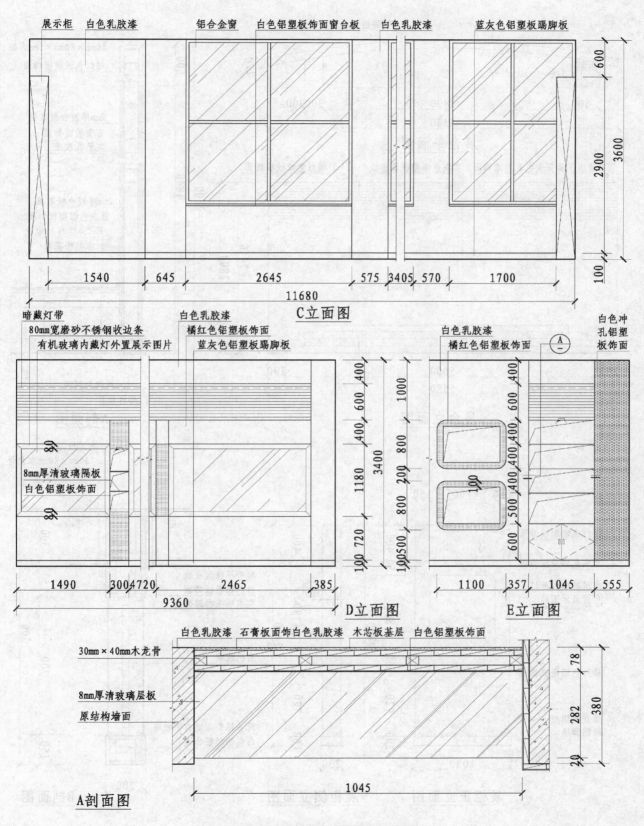

图15-75　模型主题展厅设计图（三）

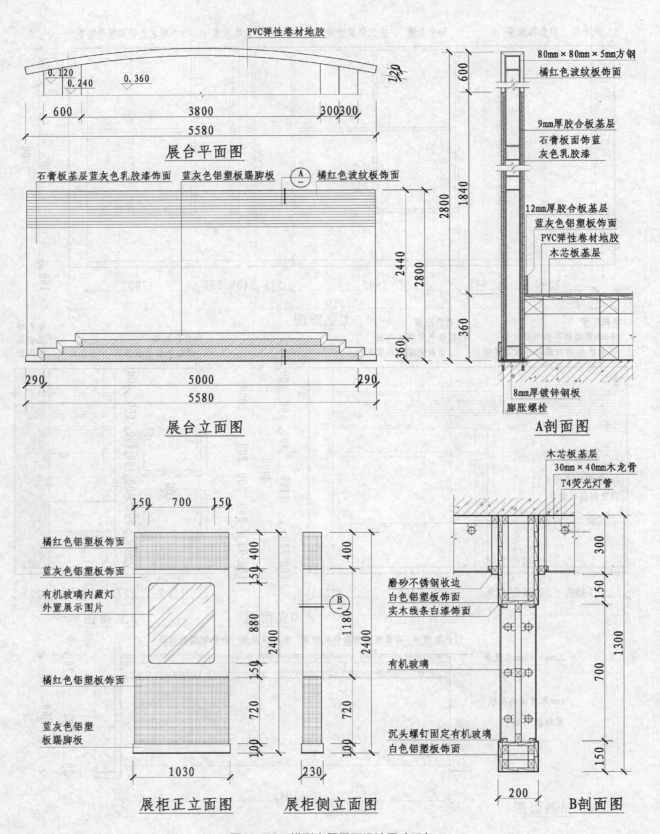

图15-76　模型主题展厅设计图（四）

15.6.3 工艺品店面展厅设计图（图15-77～图15-79）

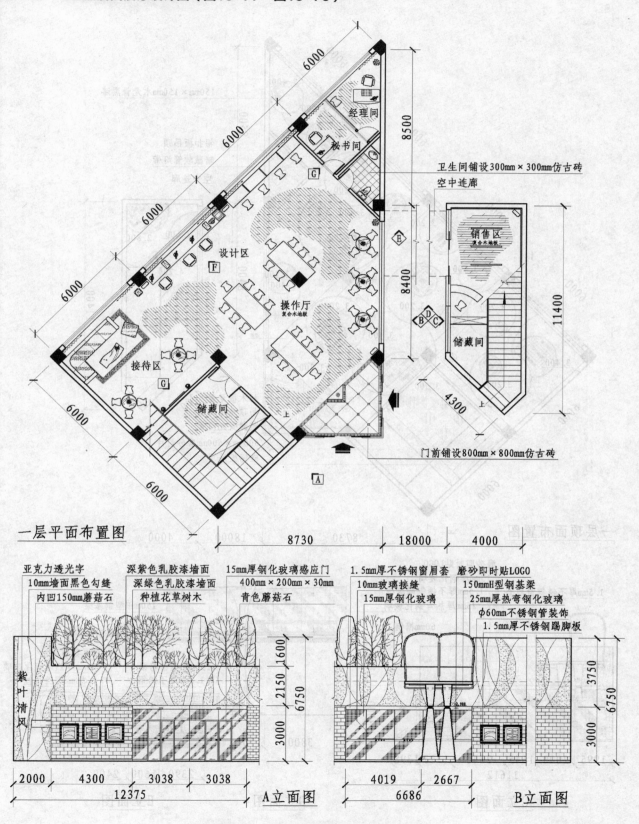

图15-77 工艺品店面展厅设计图（一）

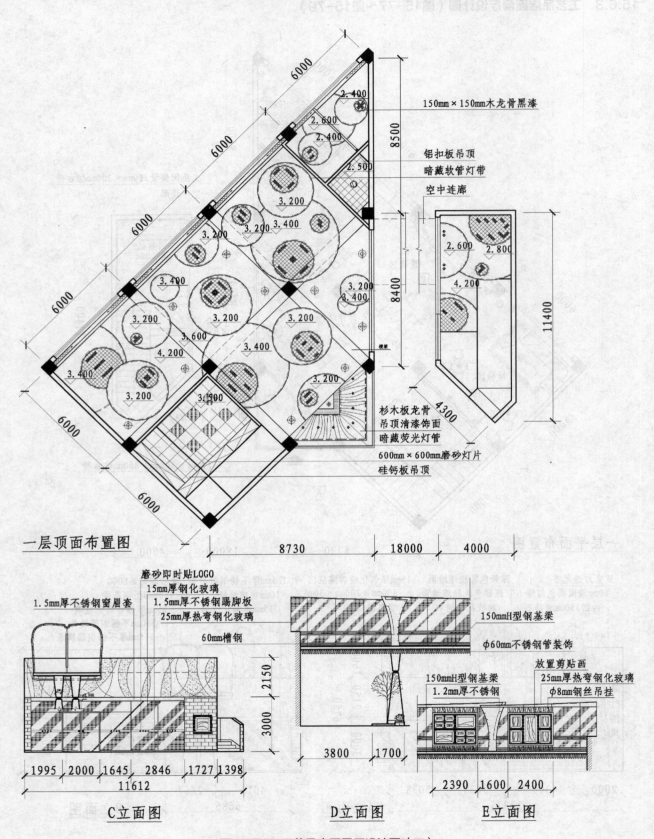

一层顶面布置图

150mm×150mm木龙骨黑漆

铝扣板吊顶
暗藏软管灯带

空中连廊

杉木板龙骨
吊顶清漆饰面
暗藏荧光灯管
600mm×600mm磨砂灯片
硅钙板吊顶

磨砂即时贴LOGO
15mm厚钢化玻璃
1.5mm厚不锈钢踢脚板
25mm厚热弯钢化玻璃

1.5mm厚不锈钢窗眉套

60mm槽钢

150mmH型钢基梁

φ60mm不锈钢管装饰

放置剪贴画
150mmH型钢基梁
1.2mm厚不锈钢
25mm厚热弯钢化玻璃
φ8mm钢丝吊挂

C立面图

D立面图

E立面图

图15-78 工艺品店面展厅设计图（二）

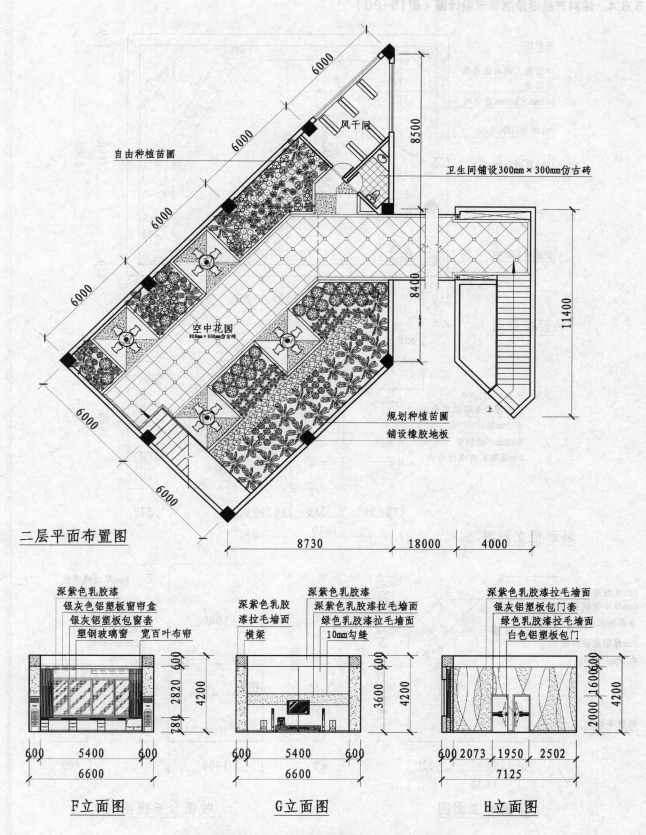

图15-79 工艺品店面展厅设计图（三）

15.6.4 涂料产品形象店展示设计图（图15-80）

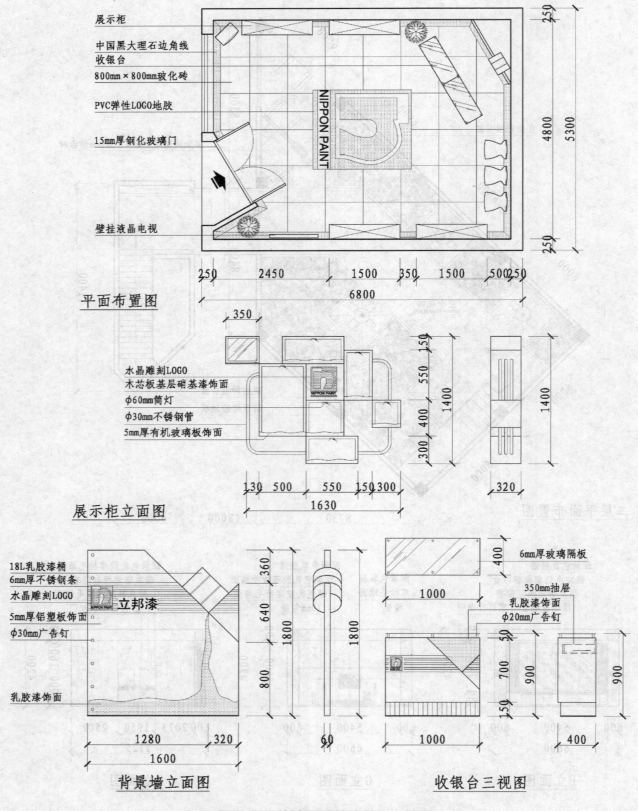

图15-80 涂料产品形象店展示设计图

15.6.5 激光产品形象店展示设计图（图15-81和图15-82）

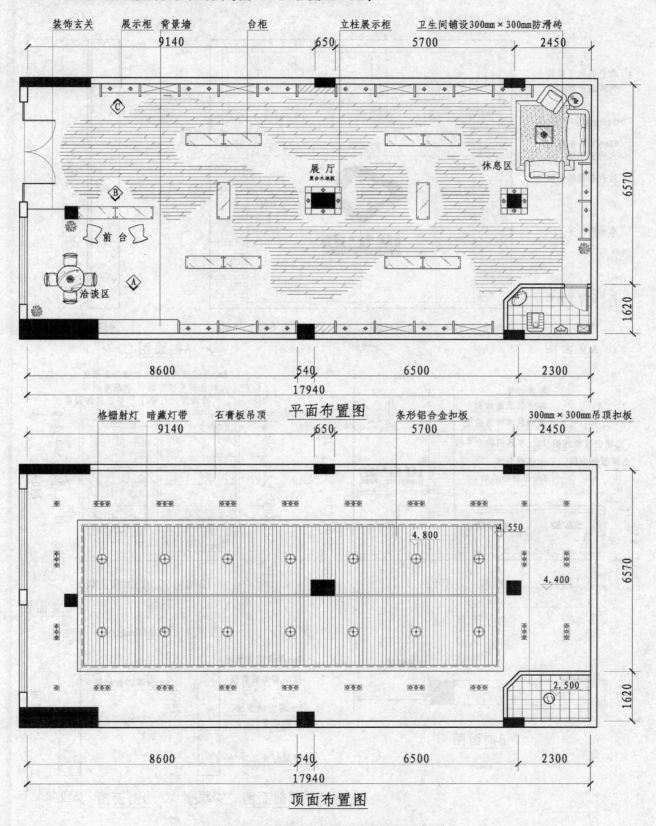

图15-81　激光产品形象店展示设计图（一）

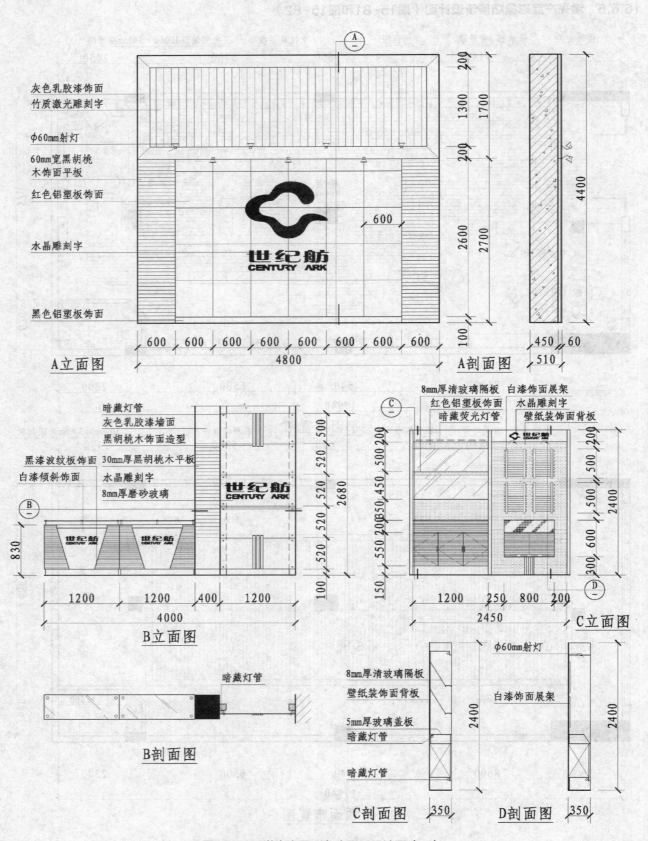

图15-82　激光产品形象店展示设计图（二）

附录

附录A　AutoCAD常用工具命令与快捷键

序号	图标	命令	快捷键	备注	序号	图标	命令	快捷键	备注
1		LINE	L	绘制直线	31		DIMCONTINUE	DCO	连续标注
2		PLINE	PL	绘制多段线	32		TOLERANCE	TOL	公差（形状位置公差）
3		MLINE	ML	绘制多线	33		QLEADER	LE	引线标注
4		SPLINE	SPL	绘制样条曲线	34		ERASE	E	删除图形
5		XLINE	XL	绘制构造线	35		COPY	CO	复制图形
6		RECTANG	REC	绘制矩形	36		MIRROR	MI	镜像图形
7		POLYGON	POL	绘制多边形	37		OFFSET	O	偏移图形
8		CIRCLE	C	绘制圆	38		ARRAY	AR	矩形阵列
9		ELLIPSE	EL	绘制椭圆					环形阵列
10		ARC	A	绘制圆弧					路径阵列
11		DONUT	DO	绘制圆环	39		MOVE	M	移动图形
12		WBLOCK	W	创建图块	40		ROTATE	RO	旋转图形
13		INSERT	I	插入图块	41		SCALE	SC	缩放图形
14		BLOCK	B	块编辑器	42		STRETCH	S	拉伸图形
15		TABLE	TB	插入表格	43		LENGTHEN	LEN	拉长线段
16		POINT	PO	绘制点	44		TRIM	TR	修剪图形
17		DIVIDE	DIV	定数等分	45		EXTEND	EX	延伸实体
18		MEASURE	ME	定距等分	46		BREAK	BR	打断线段
19		HATCH	H	图案填充	47		CHAMFER	CHA	直角处理
20		REGION	REG	面域	48		FILLET	F	圆角处理
21		MTEXT	T/MT	多行文字	49		EXPLODE	X	分解、炸开图形
22		TEXT		单行文字	50		JOIN	J	合并图形
23		QDIM		快速标注	51		LIMITS		设置图形界限
24		DIMLINEAR	DLI	线性标注	52		HELP	F1	获得更多帮助
25		DIMALIGNED	DAL	对齐标注	53			F2	显示文本窗口
26		DIMARC	DAR	标注弧长	54			F3	对象捕捉
27		DIMRADIUS	DRA	标注半径	55			F4	三维对象捕捉
28		DIMDIAMETER	DDI	标注直径	56			F6	动态UCS
29		DIMANGULAR	DAN	标注角度	57			F7	显示栅格
30		DIMBASELINE	DBA	基线标注	58			F8	正交

（续）

序号	图标	命令	快捷键	备注	序号	图标	命令	快捷键	备注
59			F9	捕捉模式	72		SAVE	Ctrl＋S	保存文档
60			F10	极轴追踪			SAVEAS		文档另存为
61			F11	对象捕捉追踪	73		PASTECLIP	Ctrl＋V	粘贴图形
62			F12	动态输入	74		COPYCLIP	Ctrl＋C	复制图形
63			Ctrl＋Shift＋P	快捷特性	75		U	Ctrl＋Z	放弃命令
64			Ctrl＋W	选择循环	76		PLOT	Ctrl＋P	打印
65		DIMSTYLE	D	标注样式管理器	77		SHEETSET	Ctrl＋4	图样集管理器
66		DDEDIT	ED	编辑文字	78		PROPERTIES	Ctrl＋1	特性
67		HATCHEDIT	HE	编辑图案填充	79		DIST	DI	测量距离
68		LAYER	LA	图层特性管理	80		QDICKCALC	Ctrl＋8	快速计算器
69		MATCHPROP	MA	特性匹配	81		TOOLPALETTES	Ctrl＋3	工具选项板窗口
70		NEW	Ctrl＋N	新建文档	82		ADCENTER	Ctrl＋2	设计中心
71		OPEN	Ctrl＋O	打开文档					

附录B　AutoCAD应用技巧精选

1）在用矩形框方式选择执行编辑命令，提示选择目标时，从左向右拖动光标，为"窗口Windows"方式；从右向左b拖动光标，为"交叉Cross"方式。

2）相对坐标输入点时，在正交状态时，一般输入为：@x,0或@0,y。

3）利用椭圆命令绘制的椭圆是否以椭圆为实体是由系统变量PELLIPSE决定的，当其为1时，生成的椭圆是PLINE。

4）DIMSCALE决定了尺寸标注的比例，在图形有一定比例缩放时最好将其改为缩放比例。

5）BREAK命令用来打断实体，用户也可以一点断开实体，用法是在第一点选择后，输入"@"（常用于一条线段为点画线，另一条线段为实线时）。

6）由于在 AutoCAD中打印线宽可由颜色设定，因此机械制图中的各种线型、线宽不同的线条可放入不同的图层，在图层中定义线型的颜色，在打印设置中则可以设定线型与颜色的关系，效果良好。

7）在AutoCAD中绘制图形时，有时会发现圆变成了正多边形，在命令行输入VIEWRES命令，可以将图形设置得大一些，可以改变图形质量。

8）在绘制一张图形时，完成一个命令后，可见的元素可能会保留在屏幕上。可以通过刷新或重画显示删除这些元素。

9）每一个AutoCAD绘图窗口都有水平和竖直滑动条，可以用它们平移整个图形。滑块在滑动条中的相对位置决定了图形相对于实际屏幕范围内的位置。

10）在使用实时平移特性时，光标会变成一只小手。使用实时缩放特性时，光标会变成一只放大镜，并标有加号（+）和减号（-）。

11）使用ZOOM命令时的默认方式是使用实时缩放特性，就像实时平移一样。

12）通过指定矩形窗口的角点，可以快速放大用窗口指定的图形区域。窗口的左下角将会变成新显示区的左下角。

13）工程图绘制时，一般要按投影规律绘图。为了便于"长对正，高平齐，宽相等"，绘图时，可调整十字光标尺寸。即用 Options 命令或选择下拉菜单 Tools（工具）/Options（系统配置），打开 Options 对话框，找到 Display（显示）选项卡，通过修改光标与屏幕大小的百分比或拖动滑块，使绘图窗口十字光标尺寸有所改变。

14）在修改图形属性时，利用特性窗口，可以很容易地修改图形中某一对象的属性。

15）利用设计中心管理器可以很方便地进行预览、选择、查找和利用已有的全部设计成果，可以用热键<Ctrl+1>，打开设计中心管理窗口。

16）当需要在AutoCAD中添加表格时，除了在AutoCAD中插入表格，还可以先在Excel中绘制好表格，将表格复制到剪贴板，然后再在AutoCAD 环境下选择 Edit菜单中的 Paste special，选择表格，确定以后，表格即转化成AutoCAD 实体，用"分解"命令炸开，就可以编辑其中的线条和文字了。

17）在AutoCAD中插入图形时，由于默认背景颜色为黑色，而Word 背景颜色为白色，首先应将 AutoCAD的图形背景颜色改成白色。另外，AutoCAD图形插入Word文档后，往往空边过大，效果不理想,此时可以利用Word图片工具栏上的裁剪功能进行修整。

18）绘制图形前要设置好图层、线型、标注样式、目标捕捉、单位格式、图形界限等。

19）在AutoCAD中绘制图形时最好使用1:1的比例绘制图形，输出比例则可以根据需要进行调整。

20）在AutoCAD中标注尺寸时，系统会自动生成一个图层，保存有关标注点的位置等信息，该图层一般是冻结的。由于某种原因，这些点有时会显示出来。要删掉这些点可以先将该图层解冻后再删除。但要注意，如果删除了与尺寸标注还有关联的点，将同时删除对应的尺寸标注。

21）AutoCAD会自动旋转打印，因此即使图样以纵向装载到绘图仪，图样图像在屏幕上仍显示为横向。使用"完整打印预览"可以查看实际图样方向。

22）透明命令在作图时给我们带来很大的方便，AutoCAD提供了自定义快捷键输入透明命令的功能：打开 Acad.mnu，输入ACCELERATORS命令即可。

23）单击"菜单浏览器"命令，选择"工具→选项"命令，在打开的对话框中选择"系统配置"选项卡，在"定点设备"区域中将最下面的"光标大小"百分比改为100就可以将AutoCAD中的小十字光标改变成充满屏幕。

24）当<Ctrl>键无效时，执行"工具→选项"命令，在打开的"选项"对话框中的"用户系统配置"选项卡中选择"Windows标准加速键"选项即可使用<Ctrl>键。

25）当加选命令无效时，执行"工具→选项"命令，在打开的"选项"对话框中的"选择"选项卡中选择"键添加到选择集"选项即可使用加选命令。

26）执行"工具→选项"命令，在打开的"选项"对话框中的"配置"选项卡中选择"重置"选项则可以更改AutoCAD命令三键还原。

27）当按住鼠标滚轮时，出现的不是平移，而是出现下一个菜单时，这时只需调整系统变量mbuttonpan即可解决该问题。

28）执行"工具→选项"命令，在打开的"选项"对话框中的"显示"选项卡中选择"图形窗口中显示滚动条"选项即可在图形窗口中显示滚动条。

29）执行"工具→选项"命令，在打开的"选项"对话框中的"打开和保存"选项卡中选择"在标题栏中显示完整路径"选项即可解决在标题栏显示路径不全的问题。

30）在AutoCAD中执行UCSICON命令，设置参数为OFF则隐藏坐标，设置参数为ON则打开坐标。

31）在Documentsand Settings/ Application DataAutodeskAutoCAD chs这个位置去查找PGP文件，即可修改 AutoCAD的快捷键。

32）在AutoCAD中单击"菜单浏览器"命令，执行"工具→选项"命令，在打开的"选项"对话框中选择"打开和保存"选项卡，再在该对话框中取消"每次保存均创建备份"选项即可关闭AutoCAD中的*BAK文件。

33）在AutoCAD中绘图时找不到"绘图"面板时，可以在任意面板上单击鼠标右键，在弹出的快捷菜单中执行"面板→绘图"命令，即可调出"绘图"面板。同样可以使用这种方法调出其他面板。

34）在AutoCAD中使用多线命令绘制多线时，可以通过 MLEDIT命令改变多线的接头方式。在命令行中输入并执行MLEDIT命令，将打开"多线编辑工具"对话框，在该对话框中提供了多线的12种接头方式，用户可以进行选择。

35）在AutoCAD中使用多段线命令绘制线条时，可以通过命令提示行中的相应命令（A），进行弧线绘制。

36）在AutoCAD中使用"倒角（CHAMFER）"命令只能对直线和多段线进行倒角处理，不能对弧和椭圆弧进行倒角处理。

37）在AutoCAD中执行"点（BREAK）"命令时，当需要从圆或圆弧上删除一部分时，将从第一点以逆时针方向到第二点之间的圆弧删除。在"选择对象"的提示下，用点选的方法选择对象。在"指定第二个打断点或 [第一点(F)]："的提示下，直接输入@并按空格键，则第一断开点与第二断开点是同一个点。

38）当在AutoCAD中运用填充命令填充无效时，执行"工具→选项"命令，在打开的"选项"对话框中的"显示"选项卡中选择"应用实体填充"选项即可进行填充。

39）在AutoCAD中通过设计中心可以轻易地浏览计算机或网络上任何图形文件中的内容。其中包括图块、标注样式图层、布局、线型、文字样式和外部参照。另外，可以使用设计中心从任意图形中选择图块，或从 AutoCAD图元文件中选择填充图案,然后将其置于工具选项板上以便以后使用。

40）在AutoCAD中使用"线性"标注工具可以标注倾斜的文字，但一般只用它标注垂直和水平方向的线性对象。

41）在命令行中执行PROPERTIES命令，打开"特性管理器"对话框，选择要修改的文字对象，即可快速更改文字的特性。

42）在AutoCAD中设置尺寸标注的样式可以在"新建标注样式"对话框中进行。单击"菜单浏览器"命令，执行"标注→样式"命令，或者在命令行中执行DIMSTYLE（D）命令，将打开"标注样式管理器"对话框，在该对话框中单击"新建"按钮，打开"创建新标注样式"对话框，在该对话框中输入新标注的名称，然后单击"继续"按钮，将打开""新建标注样式"对话框，在该对话框中的相应选项卡中可以设置线、符号和箭头、文字、调整、主单位、换算单位和公差等样式。

43）执行DIMCENTER命令，可自动标注圆或圆弧的中心；用户选择标注对象后，系统即自动进行中心标注，标注形式由尺寸格式设置的相关内容所决定。

44）在具有任何折断标注的标注上方绘制新对象后，在交点处不会沿标注对象自动应用任何新的折断标注。要添加新的折断标注，必须再次执行此命令。

45）图样的打印尺寸可以在"页面设置管理器"对话框中进行设置，单击"菜单浏览器"命令，执行"文件→页面设置管理器"命令，打开"页面设置管理器"对话框，在该对话框中单击"新建"按钮，可以打开"新建页面设置"对话框。在"新页面设置名"文本框中输入新页面设置名称后，单击"确定"按钮，创建一个新的页面设置，将打开"页面设置－模型"对话框，在"图纸尺寸"的下拉列表中，可以选择不同的打印图样，并根据需要设置图样的打印尺寸。

46）在打印图形时，如果不能进行图形打印，首选确定打印机是否正确安装，然后检查打印设置中是否选择了正确的打印设备。单击"菜单浏览器"命令，执行"文件→打印"命令，打开"打印

－模型"对话框。在"打印机/绘图仪"区域的"名称"下拉列表中可以选择打印设备。

47）用 HP DesignJet 系列的绘图仪出图时，遇到绘图仪"内存不足"的错误，绘制的图样就会不完整或发生裁剪。

48）在模型空间中，可以绘制全比例的二维图形和三维模型，并带有尺寸标注。

49）可以在AutoCAD中用VPORTS命令创建视口和视口设置，并可以保存起来，以备后用。

50）在AutoCAD中十字光标可以不断延伸并穿过整个图形屏幕，与每个视口无关。

51）在AutoCAD中可以通过MVIEW命令打开或关闭视口；SOLVIEW命令创建视口或者用VPORTS命令恢复在模型空间中保存的视口。在默认状态下，视口创建后都处于激活状态。关闭一些视口可以提高重绘速度。

52）在打印图形且需要隐藏三维图形的隐藏线时，可以使用MVIEW→HIDEPLOT命令拾取要隐藏的视口边界。

53）在AutoCAD中绘制非常平滑的曲线时，可键入SKETCH命令描画曲面的轮廓，这样会产生比手画更多的顶点。画完后，再用PEDIT把SKETCH对象转换成单个多义线，即把第一个对象转换成多义线，然后用窗口罩住曲线，将它与其他对象连接起来。线转换并连接后即可键入SPLINE命令来使这些对象平滑。但要注意尽量少用SKETCH，它的存储量太大。

54）在AutoCAD中按下<Shift>键，在绘图区域单击鼠标右键，系统会弹出"点捕捉"快捷菜单。

55）在AutoCAD中选择对象再选取一个钳夹点后单击鼠标右键，系统会弹出"夹点作用"快捷菜单。

56）在AutoCAD中的工具栏图标上单击鼠标右键，系统会弹出"工具栏"快捷菜单。

57）在AutoCAD中的状态栏上的各开关选项上单击鼠标右键，系统会弹出"状态栏"快捷菜单。

58）在AutoCAD中的模型、布局选项卡上单

击鼠标右键，系统会弹出"模型、布局"快捷菜单。

59）在AutoCAD中执行标注命令，标注离图形有一定的距离时，执行DIMEXO命令，再输入数字即可调整距离。

60）在AutoCAD中可以使用"工具→显示顺序"功能使重合的线条突出显示出来。

61）在AutoCAD中标注文字时，标注上下标的方法是：使用多行文字编辑命令。上标输入2，然后选中2，单击<上标>键即可；下标输入2，然后选中2，单击<下标>键即可。

62）对图形进行分层，每一层上放置某一类实体。如轮廓线、中心线、虚线、图案填充、尺寸标注、形状位置公差的标注、技术要求、图框和标题栏分别放置在不同的层上。这样可以进一步提高编辑速度。

63）对于简单图形，如矩形、三角形。只须执行命令AREA（可以是命令行输入或单击对应命令图标），在命令提示"Specify first corner point or [Object/Add/Subtract]："后，打开捕捉依次选取矩形或三角形各交点后按<Enter>键，AutoCAD将自动计算面积、周长，并将结果列于命令行。

64）调用历史命令，可按<↑>键，选中后再按

<Enter>键即可；重复上一个命令的快捷键为"空格键"。

65）如果要对部分圆(可以是其他边框)外的直线进行裁剪，普通办法就是选择裁剪边界后再选择要裁剪的线段即可，实际上AutoCAD还有较为简捷的办法，其做法如下：

① 按常规执行裁剪命令，选择裁剪边界，按<Enter>键确认。

② 在提示选择要裁剪的线段元素时输入"f"（即fence），按<Enter>键确认。

③ 在提示：First Fence point下绘制与要裁剪线段相交的连续橡皮筋直线，按<Enter>键确认即可。

还需注意两点：①橡皮筋直线无需闭合；②橡皮筋直线与要裁剪线段重复相交时，则剪去以后一次的部分。

66）当绘图时没有虚线框显示，比如画一个矩形，取一点后，拖动鼠标时没有矩形虚框跟着变化，这时需修改DRAGMODE的系统变量，推荐修改为AUTO。系统变量为ON时，再选定要拖动的对象后，仅当在命令行中输入DRAG后才在拖动时显示对象的轮廓。系统变量为OFF时，在拖动时不显示对象的轮廓。系统变量为AUTO时，在拖动时总是显示对象的轮廓。

附录C AutoCAD常见问题

1. 为什么绘制的剖面线或尺寸线不是连续线型？

答：在AutoCAD中绘制的剖面线、尺寸线都可以具有线型属性。如果当前的线型不是连续线型，那么绘制的剖面线和尺寸标注就不是连续线。

2. 怎样一次剪除多条线段？

答：TRIM命令中提示选取要剪切的图形时，不支持常用的window和crossing选取方式。当要剪切多条线段时，要选取多次才能完成。这时可以使用fence选取方式。当trim命令提示选择要剪除的图形时，输入"f"，然后在屏幕上画出一条虚线，按<Enter>键，这时与该虚线相交的图形全部被剪切掉。类似的，对于EXTEND命令，在select object：提示时输入F，可一次延伸多个实体。

3. 为什么删除的线条又出来了？

答：最大的可能是有几条线重合在一起了。

4. 如何减少文件大小？

答：在图形完稿后，执行清理（PURGE）命令，清理掉多余的数据，如无用的块、未用的线型、字体、尺寸样式等，可以有效减少文件大小。一般彻底清理需要PURGE2～3次。

5. 如何设置自动保存功能？

答：将变量SAVETIME设成一个较小的值，如10min。AutoCAD默认的保存时间为120min。

6. 如何将自动保存的图形复原？

答：在正常工作状态下，AutoCAD会将图形自动保存到AUTO.SV$文件中，找到该文件将其改名为图形文件即可在AutoCAD中打开。一般该文件存放在C盘的临时目录中。

7. 当AutoCAD文档被错误保存，且覆盖了原图时应该如何恢复数据？

答：如果仅保存了一次，及时将扩展名为.BAK的同名文件改为扩展名为.DWG的文件，再在AutoCAD中打开就行了。如果保存多次，原图就无法恢复了。

8. 下载的AutoCAD文件打开后为什么不能显示汉字或输入的汉字变成了问号？

答：主要原因有如下几点：

1）对应的字型没有能使用的汉字字体，如HZTXT.SHX等。

2）当前系统中没有汉字字体形文件。应将所用到的形文件复制到AutoCAD的字体目录中（一般为...\FONTS\）。

3）对于某些符号，如希腊字母等，同样必须使用对应的字体形文件，否则会显示成问号（？）号。

9. 为什么输入的文字高度无法改变？

答：当使用的字型的高度值不为0时，书写文本时都不提示输入高度，这样写出来的文本高度是不变的，包括使用该字型进行的尺寸标注。

10. 如何改变已经存在的字体格式？

答：如果想改变已有文字的大小、字体、高宽比例、间距、倾斜角度、插入点等，最好利用"特性"命令。单击"特性"命令，单击要修改的文字，按<Enter>键，出现"修改文字"窗口，选择要修改的项目进行修改即可。

11. 执行PLOT和ASE命令后只能在命令行出现提示，而没有弹出对话框，为什么？

答：AutoCAD的系统变量CMDDIA可以用来控制PLOT命令和ASE命令的对话框显示，设置CMDDIA为1，就可以解决问题。

12. 图样打印出来的效果非常差，且线条有灰度的差异,为什么？

答：一般出现这种情况，大多与打印机或绘图仪的配置、驱动程序以及操作系统有关。通常从以下几点考虑，就可以解决问题。

1）配置打印机或绘图仪时，误差抖动开关是否关闭。

2）打印机或绘图仪的驱动程序是否正确，是否需要升级。

3）如果把AutoCAD配置成以系统打印机方式输出，换用AutoCAD为各类打印机和绘图仪提供的ADI驱动程序重新配置AutoCAD打印机。

4）对于使用不同型号的打印机或绘图仪，AutoCAD都提供了相应的命令，可以进一步详细配置。

5）检查画笔宽度设置是否太大，不能大于1。

13．AutoCAD图形粘贴到Word文档后，打印出的图样线条太细，如何处理？

答：有如下的解决方法以供借鉴：

1）在AutoCAD中使用PostScript打印驱动程序，配置一个PostScript打印机。

2）可以改变AutoCAD的背景颜色，使之与Word的背景颜色相同。

3）运行PLOT命令，选择出图到文件。在画笔指定对话框中设置笔的宽度。

14．在AutoCAD中为什么有些图形能显示，却打印不出来？

答：如果图形绘制在AutoCAD自动产生的图层上，就会出现这种情况。应该避免在这些层上绘制实体。

15．如何恢复一个已经被删除的对象？

答：恢复一个已经被删除的对象的最容易也最有效的方法是用OOPS命令，该命令可以将最近删除的选择集合恢复过来。但要注意，OOPS恢复的是整个选择集合，而不仅是最后一个删除的对象。

16．在AutoCAD中启用了捕捉功能，但是却只能捕捉线条的端点，而不能捕捉线条的中心，这是为什么？

答：如果在AutoCAD中已经启用了捕捉功能，但是不能捕捉线条的中心，主要原因是因为没有打开中点捕捉功能。可以在设置中进行调整。

17．如何在AutoCAD中更好地选择相近（重叠）的物体？

答：按住<Ctrl>键，用鼠标左键选择物体，再松开<Ctrl>键，单击鼠标左键，则可以轮流选择被选中的物体（变虚线的），当需要选择的物体轮廓变成虚线后，按<Enter>键，该物体被选中。

18．为什么在AutoCAD中不能将图形绘制到新建的图层上？

答：在绘制图形时，如果想将图形绘制到刚创建的图层上，则应该将创建的图层设置为当前图层，否则绘制的图形将自动生成在当前图层上。

19．在AutoCAD中为什么删除图层的操作会失败？

答：删除图层的操作没有成功，是因为该图层属于不能被删除的对象。在AutoCAD中，0图层、默认图层、当前图层、含有图形实体的图层和外部引用依赖图层都是不能被删除的图层。

20．在AutoCAD中为什么冻结图层的操作会失败？

答：冻结图层的操作没有成功，是因为该图层属于当前图层。在 AutoCAD中，当前图层可以被关闭，但是不能被冻结，如果要冻结该图层，首先要将其他图层设置为当前图层，才能执行该操作。

21．怎样运用PSOUT命令输出图形到一张比A0图纸更大的图纸上？

答：在AutoCAD中，如果直接用 PSOUT输出EPS文件，系统变量 FILEDIA又被设置为1，输出的EPS文件则只能送到A0图纸大小。如果想选择图纸大小，必须在执行 PSOUT命令之前取消文件交互对话框形式，因此设置系统变量FILEDIA为0或者为AutoCAD配置一个 Postscript打印机，然后输出到文件，得到任意图纸大小的EPS文件。

22．在AutoCAD中为什么在外部引用文件中不能使用DRAWORDER设置显示顺序？

答：在AutoCAD的readme文档中，已经注明了这一限制。要想重新排序外部参照文件的对象，只能手工复制一次想要放在最上面位置的对象，以使它放在图形数据库的结尾，然后删除原先的对象。另外，用 WBLOCK命令来保存该外部参照文件的内容，输出到一个新文件，再用 XATTACH命令引入这一新文件来替代原先的外部参照，可以恢复外部参照文件的图形显示次序。

23．执行PLOT和ASE命令后只能在命令行中出现提示，而没有弹出对话框，这是为什么？

答：因为AutoCAD的系统变量 CMDDIA是用来控制PLOT命令和ASE命令的对话框显示，设置CMDDIA为1，就可以解决这个问题。

24．在AutoCAD中怎样可以同时打开和编辑多个图形？

答：可以在系统内存资源限制以内，在同一台计算机上打开多个AutoCAD进程。启动第二个

AutoCAD进程，然后在这一新的进程中打开其他的图形即可。

25. AutoCAD启动时为什么会出现"Cannot Find Heidi3.dll"的错误提示？

答：在重新安装AutoCAD之前，没有按要求马上重启计算机，这时就会发生这个错误。在这种情况下，Heidi3.dll文件已经标记为已删除，操作系统却没有真正删除这一文件。这时再重新安装AutoCAD，安装程序将认为Heidi3.dll文件已经存在而不会安装这个文件，等到AutoCAD重新安装完成，系统重启后，Heidi3.dll文件已被删除，运行AutoCAD去找这个文件，自然就找不到了。

26. 在AutoCAD中什么情况下会出现文字乱码的情况？

答：当在具有中文之星或双桥汉字环境下的西文Windows中的AutoCAD中绘制图形，且在AutoCAD中打开该文件时会出现文字乱码的情况。

27. 如何恢复失效的特性匹配命令？

答：在命令行中输入menu命令，在弹出的"选择菜单文件"对话框中，选择acad.mnu菜单文件，重新加载菜单即可解决该问题。

28. 在AutoCAD中的鼠标单击处生成了交叉点标记时应该如何解决？

答：执行BLIPMODE命令，在提示行下输入OFF即可消除交叉点标记。

29. 在AutoCAD中只显示路径，但不显示对话框时如何解决？

答：执行FILEDIA命令，设置其参数为1即可解决该问题。

30. 在AutoCAD中块文件不能炸开时如何解决？

答：删除acad.lsp和acadapp.lsp文件，然后复制acadAutoCAD.lsp两次，将其重命名为上述两个文件名，并设置为只读就可以解决该问题。

31. 在AutoCAD中如何删除特殊的图层？

答：删除特殊图层的有效方法是采用图层影射，使用命令laytrans，可将需删除的图层影射为0层即可解决该问题。

32. 在AutoCAD中为什么绘制点时只能一次

绘制一个单点？

答：在绘制点时，如果只能一次绘制一个单点，则是因为执行的是POINT（PO）命令，如果单击"绘图"面板上的"多点"按钮，则可以连续绘制多个点，直到按<Esc>键才会中止连续绘制点的操作。

33. 在AutoCAD中点的大小可以改变吗？

答：在AtouCAD中可以对点的样式进行重新设置，包括点的形状和大小。在命令行中输入并执行DDPTYPE命令，打开"点样式"对话框，在该对话框中即可设置点的形状和大小，对点样式进行更改后，绘图区中的点对象将发生相应的变化。

34. 在AutoCAD中执行矩形命令可以绘制带圆角的矩形吗？

答：执行矩形（RECTANG）命令可以绘制带圆角的矩形，在命令行中输入并执行RECTANG（REC）命令后，当命令行中提示"指定第一个角点或[倒角(C)/标高(E)/圆角(F)/厚度(T)/宽度(W)]："时，输入F并按空格键，即可启动圆角命令，然后设置圆角的大小即可。

35. 在AutoCAD中绘制圆形和椭圆是同样的命令吗？

答：绘制圆形和椭圆的命令不同，绘制圆形的命令是CIRCLE（C），绘制椭圆的命令是ELLIPSE（EL），执行ELLIPSE（EL）命令可以绘制椭圆和圆形，但是执行CIRCLE（C）命令只能绘制圆形。

36. 在AutoCAD中如何改变对象特性而不改变图层属性？

答：在弹出的菜单中选择"修改→特性"命令，或在命令行中输入并执行PROPERTIES命令，打开"特性"对话框，在该对话框中可以修改选定对象的特性，而不会影响图层的属性。

37. 在AutoCAD中可以对多线进行圆角处理吗？

答：使用圆角命令不能直接对多线进行圆角处理，如果要对多线进行圆角处理，首先应该使用分解（EXPLODE）命令将多线进行分解，然后才可以对其进行圆角处理。

38．在AutoCAD中SCALE命令和ZOOM命令有什么区别？

答：缩放（SCALE）可以改变实体的尺寸大小，而缩放（ZOOM）只可以缩放显示实体，而不会改变实体的尺寸值。

39．在AutoCAD中怎样可以将对象按指定距离移动？

答：在移动对象的操作中，可以通过输入移动的距离值将对象按指定距离移动。首先当命令行中提示"指定基点或位移："时，使用鼠标在绘图区内指定移动的基点，命令行中将继续提示"指定位移的第二点或 <用第一点作位移>："，此时，将光标移向要移动对象的方向，在输入移动的距离后，按空格键进行确定即可。

40．在AutoCAD中"偏移"命令 和"复制"命令的异同点在哪里？

答："偏移"命令 用于偏移对象，如果是偏移单条线段，效果类似于"复制"命令；如果是偏移圆形对象，将按指定的距离创建新的圆，但是其半径会增大或减小与距离相等的值。

41．在AutoCAD中如何建立一个螺旋线、弹跳线或螺纹线？

答：首先用一个Autolisp程序（如spiral.lsp）创建所需要的螺旋线路径，然后执行XTRUDE命令，以一个参照物为原形、沿螺旋线路径拉伸出所需的物体。

42．在AutoCAD中如何快速创建多个相同的对象？

答：使用"复制"命令可以快速创建多个相同的对象。

43．在AutoCAD中如何快速创建大量且保持相同间距的对象

答：使用阵列命令可以创建大量且保持相同间距的对象。

44．在AutoCAD中如何将对象进行定数等分操作？

答：单击"菜单浏览器"命令，执行"绘图→点→定数等分："命令，然后选择对象，再设置等分的数量即可将对象进行定数等分。

45．在AutoCAD中如何将对象进行定距等分操作？

答：单击"菜单浏览器"命令，执行"绘图→点→定距等分："命令，然后选择对象，再设置等分的距离即可将对象进行定距等分。

46．在AutoCAD中如何编辑多段线图形？

答：执行"修改→对象→多段线"命令，或直接在命令行中执行PEDIT命令，可以对绘制的多段线进行编辑修改。

47．在AutoCAD中如何编辑样条曲线图形？

答：单击"菜单浏览器"命令，执行"修改→对象→样条曲线"命令，可以对绘制的样条曲线进行编辑，如定义样条曲线的拟合点数据、移动拟合点以及将开放的样条曲线修改为连续闭合环等。

48．在AutoCAD中绘制直线时，直线的起点要与指定的位置有一定的距离，这种情况该如何解决？

答：执行"直线"（L）命令后，选择"From"选项，然后根据提示指定偏移距离即可。

49．在AutoCAD中怎样可以快速、准确地将图形旋转90°的倍数？

答：在旋转对象时，也可以直接拖动光标旋转。如果旋转的角度是90°的倍数，开启正交模式就可以很方便地完成对象旋转。

50．在AutoCAD中多段线被分解后，其属性会改变吗？

答：具有一定宽度的多段线被分解后，AutoCAD将放弃多段线的任何宽度和切线信息，分解后的多段线的宽度、线型和颜色将变为当前层的属性。

51．在AutoCAD中如何使用延伸命令？

答：使用延伸命令时，一次可选择多个实体作为边界，选择被延伸实体时应选择靠近边界的一端，否则会出现错误。选择要延伸的实体时，应该从拾取框靠近延伸实体边界的那一端来选择目标。

52．在AutoCAD中打开一张旧图，遇到异常错误而中断退出时如何解决？

答：新建一个图形文件，把旧图以图块形式插入即可解决该问题。

53．在AutoCAD中有时尺寸箭头及Trace画的轨迹线变为空心时如何解决？

答：执行TRIMMODE命令，在提示行下输入新值1可将其重新变为实心。

54．在AutoCAD中如何运算二次布尔？

答：可以先将布尔对象转换为多边形，再进行第2次布尔运算。

55．在AutoCAD中用方体和球形做布尔运算后为什么参数不能改变了？

答：进行布尔运算后就不能修改参数了，但可以通过修改面板选择布尔运算的操作对象，然后进入其层级中对参数进行修改。

56．在AutoCAD中如何才能使A、B线段连在一起？

答：使用结合命令可以连接线段。

57．在AutoCAD中当绘制的圆呈现方形时如何解决？

答：执行重画（RE）命令即可解决该问题。

58．在AutoCAD中怎样解决"特性匹配（MA）"命令的问题？

答：执行"特性匹配（MA）"命令，然后选择"设置（S）"选项，在打开的对话框中选择要复制属性的选项即可解决该问题。

59．如何解决AutoCAD在XP操作系统下打印时的致命错误？

答：在AutoCAD安装的根目录下找到AcPltStamp.arx文件，把它改为其他名称或删除即可解决该问题。

60．在AutoCAD中绘制矩形或圆时看不见外面的虚框时如何解决？

答：在命令行中执行DRAGMODE ON命令即可解决该问题。

61．在AutoCAD中如何创建面域？

答：创建面域有两种方法：一是单击"菜单浏览器"命令，执行"绘图→面域"命令；二是执行"界"命令。

62．在AutoCAD中对面域进行求交并运算，所选面域没有相交时如何处理？

答：对面域进行求解并运算后，如果所选面域没有相交，那么可将所选面域合并为一个单独的面域。

63．在AutoCAD中进行面域差集运算时，需要按一定顺序选择图形吗？

答：在进行差集运算时，一定不能把对象弄反了，否则结果会不一样。对面域进行差集运算后，如果所选面域没有相交，那么将删除被减去的面域。

64．在AutoCAD中怎样对填充的图案进行编辑？

答：填充的图案是一种特殊的块。无论图案的形状多么复杂，它都可以作为一个单独的对象存在。在命令行输入EXPLODE命令或使用"修改"工具栏中的"分解"命令，即可分解填充的图案。由于分解后的图案不再是单一的对象，而是一组组成图案的线条，因而分解后的图案就不再具有关联了，也无法使用"填充（HATCHEDIT）"命令来编辑它。

65．在AutoCAD中使用BLOCK命令创建的块能用到其他文件中吗？

答：使用BLOCK命令创建的块为内部块，因此不能被插入到其他文件，只能在当前文件中插入该块。如果要将其插入到其他文件中，可以执行WBLOCK命令将其保存为外部块，这样就可以在其他文件中插入该块了。在命令行中执行WBLOCK命令后，将打开"写块"对话框，选择创建的块对象，然后指定块名和储存块的路径，最后进行确定即可。

66．在AutoCAD中将图形创建为块后，其特性会改变吗？

答：由于块对象可以是多个不同颜色、线型和线宽特性的对象的组合，因此，将图形创建为块后，将保存该块中对象的有关原图层、颜色和线型特性的信息。另外，用户也可以根据需要对块中的对象是保留其原特性还是继承当前的图层、颜色、线型或线宽进行设置。

67．在AutoCAD中如何创建带属性的块？

答：在创建块属性之前，需要创建描述属性特征的定义，包括标记、插入块时的提示值的信息、文字格式、位置和可选模式。在命令行中输入并执行ATTDEF命令，将打开"属性定义"对话框，在该对话框中首先定义块的属性，然后在图形处指定属性信息，再执行BLOCK命令将图形和属性文字创建为块对象即可。

68．在AutoCAD中单行文字和多行文字有何区别？

答：单行文字适用于那些不需要多种字体或多行的内容，用户可以对单行文字进行字体、大小、倾斜、镜像、对齐和文字间隔调整等设置，其命令是DTEXT；多行文字由沿垂直方向任意数目的文字行或段落构成，可以指定文字行段落的水平宽度。用户可以对其进行移动、旋转、删除、复制、镜像或缩放操作，其命令是 MTEXT。

69．在AutoCAD中怎样使用连续标注和快速标注命令？

答：连续标注和快速标注都是在对图形进行一次标注后才能使用，单击"菜单浏览器"命令，执行"标注→连续标注"命令，或者在命令行中执行DIMCONTINUE命令，即可对图形进行连续标注；单击"菜单浏览器"命令，执行"标注→快速标注"命令，或者在命令行中执行QDIM命令，即可对图形进行快速标注。

70．在AutoCAD中如何修改标注的样式？

答：单击"菜单浏览器"命令，执行"标注→样式"命令，或者在命令行中执行DIMSTYLE（D）命令，打开"标注样式管理器"对话框，在该对话框中选择需要修改的样式，然后单击"修改"命令，将打开"修改标注样式"对话框，在该对话框中可以对标注的各部分的样式进行修改。

71．在AutoCAD中出现标注和单行文本中输入汉字后不能识别时如何解决？

答：在"文字类型"设置的"字体样式"选项中选择能同时接受中文和西文的样式类型，如"常规"样式，在"字体"栏中选择"使用大字体"选项，同时在"大字体"选项中选择一种中文字体，在"字高"选项中输入一个默认字高值，然后分别单击"应用"和"关闭"命令后，即可解决标注和单行文本中输入汉字不能识别的问题。

72．在AutoCAD中为什么输入文字的高度值会随已设定的比例手工变换？

答：AutoCAD保持图形尺寸与实际尺寸相一致即在AutoCAD中始终按1：1的比例绘图，只有图中的输入文字高度各标题栏、图框尺寸等会随比例反向变化，而输出时，采用正比例输出，因此输入文字高度和标题栏、图框尺寸等输入1：1，而图形随比例的正比输出。所以采用先设定比例，输入文字字高时，应输入"要输出字高/比例"。

73．如何处理在AutoCAD中标注时，中文与直径符号共存的问题？

答：AutoCAD给中文与直径符号分别设定不同的字型和字体，如中文用宋体，符号用Txt.shx。在标注时选择不同的字体进行标注。

74．在AutoCAD中使用角度标注命令对圆弧进行角度标注时是如何进行的？

答：使用角度标注命令对圆弧进行角度标注时，系统则自动计算并标注角度，若选择圆、直线或按空格键，则会继续提示选择目标和尺寸线位置，角度标注尺寸线为弧线。

75．在AutoCAD中为什么输入的汉字变为了问号？

答：可能是因为对应的字型没有使用汉字字体，或是当前系统中没有将相对应的字体文件复制到对应的字体目录中。

76．在AutoCAD中镜像的字体保持不旋转时如何解决？

答：执行MINTEXT命令，设置其值为1时，将进行旋转；设置其值为0时，将不进行旋转。

77．怎样在AutoCAD中输入特殊符号？

答：执行文字（T）命令，拖出一个文本框，然后在对话框中选择相应的符号即可。

78．在AutoCAD中进行标注的尾巴有0时如何解决？

答：执行DIMZIN命令，设置系统变量为8，这时尺寸标注中的默认值将不会带尾0。

79．在AutoCAD中为什么输出到Windows图元文件格式(WMF)时背景也和图像一起被输出？

答：在AutoCAD中，Windows图元文件的输出（WMFOUT命令）比先前的版本记录了更多的关于空白空间的信息（即整个视图），也包括绘图屏幕的背景颜色。为使WMF格式输出文件不包括背景，可以使用名为 BWMFOUT的共享ARX应用程序。

80．当在AutoCAD中用ADI驱动程序出图时，AutoCAD不能设置打印端口参数而出错，如何解决？

答：在windows中，当AutoCAD设法用ADI设备驱动程序向一个捕获的打印端口出图时，AutoCAD会报出一个出错信息。在Windows中（而不是在AutoCAD中）用捕获端口配置任意一个打印或绘图设备的具体做法是在打印机控制面板中，添加一台这样的打印输出设备，然后在AutoCAD中出图，这个错误就不会发生了。

81．安装AutoCAD以后，MS Word里什么字体也没有了，是AutoCAD毁坏了我的系统吗？

答：当然不是。影响MS WORD字体的原因，是与AutoCAD为系统安装的一个叫作Phantom AutoCAD OLE/ADI的虚拟打印机有关。Phantom AutoCAD OLE/ADI虚拟打印机使得AutoCAD能够通过新的ADI驱动程序，打印或绘制光栅图形。AutoCAD典型安装中，并不包含这个选项，只有在全安装或定制安装时，才会产生这个虚拟打印机，有时它还会被设置为默认系统打印机，而不做任何提示。

82．在AutoCAD中想把多个PLT文件直接拖动到打印机图标里，以实现批打印，为什么打印机不工作？

答：这样做，是不可能得到任何打印结果的。这是因为，PLT文件只能在DOS环境里，执行复制该文件到打印机的命令，才能驱动打印机工作。

83．在AutoCAD中如何打印层的列表？

答：有两种方法可以使AutoCAD层的列表输出到一个文件中。

1）首先用非对话框版本的层命令即-LAYER，来列出所有层名到AutoCAD文本窗口中，然后从AutoCAD文本窗口中复制这一列表，再粘贴到一个文本编辑器中。

2）使用 AutoCAD Log文件。Log文件能够捕捉到一次AutoCAD进程中，所有的命令行提示和文本窗口的内容，起到记录操作历史的作用。可在环境参数控制中设定LOG文件的路径，默认路径为C:\Program Files\AutoCAD\acad.log。

84．在AutoCAD中如果想下次打印的线型和这次的一样时如何解决？

答：首先建立一个属于自己的打印列表，然后在"选项"对话框的"打印"选项卡中添加相应的打印列表即可。

85．在AutoCAD中为什么有些图形能显示，却打印不出来？

答：如果图形绘制在 AutoCAD自动产生的图层上，就会出现这种情况。

86．在AutoCAD中打印的时候有印戳如何处理？

答：打开"打印机"对话框，在其右侧有一个"打印戳记"选项，取消该选项就可以了。

参考文献

[1]　土木在线. 家具·顶棚·地面·纹样·柱体细部装饰CAD图集[M]. 北京：机械工业出版社，2013.

[2]　胡仁喜. AutoCAD全套室内装潢图纸设计案例指导自学手册[M]. 南京：江苏科学技术出版社，2013.

[3]　刘锋. 室内设计施工图CAD图集：精品工程[M]. 北京：中国电力出版社，2012.

[4]　叶萍. 室内细部设计CAD图集：精品工装[M]. 北京：中国电力出版社，2016.

[5]　CAD/CAM/CAE技术联盟. AutoCAD室内装潢绘图实例大全[M]. 北京：清华大学出版社，2016.

[6]　谭荣伟，李淼. 装修装饰CAD绘图快速入门[M]. 北京：化学工业出版社，2012.

[7]　武峰，王深冬，孙以栋. CAD室内设计施工图常用图块：金牌工程实例9[M]. 北京：中国建筑工业出版社，2009.

[8]　樊思亮，李岳君，杨利. 室内细部CAD施工图集[M]. 北京：中国林业出版社，2014.

[9]　迟家琦，陆晏. 顶尖样板房室内设计施工图集[M]. 沈阳：辽宁科学技术出版社，2015.

[10]　康海飞. 家具设计资料图集[M]. 上海：上海科学技术出版社，2008.

[11]　筑龙网. 工装室内装饰装修CAD图集[M]. 武汉：华中科技大学出版社，2007.

[12]　林开新. CAD室内设计施工图集：公共建筑装饰[M]. 福州：福建科学技术出版社，2004.

[13]　康延补. CAD室内设计立面图集：家居装饰[M]. 福州：福建科学技术出版社，2003.

[14]　史文杰，宋瑞宏. AutoCAD应用技巧[M]. 南京：南京大学出版社，2007.

[15]　刘培荣. AutoCAD入门基础与应用技巧[M]. 北京：清华大学出版社，2013.